Evolutionstheorie – Akzeptanz und Vermittlung im europäischen Vergleich

D1727339

Dittmar Graf

Herausgeber

Evolutionstheorie – Akzeptanz und Vermittlung im europäischen Vergleich

 Springer

Herausgeber
Prof. Dr. Dittmar Graf
FG Biologie und Didaktik der Biologie
TU Dortmund
Otto-Hahn-Str. 6, 44227 Dortmund
Deutschland
dittmar.graf@uni-dortmund.de

ISBN 978-3-642-02227-2   e-ISBN 978-3-642-02228-9
DOI 10.1007/978-3-642-02228-9
Springer Heidelberg Dordrecht London New York

Die Deutsche Nationalbibliothek verzeichnet diese Publikation in der Deutschen Nationalbibliografie; detaillierte bibliografische Daten sind im Internet über http://dnb.d-nb.de abrufbar.

Einbandentwurf: WMXDesign GmbH, Heidelberg

Gedruckt auf säurefreiem Papier

Springer ist Teil der Fachverlagsgruppe Springer Science+Business Media (www.springer.com)

Grußwort

Tagung Einstellung und Wissen zu Evolution und Wissenschaft in Europa

Sehr verehrter Herr Kollege Graf,
sehr geehrte Frau Brasseur,
meine sehr verehrten Damen und Herren,
im Namen der TU Dortmund heiße ich Sie herzlich zu der Tagung der Fachgruppe Biologie willkommen. Die große Resonanz, die die Konferenz bereits im Vorfeld ausgelöst hat, und Ihr zahlreiches Erscheinen belegen das enorme öffentliche Interesse an der Diskussion um die Evolutionstheorie von Charles Darwin.

150 Jahre nach der Veröffentlichung des revolutionären Werkes *On the Origin of Species* rekapitulieren Sie heute, wie weit die Evolutionstheorie 2009 in der allgemeinen Bevölkerung akzeptiert ist. Während Darwins Theorie den Kern der modernen Biologie bildet, trifft sie außerhalb der Wissenschaft zum Teil auf Ablehnung. In Deutschland akzeptieren etwa 80 % die Evolutionstheorie, in den USA nur 40 % – wie ich Umfragen entnommen habe.

Inzwischen ist die Schulpolitik auch in Europa und Deutschland mit Forderungen konfrontiert, religiös motivierte Erklärungsmodelle wie den Kreationismus als gleichwertige Theorie im Biologieunterricht zu behandeln. Stets wird dabei auf die Meinungsfreiheit verwiesen.

Das Recht auf Meinungsfreiheit begründet jedoch keinen Anspruch auf Wissenschaftlichkeit. Die nicht-wissenschaftliche Argumentation kreationistischer Theorien wurde immer wieder bestätigt – auch in Gerichtsprozessen in den USA. Ich freue mich, liebe Frau Brasseur, dass der Europarat im Oktober 2007 eine Resolution verabschiedet hat, die die Trennung von wissenschaftlichen und nicht-wissenschaftlichen Theorien im Schulunterricht einfordert.

Gleichwohl sollten alternative Theorien nicht aus dem Unterricht verbannt werden. Nur eine kritische Auseinandersetzung mit den Argumenten alternativer Erklärungsmodelle ist geeignet, Skeptiker argumentativ zu überzeugen. Aus diesem Grund begrüße ich Ihre Initiative, Herr Graf, Wissen und Einstellungen junger Menschen zur Evolutionstheorie zu untersuchen. Nur so lässt sich systematisch erfassen, welchen nicht-wissenschaftlichen Vorstellungen der Evolutionsunterricht noch besser argumentativ begegnen muss.

Ich wünsche Ihnen, meine Damen und Herren, noch einen Tag voller anregender Vorträge und lebhafter Diskussionen.

20. Februar 2009   Prof. Dr. Walter Grünzweig
Dortmund   Prorektor für Studium und Lehre
                                          an der Technischen Universität Dortmund

Vorwort zum Tagungsband

Am 20. Februar 2009, acht Tage nach Charles Darwins 200. Geburtstag, fand am Max-Planck-Institut für molekulare Physiologie eine von der Fachgruppe Biologie der TU Dortmund organisierte Tagung zum Thema *Einstellung und Wissen zu Evolution und Wissenschaft in Europa* (*EWEWE*) statt. Die selbst gestellte Aufgabe bestand darin, sich interdisziplinär dem Thema der Tagung anzunähern. Wissenschaftler aus der Biologie, der Wissenschaftstheorie, der Politikwissenschaft, der Kulturwissenschaft und der Sozialwissenschaft sollten ihre fachlichen Blicke einbringen. Darüber hinaus sollten Forscher aus verschiedenen europäischen Ländern über die spezifischen Schwierigkeiten bezüglich der Akzeptanz der Evolutionstheorie berichten.

Die Tagung wurde zu einem überraschend großen Erfolg. Aus Raumgründen konnte nur ein Bruchteil der Interessierten zugelassen werden. Es wurde klar, wie wichtig dieses Thema mittlerweile geworden ist und wie viele Menschen sich damit auseinandersetzen. Dies wurde auch durch das breite Medienecho deutlich, das die Tagung fand (z. B.: Curry, A (2009) Creationist Beliefs Persist in Europe. Science 323 (5918) S. 1159). Wegen dieses großen und breiten Interesses haben wir uns entschlossen, die Tagungsbeiträge in einem Buch zu dokumentieren und so der Öffentlichkeit zugänglich zu machen.

Herzlich bedanken möchten wir uns bei folgenden Personen, ohne die dieses Buch nicht zustande gekommen wäre: Sabine Dreyer, Elena Hamdorf, Katrin Knoblauch, Julia Lehmann und Susanne Porzig. Unser Dank gilt auch Frau Stefanie Wolf und dem Springer-Verlag für die konstruktive Zusammenarbeit.

Tagung und Tagungsband wurden gefördert durch das Bundesministerium für Bildung und Forschung (BMBF).

Dortmund, im Frühjahr 2010
Die Organisatoren der Tagung: Martina Firus, Dittmar Graf, Christoph Lammers

Inhaltsverzeichnis

Autorenverzeichnis

Prof. Dr. Christoph Antweiler Institut für Orient- und Asienwissenschaften, Abt. für Südostasienwissenschaft, Universität Bonn, Nassestraße 2, 53113 Bonn, Deutschland, christoph.antweiler@uni bonn.de

Anne Brasseur Abgeordnete des Europarats, Straßburg, 29, 2128 rue Marie-Adelaide, Luxemburg, Luxemburg, abrasseur@chd.lu

Dr. Martina Firus FG Biologie und Didaktik der Biologie, TU Dortmund, Otto-Hahn-Str. 6, 44227 Dortmund, Deutschland, martina.firus@tu-dortmund.de

Prof. Dr. Dittmar Graf FG Biologie und Didaktik der Biologie, TU Dortmund, Otto-Hahn-Str. 6, 44227 Dortmund, Deutschland, dittmar.graf@uni-dortmund.de

Prof. Dr. Walter Grünzweig Fakultät für Kulturwissenschaften, Institut für Anglistik und Amerikanistik, TU Dortmund, Emil-Figge-Straße 50, 44227 Dortmund, Deutschland, walter.gruenzweig@uni-dortmund.de

Prof. Dr. Thomas Junker Fakultät für Biologie, Lehrstuhl für Ethik in den Biowissenschaften, Universität Tübingen, Wilhelmstraße 19, 72074 Tübingen, Deutschland, thomas.junker@uni-tuebingen.de

Christoph Lammers, M.A. FG Biologie und Didaktik der Biologie, TU Dortmund, Otto-Hahn-Str. 6, 44227 Dortmund, Deutschland, christoph.lammers@tu-dortmund.de

Prof. Dr. Werner J. Patzelt Philosophische Fakultät, Lehrstuhl für Politische Systeme und Systemvergleich, TU Dresden, August-Bebel-Straße 30/30a, 01062 Dresden, Deutschland, werner_j.patzelt@mailbox.tu-dresden.de

Prof. Dr. Ralf Sommer Abt. Evolutionsbiologie, Max-Planck Institut für Entwicklungsbiologie, Spemannstraße 37/IV, 72076 Tübingen, Deutschland, ralf.sommer@tuebingen.mpg.de

Prof. Dr. Haluk Soran Fachgruppe Biologie Didaktik, Hacettepe Universität Ankara, Beytepe, 06800 Ankara, Türkei, soran@hacettepe.edu.tr

Prof. Dr. Dr. Gerhard Vollmer Professor-Döllgast-Straße 14, 86633 Neuburg/
Donau, Deutschland, gerhard.vollmer@gmx.de

Dr. Anita Wallin Institutionen för Pedagogik och Didaktik IPD, Enheten för
Ämnesdidaktik/NaT, Göteborgs universitet, Box 300, SE 405 30 Göteborg,
Schweden, anita.wallin@ped.gu.se

James D. Williams Sussex School of Education, University of Sussex, Falmer,
BN1 9QQ Brighton, Großbritannien, james.williams@sussex.ac.uk

Kapitel 1
Einstellung und Wissen zur Evolution und Wissenschaft in Europa

Die Gefahren des Kreationismus in der Bildung

Anne Brasseur

Nichtbetroffene stellen sich die Frage, ob eine Tagung zum Thema *Einstellung und Wissen zu Evolution und Wissenschaft in Europa* denn notwendig sei, schließlich gäbe es ja an und für sich keine Probleme und wenn, dann überhaupt nur in den Vereinigten Staaten. Leider ist dem nicht so. Dieser Beitrag soll zunächst allgemein in den Kontext der Arbeiten des Europarates gesetzt werden, ehe dann näher auf den Bericht eingehen wird, der sich mit Kreationismus in Europa befasst.[1]

1.1 Einführung

Der Ausschuss für Kultur, Wissenschaft und Erziehung der parlamentarischen Versammlung des Europarates wurde beauftragt, einen Bericht über die Gefahren des Kreationismus in der Bildung zu verfassen. Als Berichterstatter wurde Guy Langagne, ein französischer Parlamentarier, ernannt. Nach vielen oft sehr kontroversen Diskussionen wurde der Bericht von einer breiten Mehrheit des Ausschusses angenommen und stand auf der Tagesordnung der Vollversammlung im Juni 2007. Wie brisant das Thema ist, sieht man an den politischen Auseinandersetzungen, die darauf folgten. Durch die Intervention der Mitglieder der Europäischen Volkspartei (EVP) wurde der Bericht von der Tagesordnung genommen, mit der Begründung, der Bericht verstoße gegen die freie Meinungsäußerung. Der Text wurde daraufhin an den Ausschuss zurückgewiesen. Da Guy Langagne sich nicht mehr zur Wiederwahl in seinem Land stellte, musste ein neuer Berichterstatter ernannt werden, der sich intensiv mit dem Thema auseinandersetzt. Der leicht veränderte Bericht wur-

---

[1] Die Sprachen des Europarates sind Französisch und Englisch. Alle Zitate aus Dokumenten wurden ins Deutsche übersetzt.

A. Brasseur (✉)
Abgeordnete des Europarats, Straßburg
29, rue Marie-Adelaide
2128 Luxemburg, Luxemburg
E-Mail: abrasseur@chd.lu

D. Graf (Hrsg.), *Evolutionstheorie – Akzeptanz und Vermittlung im europäischen Vergleich*, DOI 10.1007/978-3-642-02228-9_1, © Springer-Verlag Berlin Heidelberg 2011

de dann schließlich am 4. Oktober 2007 von der Vollversammlung angenommen (Brasseur 2007). Es wurde jedoch von verschiedenen Seiten aus versucht, den Bericht erneut zu Fall zu bringen. Viele Zuschriften, darunter auch von Wissenschaftlern, zeigten Empörung über das Vorgehen.

Auch der Vatikan versuchte zu intervenieren. Der stellvertretende ständige Vertreter des Vatikans beim Europarat schrieb am 7. September 2007 an verschiedene Abgeordnete, sie sollten dem Bericht nicht zustimmen. „Ich erlaube mir mit Achtung die Zurückhaltung meiner Obrigkeit zu diesem Projekt zu äußern. Der Heilige Stuhl ist der Ansicht, dass es das Beste sei, wenn der Bericht zurzeit nicht angenommen würde. Ich wäre Ihnen äußerst dankbar wenn Sie dem beipflichten könnten." Außerdem meinte der Vertreter des Vatikans, dass der Bericht zu einer epistemologischen Verwirrung führe und deshalb ein solches Dokument im europäischen Kontext nicht opportun sei.

Der Vatikan scheint sich inzwischen Sorgen wegen dieser Entwicklungen zu machen. Er organisierte im März 2009 ein international besetztes Kolloquium zum 150. Geburtstag von Darwins Hauptwerk *Die Entstehung der Arten* (engl. *On the Origin of Species*). Hierbei wurde vom Präsidenten des päpstlichen Kulturrates Gianfranco Ravasi daran erinnert, dass Darwins Werk nie von der katholischen Kirche verurteilt wurde (ISKCON 2008). Die Konferenz verfolgte das Ziel, Darwin und den Glauben miteinander zu verbinden und somit die katholische Kirche von den Kreationisten abzugrenzen. Ravasi betonte, dass es keine Inkompatibilität zwischen der Evolutionstheorie und der Bibel gäbe (ISKCON 2008).

Marc Leclerc, Professor an der päpstlichen Universität in Rom, hatte sich in diesem Zusammenhang vom *Intelligent Design* (*ID*) – einer moderneren Form des Kreationismus – distanziert und bezeichnet diese „Theorie" als „völlig inakzeptabel" (ISKCON 2008). Nach Leclerc sei das Ziel des *Intelligent Design*, die Mechanismen der Evolution durch die göttliche Finalität zu ersetzen, wobei es sich aber laut Leclerc klar um zwei getrennte Ebenen handelt (ISKCON 2008). Weiter hieß es in der Pressemitteilung, dass Papst Benedikt XVI im September 2007 hervorgehoben habe, dass Darwins Theorien nicht ausreichen würden, um die Entstehung des Lebens zu erklären (ISKCON 2008).

Um keine Missverständnisse aufkommen zu lassen, soll an dieser Stelle unterstrichen werden, dass es nicht Sinn und Zweck des Europarat-Berichtes war, eine Glaubensrichtung in Zweifel zu ziehen oder Glauben zu bekämpfen. Das Recht auf Glaubensfreiheit würde sich dem widersetzen. Sinn und Zweck des Berichtes war und ist es, vor Entwicklungen zu warnen, in denen versucht wird, eine Glaubensrichtung als Wissenschaft zu etablieren. Man muss Glaube und Wissenschaft klar voneinander abgrenzen. Es handelt sich nicht um Gegensätze: Glaube und Wissenschaft müssen koexistieren können. Es geht nicht darum, den Glauben der Wissenschaft gegenüberzustellen, aber es muss verhindert werden, dass Glaube sich der Wissenschaft widersetzt. Es muss nicht definiert werden, was Wissenschaft ist und welche Kriterien erfüllt sein müssen, damit eine Theorie als wissenschaftlich angesehen werden kann. Die Evolutionstheorie erfüllt alle notwendigen Kriterien für eine gute erfahrungswissenschaftliche Theorie. Dass Evolution stattgefunden hat, darüber herrscht große Übereinstimmung. Unklar ist, wie Evolution stattgefunden hat. Wie Hervé Le Guyader, Evolutionsbiologe an der Universität Paris VI, unterstreicht, geht es darum, die Mechanismen zu entdecken, die zur Strukturierung der heutigen Biodiversität beigetragen haben.

1.2 Kreationismus im Bildungsprogramm verschiedener Staaten Europas

Die folgenden Ausführungen orientieren sich an einer Expertise, die im Auftrag des Komitees für Kultur, Wissenschaft und Erziehung des Europarats erstellt wurde und von Guy Lengagne und Anne Brasseur der Öffentlichkeit vorgestellt wurde. Der Originaltext liegt online vor. Vorgestellt werden in aller Kürze wichtige Ereignisse zum Thema „Kreationismus", die in verschiedenen Mitgliedsstaaten des Europarats in den letzten Jahren stattgefunden haben.

1.2.1 Türkei

In einigen türkischen Schulbüchern sind kreationistische Thesen zu finden. Laut einer Umfrage glauben 75 % der Schüler nicht an die Evolution. 1998 wurde ein Ausschuss gebildet, um gegen den Kreationismus Stellung zu beziehen und um die Bevölkerung aufzuklären. Die Tüba, die Akademie der Wissenschaft und die Tübitak, der nationale Rat für wissenschaftliche und technische Forschung haben sich dagegen eindeutig zur Evolutionstheorie bekannt.

1.2.2 Frankreich

In Frankreich hat Bildungsminister Gilles de Robien die Schulen aufgefordert, Yahyas Atlas der Schöpfung nicht in den Schulbibliotheken auszulegen, weil das darin vermittelte Gedankengut dem Inhalt der Programme, so wie sie vom Ministerium festgelegt wurden, nicht entspricht. Die *Université interdisciplinaire de Paris* (UIP) fordert, dass die Spiritualität ihren Platz in der Wissenschaft bekommt. Die UIP steht den Auffassungen des *Intelligent Design* sehr nahe.

1.2.3 Schweiz

Die Schulen des schweizerischen Kantons Genf wurden aufgerufen, den Atlas der Schöpfung nicht entgegenzunehmen, weil das „Buch nicht den heutigen wissenschaftlichen Erkenntnissen entspricht und der Trennung zwischen laizistischer und konfessioneller Bildung nicht Rechnung trägt".

Die Gruppierung ProGenesis plant, einen Freizeitpark zu bauen, das Genesis-Land. Es handelt sich dabei um den Versuch „die christliche Botschaft zu verbreiten als Gegengewicht zur omnipräsenten Evolutionstheorie von Darwin".

1.2.4   Belgien

Auch das belgische Bildungsministerium hat vor dem Inhalt des Atlas der Schöpfung gewarnt. Die *Université Libre de Bruxelles* (ULB) hat eine Reihe von Konferenzen mit dem Thema „Gott oder Darwin" organisiert.

1.2.5   Polen

Der stellvertretende polnische Bildungsminister, Miroslow Orzechowski, hatte 2006 erklärt, dass die „Evolutionstheorie eine Lüge ist, ein Irrtum den man als Wahrheit legalisiert hat. Man darf keine Lügen unterrichten, wie man auch das Böse nicht anstelle des Guten oder das Hässliche anstelle des Schönen unterrichten darf." Für ihn ist die Evolutionstheorie „eine Geschichte mit literarischem Charakter, die als Grundlage für einen Science-Fiction-Film dienen könnte".

1.2.6   Russland

In Russland gibt es immer mehr Eltern, die sagen, dass das Unterrichten der Evolutionstheorie gegen ihre religiöse Überzeugung sei. Das Patriarchat von Moskau fordert, dass der Unterricht sich nicht gegen den Glauben der Schüler und der Eltern richten darf.

1.2.7   Italien

Durch Dekret wurde 2004 die Evolutionstheorie aus den italienischen Schulprogrammen gestrichen. Obwohl ein Ausschuss zur Schlussfolgerung kam, dass Darwins Theorie zur Vorbeugung gegen Rassismus unterrichtet werden müsse, wurde das Dekret nicht zurückgenommen.

1.2.8   Großbritannien

2006 haben Kreationisten in Großbritannien eine Reihe von Konferenzen an den öffentlichen Schulen und Universitäten organisiert. Die Lehrergewerkschaft *National Union Teachers* hatte daraufhin ein Gesetz gefordert, um dem steigenden Einfluss der Religionsgemeinschaften Einhalt zu gebieten. Diese Gewerkschaft ist der Überzeugung, dass der Einfluss der Religionsgemeinschaften soziale und interkulturelle

Kohäsion verhindere. Der Erzbischof von Canterbury hat sich gegen das Unterrichten des Kreationismus an britischen Schulen ausgesprochen.

1.2.9   Serbien

In Serbien musste die Bildungsministerin Liliana Colic 2004 zurücktreten, weil sie Vermittlung der Theorie von Darwin an den Schulen verboten hat. Die Akademie der Wissenschaft und der Kunst hat diese Vorgehensweise als „theokratische Abweichung" bezeichnet.

1.2.10   Niederlande

Die niederländische Bildungsministerin behauptete im Jahre 2005, dass Darwins Theorien nicht vollständig seien und dass bereits neue Erkenntnisse vorlägen. Zu diesen neuen Erkenntnissen gehört nach ihrer Ansicht das *Intelligent Design*. Der Kreationismus wurde in den Schulen nicht eingeführt.

1.2.11   Deutschland

Die Überlegungen der hessischen Bildungsministerin, die Schöpfungslehre im Biologieunterricht mit einzubeziehen, haben im Jahre 2007 für viel Aufruhr gesorgt. Gleichzeitig distanzierte sich die Bildungsministerin jedoch vom Kreationismus.

1.3   Position verschiedener Glaubensgemeinschaften

1.3.1   Die katholische Kirche

Die katholische Kirche hat sich der Evolutionstheorie lange widersetzt. Papst Johannes-Paul II erkannte 1996 schließlich an, dass die Theorie Darwins „mehr als eine Hypothese" sei.

Es gibt jedoch innerhalb der katholischen Kirche keine einheitlichen Ansichten. So hat der Wiener Erzbischof Christoph Kardinal Schönborn 2005 in einem Artikel in der *New York Times* betont, dass die Erklärung des Papstes keine Anerkennung der Evolutionstheorie darstellen würde. Auch erklärte er, dass die These des *Intelligent Designs* nicht ignoriert werden dürfe. Eine solche Ignoranz sei „das Gegenteil von Wissenschaft" (Schönborn 2005).

2007 ist eine Veröffentlichung über eine päpstliche Tagung zum Thema *Schöpfung und Evolution* erschienen (Horn u. Wiedenhofer 2007). Der Papst verwirft darin den Kreationismus, der die Wissenschaft kategorisch ausschließt, und eine Evolutionstheorie, die ihre eigenen Schwächen versteckt, und die die Fragen, die sich jenseits der methodologischen Kapazitäten der Naturwissenschaft stellen, nicht sehen will. In einer Stellungnahme verkündete Papst Benedikt XVI, laut *Welt Online* vom 26. Juli 2007, dass sich Naturwissenschaften und Religion nicht ausschließen würden. Der Papst streitet die Evolution nicht ab, „weil es einerseits viele wissenschaftliche Nachweise für die Evolution gibt. Das erscheint als eine Realität, die wir sehen müssen und die unser Verständnis vom Leben und Sein bereichert". Dennoch gibt er zu bedenken, dass die Evolutionstheorie nicht alle Fragen beantwortet. Vor allem werde durch sie nicht die große philosophische Frage geklärt, woher alles komme (Welt Online 2007). Dieser Ansatz ist auch im Bericht des Europarates enthalten, in dem festgehalten wird, dass die Wissenschaft nicht vorgibt, eine Antwort auf das *Warum* zu geben, sondern versucht das *Wie* oder das *Wieso* zu verstehen.

Bei der Synode, die ihre Arbeit am 5. Oktober 2008 aufgenommen hat, widmen sich über 300 Bischöfe und Experten dem Thema. In einem Arbeitsdokument (*instrumentum laboris*) ist Folgendes zu lesen: „Der Fundamentalismus verlangt ein totales Einverständnis mit starren doktrinären Haltungen und fordert als einzige Quelle der Lehre im Hinblick auf das christliche Leben und Heil eine Lektüre der Bibel, die jegliches kritisches Fragen und Forschen ablehnt" (Generalsekretariat der Bischofssynode 2008).

Der Dominikaner und Wissenschaftshistoriker Jacques Arnould kommt in diesem Zusammenhang zu dem Schluss: „Ich will alles das vermeiden, was Sklerose, was Rückschritt und eine hypothetische Rückkehr zum Garten Eden darstellt", und macht klar: „nicht Gott oder Darwin sondern Gott und Darwin" (Arnould 2009).

1.3.2   Der Islam

Neben dem christlich orientierten Kreationismus gibt es auch denjenigen islamistischer Prägung (s. auch den Beitrag von Graf und Lammers in diesem Band). Als bekannter Vertreter dieses islamischen Kreationismus ist der türkische Autor Harun Yahya (mit richtigem Namen Adnan Oktar) zu nennen. Von seinem *Atlas der Schöpfung* sollen sieben Bände erscheinen. Bislang sind drei Bände herausgegeben worden. Auf mehr als 700 Seiten pro Band versucht Yahya darin anhand von Abbildungen einiger Fossilien die Evolutionstheorie zu widerlegen. Der *Atlas der Schöpfung* wurde inzwischen in viele Sprachen übersetzt und an unzählige Schulen in Europa kostenlos verteilt. Yahya sieht im Darwinismus in Ursache für Nazismus, Kommunismus und Terrorismus (z. B. Yahya 2003).

Neben Harun Yahya gibt es zahlreiche weitere Vertreter des islamischen Kreationismus. Allgemein wird die Vorstellung Yahyas nicht von den muslimischen Organisationen geteilt. So ist eher zu lesen, dass die „Evolution (…) nicht im Gegensatz zum Koran" steht, oder auch dass „die Religion (…) sich nicht der Wissenschaft zu widersetzen hat".

1.4 Die Position des Europarats

Die parlamentarische Versammlung des Europarates hat am 4. Oktober 2007 die Resolution mehrheitlich angenommen (Brasseur 2007). Damit empfiehlt sie den Mitgliedsstaaten und besonders den Bildungsinstanzen:

1. das wissenschaftliche Wissen zu verteidigen und zu promovieren,
2. die Unterrichtung der Grundlagen der Wissenschaft, seine Geschichten, seine Epistemologie und seine Methoden neben dem Unterricht von objektivem Wissen zu verstärken,
3. die Wissenschaft verständlicher, anziehender und realitätsnäher zu gestalten,
4. sich entschieden dem Unterricht des Kreationismus als wissenschaftliche Disziplin zu widersetzen und zu verhindern, dass die kreationistischen Thesen in anderen Fächern als dem Religionsunterricht behandelt werden,
5. sowie den Unterricht der Evolution als wissenschaftliche Grundtheorie in den allgemeinen Schulprogrammen zu verankern (Brasseur 2007).

Außerdem fordert die parlamentarische Versammlung des Europarates auf, dass die Wissenschaftsakademien, die die Erklärung über den Unterricht der Evolution noch nicht unterzeichnet haben, dies tun mögen.

Nach der Debatte im Europarat erfolgten viele Zuschriften und verschiedenste Stellungnahmen.

Oft wurde der Vorwurf erhoben, der Bericht würde die Schöpfungslehre verneinen. Es herrscht die Ansicht vor, eine solche Haltung wäre nicht mit der freien Glaubens- und Meinungsfreiheit zu vereinbaren.

In dem Bericht geht es jedoch nicht darum, Glauben anzuzweifeln oder gegen ihn anzukämpfen. Ebenso geht es nicht um die Verurteilung der Schöpfungslehre als solche, sondern um die Verneinung der Deklarierung einer Glaubensrichtung als Wissenschaft und ihrer Vermittlung im Schulunterricht. Die Vorgehensweise der Kreationisten stellt eindeutig eine Gefahr dar. Es gilt zu verhindern, dass diese Überzeugungen in den Wissenschaftsfächern an unseren Schulen gelehrt werden.

Literatur

Arnould J (2009) Dieu versus Darwin: Les créationnistes vont-ils triompher de la science? Albin Michel, Paris

Brasseur A (2007) Les dangers du créationnisme dans l'éducation, Assemblée parlementaire du Conseil de l'Europe, session de l'assemblée du 4 octobre 2007, résolution 1580, rapport de la commission de la culture, de l'éducation, doc. 11375

Generalsekretariat der Bischofssynode (2008) Das Wort Gottes im Leben und in der Sendung der Kirche. Vatikanstadt Online: http://www.vatican.va/roman_curia/synod/documents/rc_synod_doc_20080511_instrlabor-xii-assembly_ge.html. Zugegriffen: 25. März 2009

Horn S, Wiedenhofer S (2007) Schöpfung und Evolution: Eine Tagung mit Papst Benedikt XVI. in Castelgandolfo. Sankt Ulrich, Augsburg

ISKCON (2008) Vatican to Host Meeting on Evolutionary Theory. http://news.iskcon.com/node/1295/2008-09-20/vatican_host_meeting_evolutionary_theory. Zugegriffen: 25. März 2009

Schönborn C (2005) Finding design in nature. New York Times, 7 July 2005

Welt Online (2007) Benedikt XVI. Glaubt an die Evolution. Welt Online 26 Juli 2007 Online: http://www.welt.de/politik/article1057226/Benedikt_XVI_glaubt_an_die_Evolution.html. Zugegriffen: 25. März 2009

Yahya H (2003) Das Unglück das der Darwinismus über die Menschheit brachte. Eigenverlag, München

Kapitel 2
Evolution und Kreationismus in Europa

Dittmar Graf und Christoph Lammers

Das Phänomen der Ablehnung des wissenschaftlichen Faktums der Evolution wird als *Kreationismus* von vielen Europäern in erster Linie jenseits des Atlantiks in den USA verortet. In der europäischen Presse wird beispielsweise immer einmal wieder über Gerichtsverhandlungen berichtet, in denen darüber gestritten wird, ob das Thema Kreationismus in seinen verschiedenen Spielarten Teil des Biologieunterrichts sein darf. In der Tat sind diese gerichtlichen Auseinandersetzungen über Schulstoff in Europa weit weniger verbreitet als in den USA, wo sie Konsequenz aus der amerikanischen Verfassung sind, nach der in öffentlichen Schulen kein Religionsunterricht erteilt werden darf.[1]

Im Folgenden soll gezeigt werden, dass es sich um eine Fehleinschätzung handelt, wenn man für die eher säkularen europäischen Gesellschaften davon ausgeht, dass der Kreationismus keine Rolle spielt. Vorher soll aber eine begriffliche Klärung des Terminus Kreationismus vorgenommen werden und kurz auf den Unterschied zwischen *Evolution* und *Evolutionstheorie* eingegangen werden.

2.1 Kreationismus – eine Begriffsbestimmung

Kreationismus (lat. *creare*: erschaffen) ist das Dogma, wonach der gesamte Kosmos inklusive aller Lebewesen zumindest im Wesentlichen in ihrer heutigen Form von einem Schöpfergott erschaffen wurde. Diese Definition bedarf einer Erläuterung:

---

[1] Im ersten Anhang der Verfassung der USA wird die strikte Trennung von Staat und Kirche garantiert. Dies wird so verstanden, dass es keinen Religionsunterricht an öffentlichen Schulen geben darf. Wer also religiöse Inhalte in den Unterricht bringen möchte, muss diese als Wissenschaft deklarieren. Ob es sich beim Kreationismus um Wissenschaft handelt oder nicht, ist Gegenstand der gerichtlichen Auseinandersetzungen.

D. Graf (✉)
FG Biologie und Didaktik der Biologie, TU Dortmund, Otto-Hahn-Str. 6,
44227 Dortmund, Deutschland
E-Mail: dittmar.graf@uni-dortmund.de

D. Graf (Hrsg.), *Evolutionstheorie – Akzeptanz und Vermittlung im europäischen Vergleich*,
DOI 10.1007/978-3-642-02228-9_2, © Springer-Verlag Berlin Heidelberg 2011

Unter Dogma wird hier eine Auffassung verstanden, deren Wahrheitsgehalt von den Anhängern unabhängig von positiven empirischen Prüfungsergebnissen und sogar bei negativer Ergebnislage *einfach so* als wahr angenommen wird. Kreationisten gehen davon aus, dass alle Lebewesen von Gott erschaffen wurden. Die meisten sind sogar davon überzeugt, dass sämtliche Organismen in ihrer heutigen Form erschaffen wurden. Eine biologische Evolution wird also weitestgehend abgelehnt. Die Einschränkung *Im Wesentlichen* wurde gewählt, da es einige Anhänger des Kreationismus gibt, die eine biologische Evolution bis zu einem gewissen Grad akzeptieren. Diese räumen ein, dass es eine biologische Evolution auf der Ebene der Variation vorhandener Merkmale gibt (so genannte *Mikroevolution*). Sie erkennen nicht an, dass durch evolutive Prozesse qualitativ neue Eigenschaften bzw. Komplexitätsstufen entstehen können (so genannte *Makroevolution*). Also: Es wird anerkannt, dass sich beispielsweise die Farbe eines bereits vorhandenen Fells verändern kann, es wird aber nicht akzeptiert, dass sich Tiere mit Fell aus solchen ohne Fell entwickeln konnten.

Kreationismus beschränkt sich nicht auf das Christentum. Er kommt in allen abrahamitischen Religionen vor. Höchstwahrscheinlich ist er in muslimischen Ländern sogar weiter verbreitet als im Christentum (s. dazu den Beitrag von Graf und Soran in diesem Band und weiter unten). Er kommt aber auch bei streng orthodoxen Juden vor.

Allen kreationistischen Strömungen ist gemeinsam, dass sie das wissenschaftliche Faktum Evolution ablehnen. *Evolution* im biologischen Sinne ist die Veränderung von Populationen – also von zusammenlebenden Individuen einer Art – in der Generationenfolge. Dafür gibt es eine derart überwältigende Zahl aussagekräftiger Belege (Fossilien, Resistenzbildungen bei Schädlingen verschiedenster Art, Genanalysen, Züchtungen; auf der Ebene von Mikroorganismen kann Evolution sogar beobachtet werden), dass sie heute von keinem Biologen in Zweifel gezogen oder überhaupt diskutiert wird, sondern umfassend als Tatsache akzeptiert wird. Wissenschaftlich diskutiert wird (noch und wird wohl immer werden) über die Rekonstruktion der historischen Evolutionsereignisse (was ereignete sich wann?) und über Details der Evolutions*THEORIE*: Die Evolutionstheorie ist die wissenschaftliche Theorie, die die evolutiven Vorgänge erklärt (die Begriffe Evolution und Evolutionstheorie müssen streng auseinandergehalten werden). Die gängige Evolutionstheorie ist die Selektionstheorie (die Theorie, wonach sich Änderungen in Populationen durch zufällige Variation und nachfolgende gezielte Auslese manifestieren), die in ihren Grundzügen bereits auf Charles Darwin zurückgeht (s. Beitrag von Sommer). Von Kreationisten wird die Unterscheidung von *Evolution* und *Evolutionstheorie* oft nicht vorgenommen, vielmehr werden die Termini verwässert – so wird die Evolution oft als Ursprungsforschung bezeichnet (Junker 2003). Wissenschaftlich ist das Problem des Ursprungs, der Entstehung des Lebens, sicher nicht die zentrale Forschungsfrage der Evolutionsbiologie.

Anhänger des Kreationismus lehnen selbstverständlich auch den Aspekt des Zufälligen ab, der aus Sicht der Biologie zentral zum Verständnis der Evolution ist: In der Evolution gibt es keine geplanten Entwicklungen in eine bestimmte Richtung, auch keine gezielte Höherentwicklung. Der Zufall bedingt das, was ausgelesen werden kann. Wenn vor 65 Mio. Jahren kein Meteorit eingeschlagen wäre oder vor 7 Mio. Jahren das Klima in Ostafrika nicht trockener geworden wäre, würde es uns gar nicht geben. Ausgegangen von der Erhabenheit der Gottesebenbildlichkeit und der Sonderstellung des Menschen als Krone der Schöpfung sind wir aus biologischer Sicht mittlerweile in der Affenebenbildlichkeit und -verwandtschaft angekommen. Wir sind mit den beiden Schimpansenarten näher verwandt als diese mit allen anderen Lebewesen, einschließlich des Gorillas.

Diejenigen, die Evolution ablehnen, stellen keine homogene Gruppe dar. Man kann zwischen einer ganzen Reihe verschiedener kreationistischer Auffassungen unterscheiden (vgl. Peters u. Hewlett 2003; Graf 2009; Scott 2009), von denen aber nur zwei wirkliche Bedeutung haben: Der Junge-Erde-Kreationismus und der *Intelligent-Design*-Kreationismus.

2.1.1 Junge-Erde-Kreationismus

Junge-Erde- oder auch *Kurzzeitkreationisten* sind Menschen meist christlichen Glaubens[2], die davon ausgehen, dass die Bibel die absolute, weder hinterfragbare noch interpretierbare Wahrheit enthält. Vielfach wird der Terminus *Kreationisten* wegen negativer Konnotationen allerdings von Anhängern nicht selbst verwendet; so bezeichnen sich die Mitglieder der in Deutschland besonders einflussreichen Gruppierung *Wort und Wissen* als Anhänger einer biblischen Schöpfungslehre. Einer der bekanntesten Vertreter dieser Richtung in Deutschland, R. Junker, schreibt zur Evolution: „Die Bibel sagt, dass die Schöpfung vom Schöpfer selbst als sehr gut beurteilt wurde […] Eine sehr gute (perfekte) Schöpfung macht aber Evolution […] unmöglich […]." (Junker 2003:211). Man geht davon aus, dass der Tod erst durch den Ungehorsam des angeblich ersten Menschenpaares in die Welt kam. Durch den Sündenfall sei die Schöpfung verdorben worden. Carnivore Tiere mussten sich also dieser Auffassung nach im Paradies vegetarisch ernährt haben. Auf das Argument, dass es ohne Tod zu Überbevölkerung kommen müsse, wird geantwortet, dass die Verhältnisse im Paradies hinter einer Erkenntnisschranke lägen (Junker 2003) und entsprechend nicht verstehbar seien. Der gesamte Schöpfungsakt hat sich gemäß den Ausführungen im ersten Buch Mose in sechs Tagen à 24 h vollzogen.

Das Alter der Erde wird anhand der in der Bibel aufgeführten Genealogien berechnet. Man kommt dabei auf ein Gesamtalter von allenfalls 10.000 Jahren – viele glauben an ein Alter von etwa 6.000 Jahren. Um dies sinnvoll erscheinen zu lassen, wird behauptet, dass eine perfekte Schöpfung den Anschein von Alter erwecke, so sei ja Adam als Erwachsener ohne Kindheit und Jugend geschaffen worden; wenn man aber bei ihm seine – nicht vorhandene – Individualentwicklung mitdenke, würde man sein Alter falsch, zu hoch, einschätzen (Junker 2003). Darüber hinaus werden Aktualitätsprinzip und die Existenz allgemeiner Naturkonstanten in Zweifel gezogen (Scheven 2007).

---

[2] Auch unter ultraorthodoxen Juden findet sich diese Sichtweise. (s. Numbers 2006).

Die Sintflut wird als historisches Ereignis und als Ursache für die Entstehung von Fossilien angesehen. Wie oben erwähnt, enthält die Bibel für Kreationisten die reine Wahrheit, was aber nicht bedeutet, dass sie auch einen vollständigen Abriss der Geschichte liefert. So gehen Junge-Erde-Kreationisten davon aus, dass sich nach dem Sündenfall vor und nach der Sintflut nach weitere Katastrophen ereignet haben könnten, die für Fossilienbildung außerhalb der Sintflut verantwortlich gemacht werden können. Diese haben aber offensichtlich in der Bibel keine Erwähnung gefunden (Junker 2003). Die Sintflut wird von Kreationisten im deutschsprachigen Raum vielfach in die Zeit zwischen Kambrium und Perm gelegt (Scheven 2007; Junker 2003). Von anderen Vertretern, besonders aus den USA, wird sie zeitlich zwischen Kambrium und Kreide angesiedelt (Whitcomb u. Morris 1961), d. h., dass alle Fossilfunde aus Paläozoikum und Mesozoikum (de facto ein Zeitraum von ca. 480 Mio. Jahren) in dem einen Jahr der Sintflut entstanden sein müssten.

Der Mensch hat für Junge-Erde-Kreationisten keinerlei verwandtschaftliche Beziehungen zu anderen Tierarten: „Wir können Jesus Christus nicht verstehen, wenn der Mensch evolutiven Ursprungs und ein umgewandeltes Tier ist." (Junker 2003:208). In Veröffentlichungen von Junge-Erde-Kreationisten zur Evolution wird in der Regel die Tatsache der Evolution in Frage gestellt, indem versucht wird, vermeintliche Schwachstellen aufzuzeigen, ohne Stärken zu erwähnen. Darüber hinaus wird evolutionäres Denken regelmäßig für moralische Verfehlungen jedweder Art verantwortlich gemacht. Drastisch wurde dies z. B. von R. Nachtwey ausgedrückt: „Der Diktator Joseph Stalin reichte dem brutalen Machtpolitiker Hitler freundschaftlich die Hand zur Teilung Polens. Beide wurzelten geistig im Darwinismus…" (Nachtwey 1959:286). Ähnlich verachtend äußerte sich der Vorsitzende der Republikaner im US-Repräsentantenhauses von 2002–2006, Tom DeLay, zum Massaker an der Columbine-Highschool in Colorado: es sei dazu gekommen „da unsere Schulen unseren Schülern beibringen, sie seien nichts als bessere Affen, die sich aus urtümlichem Schlamm entwickelt haben. Pistolen bringen keine Menschen um, Charles Darwin tut es." (Krugman 2002). Der türkische Kreationist Adnan Oktar führt unter seinem Pseudonym Harun Yahya aus: Es sei „betont, dass die einzige Art und Weise, den Terrorismus zu unterbinden, ist, die darwinistisch-materialistische Ausbildung abzuschaffen, junge Menschen in Übereinstimmung mit einem Lehrplan auszubilden, der auf wahren wissenschaftlichen Entdeckungen basiert, und in ihnen Gottesfurcht zu kultivieren […]." (Yahya 2002:145). Alle drei Aussagen, die sich noch durch viele ähnliche ergänzen ließen, zeigen, dass hier evolutionäres Denken mit moralischem Verfall bzw. Amoralität gleichgesetzt wird. Ein solcher Bezug ist in keiner Weise durch Fakten gestützt und somit zurückzuweisen. Gespeist wird dieses Denken durch die Behauptung, dass moralisch vorbildliches Verhalten nur durch Orientierung an religiösen Werten möglich sei. Die meisten Evolutionsbiologen gehen im Gegensatz dazu heute davon aus, dass Moralgefühle und davon abgeleitet Moralsysteme nicht ausschließlich durch Kultur und religiöse Systeme entwickelt werden, sondern im Kern evolutionären Ursprungs sind (s. z. B. Shermer 2004; Voland u. Schiefenhövel 2009).

2.1.2 Intelligent-Design-Kreationismus

Anhänger dieser Richtung vermeiden zur Rechtfertigung ihres Standpunktes in aller Regel religiöses Argumentieren. Als Letztursache für Entstehen und Veränderung von Lebewesen wird nicht Gott verantwortlich gemacht, sondern meist ein nicht näher spezifizierter intelligenter Designer.

Die zentrale Behauptung im *Intelligent Design Kreationismus* besagt, Lebewesen seien bis in ihre molekularen Bestandteile irreduzibel komplex. Wenn ein beliebiges Teil in seiner Funktion wegfiele, wäre ein Lebewesen nicht mehr lebensfähig oder ein Teilsystem nicht mehr funktionsfähig. Zur Erläuterung für eine solche irreduzibel komplexe Struktur wird gerne das von dem amerikanischen Biochemiker eingeführte Beispiel einer Mausefalle benutzt. Diese besteht aus fünf Teilen: einem Holzbrettchen, einem Schlagbügel, einer starken Feder, die ihn spannt, einem Haltebügel, der den Schlagbügel gespannt hält, und einem Halter für den Köder. Wird ein beliebiges Teil entfernt, kann die Falle nicht mehr funktionieren. Wenn man weiterdenkt, bedeutet dies, dass irreduzibel komplexe Strukturen nicht durch die der Evolutionstheorie zugrunde liegenden Prinzipien der zufälligen Variation und nachfolgenden Auswahl nach Fitness entstehen können. In der Evolutionsbiologie gibt es kein „*wegen Umbau geschlossen*". Vorläufer aktueller Strukturen müssen nach der Evolutionstheorie ebenfalls schon eine gewisse Funktionalität besessen haben bzw. für eine andere Aufgabe funktional gewesen sein. Einen solchen Funktionswechsel konnte man beispielsweise nachweisen, als man entdeckte, dass Proteine, die am Aufbau der von *Intelligent Design* Kreationisten als Paradebeispiel für irreduzible Komplexität angesehenen Bakteriengeißel beteiligt sind, auch am molekularen Apparat zur Injektion von Toxinen in andere Zellen verwendet werden (Miller 2004). Evolutionsbiologen gehen davon aus, dass es bei Organismen keine irreduzible Komplexität gibt. Es ist also ein Forschungsprogramm der Evolutionsbiologie, das Schritt-für-Schritt-Entstehen vermeintlich irreduzibel komplexer Strukturen im Detail zu rekonstruieren.

Das Vorhandensein irreduzibel komplexer Strukturen wird von Kreationisten als so genanntes Designsignal gedeutet, d. h. als deutlichen Hinweis darauf, dass eine solche Struktur absichtsvoll geplant sein, dass also ein intelligenter Designer am Werk gewesen sein muss. Meist werden heute als Beispiele für angeblich irreduzible Strukturen biochemische Systeme verwendet, wie z. B. das Blutgerinnungskaskade oder die Bakteriengeißel.

Überlegungen zum Intelligenten Design sind keineswegs neu. Sie gehen unter anderem Namen bereits auf die Zeit weit vor Charles Darwin zurück. Man findet das Design-Argument bereits bei Platon und Aristoteles sowie in der christlich geprägten Philosophie bei Augustinus und bei Thomas von Aquin (Ruse 2003). Meist wird in diesem Zusammenhang jedoch der im 19. Jahrhundert sehr einflussreiche englische Naturtheologe William Paley angeführt. Er formulierte in seinem bekannten Buch *Natürliche Theologie* von 1802 die mittlerweile klassische, als teleologischer Gottesbeweis angelegte Analogie, wonach man, wenn man bei einem Spaziergang über eine Heide auf dem Boden eine Uhr liegen sehe, zwangsläufig auf die Existenz eines intelligenten Planers, in diesem Fall eines Uhrmachers, schließen müsse. Eine Uhr sei zu komplex, um zufällig entstanden sein zu können. Entsprechend sei die Existenz der äußerst komplexen Lebewesen der Beweis für die Existenz Gottes. So weit gehen die modernen *Intelligent Design*-Vertreter vordergründig allerdings nicht.

Diese schließen nur allgemein auf einen Planer, Gott wird in der Regel nicht erwähnt. Man kann sich also theoretisch zu Intelligentem Design bekennen, ohne Kreationist zu sein. Viele führende Vertreter des *Intelligent Design* geben genau dies zumindest vor. Bei genauem Studium der Veröffentlichung bleibt die kreationistische Orientierung der führenden *Intelligent Design*-Vertreter allerdings nicht verborgen. Bei allen führenden Vertretern der *Intelligent Design*-Bewegung handelt es sich um fundamentalistische Christen (Shanks 2004). Dies wird z. B. bei W. Dembski, Autor wichtiger Veröffentlichungen zum Intelligenten Design, klar, wenn er schreibt: Die feine Abgestimmtheit des Universums und die irreduzible biochemische Komplexität sind Beispiele für Informationen, die „von Gott durch seine Schöpfungen in das Universum eingebracht wurden" (Dembski zit. nach Shanks 2004:158).

Die *Intelligent Design*-„Theorie" selbst ist fast inhaltsleer. Es werden in ihrem Rahmen keine eigenen Positionen formuliert, es wird nicht einmal der Versuch unternommen, (prüfbare) Hypothesen zu generieren, auf welche Art und Weise denn der Designer seine intelligenten Entwürfe erstellen und umsetzen könnte (Waschke 2008). Vielmehr werden nur gängige evolutionäre Erklärungen kritisiert und auf Schwachstellen hingewiesen. Weil diese (wie alle wissenschaftlichen Theorien) Schwächen immanent enthalten, werden sie als falsch angesehen – ein typisches *argumentum ad ignorantiam* (Beweis aufgrund von Unkenntnis), wonach eine Aussage ohne jedes Sachargument nur deswegen als falsch angesehen wird, weil sie bis jetzt noch nicht hinreichend belegt werden konnte. Konkret wird zu Unrecht geschlossen, nur weil die phylogenetische Entstehung komplexer Strukturen bei Organismen noch nicht in allen Fällen lückenlos rekonstruiert ist, dass diese auf der Basis des Naturalismus grundsätzlich nicht rekonstruierbar sei. Weiter wird gefolgert, dass damit der Naturalismus als Erklärungsgrundlage gescheitert sei und somit übernatürliche Erklärungsmuster in Form eines intelligenten Designers in die Wissenschaft Einzug halten müssten. Natürlich folgert aus Nichtwissen überhaupt nichts, es handelt sich also bei der Zurückweisung des Naturalismus logisch um einen Fehlschluss.

Der *Intelligent-Design*-Kreationismus ist in den USA weit verbreitet, hat aber auch in Europa seine Anhänger, z. B. unter den Zeugen Jehovas. Auch viele Moslems stehen dieser Form des Kreationismus nahe, da im Koran kein mit der biblischen Darstellung der Weltentstehung in sechs Tagen vergleichbarer Schöpfungsmythos enthalten ist.

Auch der Wiener Erzbischof, Kardinal Schönborn, hat sich in einem Gastkommentar in der New York Times mit dem Titel *Finding Design in Nature* zum *Intelligent Design* Kreationismus bekannt, in dem er schrieb: „Die Evolution im Sinn einer gemeinsamen Abstammung ist möglicherweise wahr, aber die Evolution im neodarwinistischen Sinn – ein zielloser, ungeplanter Vorgang zufälliger Veränderung und natürlicher Selektion – ist es nicht. Jedes Denksystem, das die überwältigende Evidenz für Design in der Biologie leugnet oder weg zu erklären versucht, ist Ideologie, nicht Wissenschaft."[3] Inzwischen hat Schönborn seine damaligen Aussagen relativiert.

Eines der Hauptziele der Aktivitäten sowohl der Jungen-Erde- als auch der Intelligent-Design-Kreationisten in den USA und in Europa ist der Biologieunterricht. Entweder will man verhindern, dass das Thema Evolution überhaupt im Fach Biologie unterrichtet wird oder man versucht durchzusetzen, dass Evolutionsbiologie und Schöpfungsgeschichten im Biologieunterricht mit gleichem Zeitbudget als zwei gleichberechtigte Auffassungen, die das gleiche erklären, unterrichtet werden. Das Anliegen, kreationistische Vorstellungen im Fach Biologie zu vermitteln, ist aus der Sicht einer Wissenschaftsorientierung im Unterricht mit Nachdruck zurückzuweisen (Graf 2008). Kreationistische Vorstellungen sind keine Wissenschaft und wenn Vertreter dies behaupten, dann muss man sie als Pseudowissenschaft charakterisieren mit Erklärungsansätzen, die den Kriterien von Wissenschaft nicht gerecht werden.

2.2 Die Verbreitung kreationistischen Denkens in Europa

In den USA lehnt etwa die Hälfte der Bevölkerung die Evolution ab, in den meisten europäischen Ländern sind es deutlich weniger. Die USA stehen damit allerdings weltweit keineswegs am hinteren Ende der Länder. Diejenigen europäischen Länder mit großen Anteilen orthodoxer Christen kommen in die Nähe der USA, islamische Länder unterschreiten den Anteil der USA noch bei weitem. In der Türkei beispielsweise lehnen sogar fast alle zukünftigen Lehrer die Evolution ab. Ähnliche Werte ergeben sich für andere muslimisch geprägte Länder, wie z. B. die Maghreb-Staaten oder den Libanon (Clément et al. 2008). Für Buddhisten, Hindus und Angehörige anderer Religionen liegen kaum Zahlen vor.

Im Folgenden wird auf die verschiedenen europäischen Länder, über die im Hinblick auf den Kreationismus spezifische Fakten bekannt sind, eingegangen werden.

2.2.1 Benelux Staaten

Bereits seit den 1970er Jahren sind Kreationisten in den Niederlanden aktiv. 1995 wurde der *Europäische Kreationisten Kongress*, eine alle drei Jahre stattfindende Tagung in den Niederlanden ausgerichtet. Zu diesem Zeitpunkt war der gesellschaftliche Einfluss der bibeltreuen Antidarwinisten so groß, dass sie eine Debatte anstießen, die bis heute nachhallt. Hierbei ging es um die Frage, ob generell beim Biologieexamen Fragen zur Evolution gestellt werden sollten oder nicht. Das Er-

---

[3] New York Times vom 7.7.05: http://www.nytimes.com/2005/07/07/opinion/07schonborn.html; eigene Übersetzung (Zugriff 27.4.10).

gebnis war und ist überraschend. Ausschließlich im universitären Examen sollten
Fragen zur Evolution erörtert werden, und zwar so, dass Kreationisten nicht ver-
ärgert würden (Numbers 2006).

Das Wissenschaftsmagazin *Science* fragte zehn Jahre später provokativ, ob die
Niederlande zum „Kansas in Europa" werden würden. Diese Aussage nahm Bezug
auf einen Beschluss der Schulbehörde in Dover, Bundesstaat Kansas, wonach neben
der Evolutionstheorie die biblische Schöpfungsgeschichte unterrichtet werden solle.
Diese Notwendigkeit sah ebenfalls die christdemokratische Erziehungsministerin
der Niederlande, Maria van der Hoeven, als gegeben an und argumentierte, dass
das Unterrichten von *Intelligent Design* dazu beitragen könne „religiöse Gräben"
zu schließen (Enserink 2005). Im Darwin-Jahr 2009 griffen erneut 30 christliche
Organisationen die Evolutionstheorie an. An alle Haushalte wurde eine Broschüre
verschickt, in der die Evolution als „wissenschaftlich nicht bewiesen" dargestellt
wurde. Sowohl die Protestantische Kirche wie auch führende Wissenschaftler dis-
tanzierten sich von der Broschüre *Evolution oder Schöpfung? Was glaubst Du?*[4]

Der Einfluss kreationistischer Gruppen ist in Belgien und Luxemburg hingegen
kaum spürbar. Wie in allen anderen westeuropäischen Staaten wurde auch in den
Benelux-Staaten der kreationistische Atlas der Schöpfung (s. Abschn. 2.9) an zahlreiche Schulen verschickt, ohne jedoch nennenswerte Folgen.

2.2.2 *Deutschland*

Wie in anderen Ländern ist auch in Deutschland die Ablehnung der Evolution
nicht gleichmäßig über die Bevölkerung verteilt. Zum Beispiel wird die Evolution
von 15 % der zukünftigen Lehrer abgelehnt, bei späteren Biologielehrern, die die
Evolution ja zu unterrichten haben, sind es immerhin 7 %. Unter sehr religiösen
Menschen, die zukünftig in Schulen unterrichten werden, finden sich nur sehr wenige, die die Evolution akzeptieren (s. den Beitrag von Graf und Soran in diesem
Band). Mitglieder evangelikaler Freikirchen oder baptistische Spätaussiedler aus
Osteuropa leugnen Evolution in aller Regel. Unter letzteren gibt es welche, die
trotz Schulpflicht in Deutschland verhindern, dass ihre Kinder die Schule besuchen,
unter anderem damit sie nicht mit „atheistischen" Evolutionsvorstellungen konfrontiert werden. In einer in jüngster Zeit veröffentlichten Umfrage mit 1.000 Befragten
zeigte sich, dass unter den in Deutschland lebenden Türken nur 27 % mit „Ja" auf
die Frage „Glauben Sie an die Evolutionstheorie nach Darwin?" antworteten. Bei
den Deutschen waren es 61 %.[5]

Wenig weiß man darüber, ob es sich bei der Skepsis gegenüber Evolution in der
Bevölkerung um jüngere Entwicklungen handelt, oder ob die Evolution in der Folge
der Darwin'schen Entdeckungen in relevantem Maße auch traditionell abgelehnt
wurde. Es liegen keine empirischen Daten aus vergangenen Jahrzehnten vor.

---

[4] http://www.spiegel.de/wissenschaft/natur/0,1518,609578,00.html (Zugriff 27.4.10).

[5] http://www.liljeberg.net/ge/aktuell/Pressemitteilung-fuer-pressekonferenz4.pdf (Zugriff 27.4.10).

Es gibt allerdings auch Dokumente über historische Ereignisse, die deutlich machen, wie wenig die Evolution in vergangenen Zeiten akzeptiert wurde. Eine Folge von Ereignissen in Deutschland im späten 19. Jahrhunderts stellt dabei alles andere weit in den Schatten. Interessanterweise sind die Begebenheiten heute weitgehend in Vergessenheit geraten und selbst in Deutschland weniger bekannt als beispielsweise der so genannte *Affenprozess* (Scopes-Trial) aus dem Jahr 1925 im US-amerikanischen Tennessee. Dort wurde John Scopes, ein damals junger Lehrer, zu einer Geldstrafe von 100 Dollar verurteilt, weil er unterrichtet hatte, dass der Mensch nicht wie in der Bibel ausgeführt entstanden sei. Von ganz anderem Ausmaß waren die Ereignisse in Deutschland, die sich noch zu Lebzeiten Darwins abspielten. Auch hier war der Ausgangspunkt der Biologieunterricht. Im – damals zu Preußen gehörenden – westfälischen Lippstadt hatte Hermann Müller, ein Realschullehrer und Blütenbiologe, 1877 in einer Vertretungsstunde einen schöpfungskritischen und evolutionsbejahenden Text verlesen lassen. Dies wurde öffentlich bekannt und löste einen regionalen Sturm der Entrüstung aus. Schließlich wurde die Angelegenheit sogar im preußischen Abgeordnetenhaus thematisiert und führte dort zu scharfen Auseinandersetzungen. Bei der nächsten Reform des preußischen Gymnasiallehrplans 1882 wurde festgelegt, dass das Fach Biologie in der Oberstufe nicht mehr unterrichtet werden darf. Zur Begründung für diesen Schritt wurde explizit auf die Evolutionsbiologie verwiesen. Der Biologieunterricht in dieser Altersstufe wurde erst mehr als ein Vierteljahrhundert später (1908) auf Wahlbasis wieder zugelassen. Das Thema *Evolution* wurde dabei mit keinem Wort erwähnt. Erst 1925 wurde Biologie wieder zum Pflichtfach in der Oberstufe, allerdings mit geringer Stundenzahl. Es dauerte anschließend kein Jahrzehnt, bis der Biologieunterricht in den ideologischen Missbrauch der Nazis überging. Die Verzerrung der Evolutionsbiologie, um Rassenhygiene und Eugenik zu rechtfertigen, ist ein ganz eigenes Thema, auf das hier nicht näher eingegangen wird (Weingart et al. 1988).

Dass Hermann Müller auch heute noch die Gemüter erhitzt, zeigte sich an einer von der Fachgruppe Biologie der TU Dortmund und dem Lippstädter Ostendorf-Gymnasium initiierten Ausstellung zu Leben und Werk Hermann Müllers in der Dortmunder Universitätsbibliothek. Das Gästebuch zur Ausstellung war gefüllt mit evolutionsablehnenden Äußerungen sowie Beleidigungen zur Person Charles Darwins, obwohl die Ausstellung auf Darwin nur am Rande einging (Röttger 2009).

Nach dem Zweiten Weltkrieg haben im deutschen Sprachraum immer wieder Einzelpersonen ihre Stimme gegen die Evolution erhoben, ohne dass es jedoch zu einer organisierten Ablehnung gekommen wäre. So veröffentliche Robert Nachtwey, ein früherer Professor für Zoologie, zum 150. Geburtstag von Darwin im Jahr 1959 beim katholischen Morus-Verlag ein Buch mit dem bezeichnenden Titel *Der Irrweg des Darwinismus*. Darin versucht er Evolutionsbiologie und Religion zu harmonisieren, indem er unterstellt, dass Organismen einen nicht näher spezifizierten, ihnen innewohnenden und von Gott besteuerten Vervollkommnungsdrang besäßen. Er behauptet weiterhin, der Mensch habe eine Sonderstellung unter den Lebewesen und urteilt in diesem Zusammenhang, der Darwinismus – womit der die Selektionstheorie meint – sei gescheitert: „Dem Darwinismus ist es völlig unmöglich, die Entwicklung und Sonderstellung des Menschen zu erklären. Er versagt vor diesen so

wesentlichen Fragen [...]. Der Darwinismus erklärt nur die Entstehung von Miss-
bildungen" (Nachtwey 1959:148). Besonders einflussreich war der vom Atheisten
zum Christen gewandelte britische Chemiker Arthur Ernest Wilder-Smith, der ab
1946 in Deutschland und der Schweiz zahlreiche Vortragsreisen unternahm und
evolutionskritische Bücher veröffentlichte. Er propagierte einen alle Materie durch-
dringenden schöpferischen Geist, der Materie gestaltet und Ordnung erzeugt und
somit auch für die Lebenserscheinungen verantwortlich ist (Wilder-Smith 1972;
s. eine ausführliche Darstellung bei Kotthaus 2003). Andere meinungsbildende
evolutionskritische Bücher aus der Sicht gläubiger Naturwissenschaftler schrieben
beispielsweise 1982 der Limnologe J. Illies (*Der Jahrhundert-Irrtum – Würdigung
und Kritik es Darwinismus*) und 1986 der Biologiedidaktiker W. Kuhn (*Stolperstei-
ne des Darwinismus – Ende eines Jahrhundertirrtums*).

1979 wurde schließlich mit der *Studiengemeinschaft Wort und Wissen* (*WuW*)
ein Verein gegründet, der sich die kritische Auseinandersetzung mit der Evolutionstheorie explizit zur Aufgabe gemacht hat. Zu den Zielen heißt es in einer Selbstdarstellung: „Die Studiengemeinschaft Wort und Wissen vertritt eine biblische Schöpfungslehre. In der kritischen Auseinandersetzung mit säkularen Denkvorstellungen
soll gezeigt werden, wie die wissenschaftlichen Daten aus der biblischen Perspektive gedeutet werden können"[6]. Der Verein gewann seit den 80er Jahren rasch an Einfluss und stellt heute wohl die wichtigste Verbreitungsinstanz für kreationistisches
Gedankengut im deutschen Sprachraum dar. Bei den meist akademisch ausgebilde-
ten Menschen, die sich dort engagieren, handelt es sich um Junge-Erde-Kreationisten. Die Studiengemeinschaft richtet einen Großteil ihrer Aktivitäten auf den Biologieunterricht (s. oben). Zum schulischen Biologieunterricht fordert sie, „dass der
Evolutionstheorie widersprechende Befunde angemessen unterrichtet werden und
dass die Evolutionstheorie nicht als alleinige Deutungsmöglichkeit biologischer
Daten in Ursprungsfragen präsentiert wird"[7]. Wort und Wissen gibt zahlreiche Materialien für die Schülerhand heraus, darunter auch ein Buch, das als Schulbuch für
die gymnasiale Oberstufe konzipiert ist. Es besitzt aber in keinem Bundesland eine
Zulassung für die Schule[8]. Das Buch ist aufwendig gestaltet und liegt mittlerweile
in sechster Auflage vor (Junker u. Scherer 2006). Die Inhalte des Buches stellen
darüber hinaus eine Art Argumentationsleitfaden für viele Kreationisten dar. Es enthält – dem oben zitierten Leitgedanken entsprechend – im Wesentlichen Evolutions-
kritik. Explizit kreationistische Positionen werden weitgehend versteckt. Das Buch
erhielt 2002 einen Schulbuchpreis, obwohl es gar kein Schulbuch ist. Der Preis
wird seit 1990 vom christlich orientierten *Kuratorium Deutscher Schulbuchpreis*
verliehen. Die Festansprache bei der Preisverleihung hielt der spätere Thüringische
Ministerpräsident Dieter Althaus (CDU) und pries dabei das Buch als „sehr gutes
Beispiel für wertorientierte Bildung und Erziehung". Und weiter hoffte er: „dass Ihr

---

[6] www.wort-und-wissen.de (Zugriff 27.4.10).

[7] http://www.wort-und-wissen.de/index2.php?artikel=presse/main.php&n=Presse.P05-2 (Zugriff
27.4.10).

[8] Im Unterschied zu anderen Unterrichtsmaterialien dürfen Schulbücher erst dann im Unterricht
verwendet werden, wenn sie von den Kultusministerien eine Zulassung erhalten haben.

Buch nicht nur von Biologielehrern für den Unterricht verwendet wird, sondern auf eine weit darüber hinaus gehende Leserschaft trifft"[9]. Mittlerweile hat sich Althaus von seinen damaligen Äußerungen distanziert.

Inzwischen ist in Deutschland ein zweites evolutionskritisches Buch erschienen, das in Stil und Machart an ein Schulbuch angelehnt ist (vom Stein 2005). Das Werk wendet sich an Schülerinnen und Schüler der Sekundarstufe I. Hier wird wesentlich offener aus der Sicht der Bibel argumentiert als in dem Buch von Junker und Scherer. Auch dieses Buch besitzt in keinem Bundesland eine Zulassung für die Verwendung an Schulen.

2006 und erneut 2007 hat sich mit der damaligen hessischen Kultusministerin Karin Wolff (CDU) zum ersten Mal eine für Schule verantwortliche Politikerin für eine Behandlung der Schöpfungsgeschichte im Biologieunterricht ausgesprochen. Sie sah große Übereinstimmungen zwischen der mythischen Erzählung einer Schöpfung in sechs Tagen und der Evolutionstheorie[10]. Auch wenn man Frau Wolff wohl nicht als Kreationistin bezeichnen kann, zeigt sie geringe Kenntnisse über den Verlauf der Stammesgeschichte und besitzt keine hinreichenden Vorstellungen von Wissenschaft.

Überhaupt spielen Bildungsinhalte und Bildungsträger eine immer stärkere Rolle in diesem Konflikt (Lammers u. Thies 2007). Galt über Jahrzehnte das staatliche Bildungsmonopol weitestgehend als Garant für die eine demokratische und plurale Gesellschaft, wird privaten Trägern seit geraumer Zeit eine immer größere Rolle zugesprochen. Die Zahl privater (weltanschaulicher) Bildungsträger wächst und der Bedarf an (vermeintlich) alternativen Bildungskonzepten steigt, so dass die bisher auf dem Bildungsmarkt vertretenen Anbieter den Bedarf kaum decken können. Insbesondere durch die PISA-Ergebnisse geriet die öffentliche Schule verstärkt unter Beschuss. Zahlreiche Politiker, Forscher und Eltern forderten die Stärkung freier Träger. Diese forderten ihrerseits mehr Geld und mehr Transparenz seitens des Staates. Was als positives Signal für mehr bildungspolitische Selbstverantwortung der Eltern und Schulträger gedacht war, entwickelt sich jedoch insbesondere in der *Causa Darwin* als Problem.

Denn in Deutschland wächst auch die Zahl der weltanschaulich geprägten Schulen, die einen evangelikalen-freikirchlichen Hintergrund haben. Bei diesen Schulen ist zu befürchten, dass neben oder statt der Evolutionstheorie die biblische Schöpfungsgeschichte als alternativer Erklärungsansatz unterrichtet wird. Durch eine Dokumentation des Kultursenders *ARTE* gelangte dieses Problem erstmals in den Blickpunkt der Öffentlichkeit. Es sind mittlerweile zahlreiche Fälle aus einzelnen Bundesländern bekannt geworden.

So werden beispielsweise an der staatlich anerkannten, christlich orientierten Weltanschauungsschule *Corrie-ten-Boom-Schule* in Berlin, die zum Trägerverein *Freie Evangelische Schulen Berlin* (*FESB*) gehört, kreationistische Inhalte im Biologieunterricht vermittelt. Der Geschäftsführer betonte in einem Interview, dass „sowohl die darwinsche Evolutionstheorie als auch die Schöpfungsgeschichte"

---

[9] http://www.schulbuchpreis.de/preis2002.html (Zugriff 27.4.10).
[10] Vgl. Euler, Ralf: Wolff will Schöpfungslehre im Biologieunterricht. FAZ vom 29.06.2007.

unterrichtet werden würde (Dehmel 2009). Es soll der Eindruck vermittelt werden, dass es neben der Evolutionstheorie eine (wissenschaftliche) Alternative gibt, die an staatlichen Schulen jedoch keinen Platz haben soll. Tatsächlich ermöglichen die evangelikalen Schulen ihren SchülerInnen einen ausschließlich weltanschaulichen Zugang zur Gesellschaft, der auf den Deutungsrahmen der Bibel beschränkt ist. Für viele Staatliche Schulämter scheint das kein Problem zu sein. Ganz bewusst setzen die Bundesländer auf die Eigenverantwortlichkeit der privaten Träger. Da die Bundesländer die privaten Schulträger nicht zu 100 % finanzieren müssen, zeigt sich eines sehr deutlich: Der Staat schränkt seinen eigenen Bildungsauftrag erheblich ein und setzt auf eine Alternative, die den Ansprüchen auf Wissenschaftlichkeit nicht (immer) gerecht wird.

Das Problem reicht jedoch über den Schulalltag hinaus, da es um die Welt- und Selbstbilder der Eltern und der Kinder geht. Viele religiöse Eltern beklagen die Entfremdung ihrer Kinder und lasten dies der Vermittlung von Sexualerziehung und Evolutionstheorie im Biologieunterricht an. Eine steigende Zahl an Eltern entschließt sich, ihre Kinder dem Schulunterricht völlig zu entziehen. Man muss davon ausgehen, dass etwa 800–1.000 schulpflichtige Kinder in Deutschland derzeit nicht zur Schule geschickt und privat oder in privaten Netzwerken unterrichtet werden (Spiegler 2008). Entscheiden sich religiöse Eltern zu diesem Schritt, bleibt ihnen entweder die Flucht ins Ausland oder der Gang in die Anonymität. In den Fällen, die vor nationalen wie internationalen Gerichten zur Verhandlung kamen, wurde gegen die Schulverweigerung entschieden, den Eltern aber die Möglichkeit zur Gründung oder zum Besuch einer Schule in christlicher Trägerschaft aufgezeigt. In seltenen Fällen ringen religiöse Gruppen, wie das Beispiel der *12 Stämme Israels* zeigt, dem Bundesland einen Kompromiss ab (Lammers 2008).

2.2.3   Großbritannien

Auch am Beispiel Großbritannien lässt sich zeigen, dass (natur)wissenschaftsorientierte Vermittlung der Evolution in der Schule Voraussetzung ist, um dem Vordringen kreationistischer und irrationaler Denkmuster besser entgegenwirken zu können (s. dazu den Beitrag von Williams in diesem Band). Dieses Problem betrifft jedoch nicht allein das Erziehungssystem. Mehrere kreationistische Gruppierungen haben in den letzten Jahrzehnten Fuß fassen können.

Die Organisation *Creation Science Movement* bezeichnet sich selbst als die älteste kreationistische Bewegung der Welt. Sie wurde 1932 als *Evolution Protest Movement* von einem Journalisten, einem Rechtsanwalt und einem Elektroingenieur in London gegründet. Der aktuelle Name macht deutlich, dass sich die Gruppierung als wissenschaftlich versteht, die empirisch zu belegen sucht, dass eine göttliche Schöpfung stattgefunden hat. Konkrete Ziele sind, aufzuzeigen, dass die Bibel mit dem Schöpfungsbericht verlässliche historische Quellen sind, und dafür einzutreten, dass die Schöpfungslehre (als *creation science* bezeichnet) in Schulen, Universitäten und Kirchen gelehrt wird. Außerdem vermittelt die Gruppierung Vortragende und veröffentlicht Bücher zum Thema Kreationismus. In den letzten Jahren hat sich die Mitgliederzahl verdoppelt (Numbers 2006). Seit dem Jahr 2000 unterhält die Institution in Portsmouth eine Schöpfungsausstellung, in der u. a. behauptet wird, bei der Sintflut handele es sich um ein historisches Ereignis.[11]

Etwa seit 2000 gewinnt in Großbritannien eine andere kreationistische Gruppierung zunehmend an Einfluss: die in Australien gegründete und insbesondere in den USA populäre Gruppe *Answer in Genesis* des australischen Pädagogen Ken Ham. Die Gruppe wendet sich explizit an die breite christliche Bevölkerung und gibt sich bewusst unelitär mit klaren religiösen Botschaften (Numbers 2006).

In der Nähe von Bristol existiert seit 1998 ein Tierpark (*Noah's Ark Zoo Farm*) mit speziellen Programmen für Schüler und jährlich immerhin 120.000 Besuchern, in dem die gehaltenen Tierarten und der Mensch in kreationistischen Zusammenhängen dargestellt werden. U. a. wird auch ein Modell einer Arche mit Tieren, die sich in Zweierreihen der Arche nähern, präsentiert.[12]

Im Jahr 2002 wurde die Aula des *Emmanuel College* in Gateshead, einer vom Staat unterstützten privaten Technikschule für eine kreationistische Veranstaltung mit Ken Ham zur Verfügung gestellt. Einer Journalistin, die wegen dieser Versammlung ein Interview mit dem Schulleiter durchführte, wurde von diesem gesagt, es sei faschistisch, den Kreationismus zu ignorieren. Einige Jahre vorher hatte er in einem Artikel zusammen mit dem Fachleiter für die Naturwissenschaften in einem Artikel geschrieben, dass es kaum möglich sei, bei Kindern Selbstwert und Selbstrespekt zu erzeugen, wenn man sie lehrt, dass sie nichts mehr seien als entwickelte Mutationen, die sich aus Affenverwandten entwickelt haben und dass der Tod das Ende von Allem sei.[13] Man fand heraus, dass die Schule von einem kreationistischen Autohändler mit £2 Mio. unterstützt wird. Es kam in der Folge zu breit angelegten empörten Protesten auch von Wissenschaftlern darüber, dass Kreationisten britische Schulen infiltriert hätten (Numbers 2006).

2004 kam es zu einer Tournee von zwei in der Szene sehr gekannten Kreationisten aus USA und Australien, die immerhin von 8.000 Personen in elf Städten besucht wurde. Besonders enthusiastisch wurden die beiden in Schottland gefeiert (Numbers 2006).

2.2.4 *Italien*

In Italien wurde insbesondere in den 1990er Jahren versucht, kreationistische Lehren öffentlich publik zu machen und ihnen gesellschaftspolitisch stärker Gehör zu verschaffen. Dies geschah zum einen durch die Gründung des *Zentrums für Kreationismusstudien* (*Centro Studi Creazionismo* (CSC)) sowie durch das Einstellen

---

[11] Informationen zum Creation Science Movement aus: http://www.csm.org.uk/index.php (Zugriff 27.4.10).

[12] http://www.noahsarkzoofarm.co.uk (Zugriff 27.4.10).

[13] http://www.guardian.co.uk/uk/2002/mar/09/schools.religion (Zugriff 27.4.10).

der Internetseite *Risposte nella Genesis* der US-amerikanischen Kreationismus-Organisation *Answers in Genesis*. Weder das pseudowissenschaftliche Institut noch deren Zeitschrift *Eco creazionista* wurden von italienischen Wissenschaftlern Bedeutung beigemessen. Einmal mehr oblag es der Politik, allen voran der *Alleanza Nazionale* und der damaligen rechtskonservativen Regierung Silvio Berlusconis, Zweifel an der Evolutionstheorie zu schüren und Darwin für die Verbrechen des 20. Jahrhunderts verantwortlich zu machen (Numbers 2006).

Dabei blieb es jedoch nicht. 2004 entfernte die damalige italienische Bildungsministerin Letizia Moratti für die Grund- und Mittelschulen das Kapitel zur Evolutionstheorie aus den neuen Lehrplänen, da sie die wissenschaftlichen Aussagen der Evolutionstheorie im Widerspruch zur Bibel sah.[14] Von Seiten des Ministeriums versuchte man, sich auf den Standpunkt zurückzuziehen, dass das Unterrichten der Evolutionstheorie für Kinder im Alter von 12–14 Jahren unmöglich sei, da Kinder ein solch komplexes Thema nicht verstehen könnten. Tatsächlich ist es eher eine politische Entscheidung gewesen, die Evolutionstheorie aus den Lehrplänen zu entfernen, um den konservativen Wählern, dem Koalitionspartner *Alleanza Nationale* und der katholischen Kirche entgegen zu kommen. Eine Vielzahl an Protestschreiben und eine Petition mit über 40.000 Unterschriften in der Tageszeitung *La Republica* zwang das Ministerium zu handeln. Sie nahm das Vorhaben zurück und sicherte die Unterrichtung weiterhin zu.

2.2.5 Österreich

Österreich rückte 2005 wegen evolutionskritischer Ereignisse erstmals in das öffentliche Blickfeld, als Kardinal Schönborn in der *New York Times* einen vom *Intelligent Design* propagierenden *think-tank Discovery Institute* lancierten Artikel mit dem Titel *Finding Design in Nature* veröffentlichte (s. dazu T. Junker in diesem Band). Schönborn, als Schüler des jetzigen Papstes Benedikt XVI. bekannt, betonte darin die ablehnende Haltung der römisch-katholischen Kirche gegenüber dem naturalistischen Weltbild der Evolutionstheorie, zog jedoch einige Zeit später die Möglichkeit in Betracht, dass sich Evolutionstheorie und Glaube nicht ausschlössen. 2009 ging u. a. die Österreichische Akademie der Wissenschaften mit einer breit angelegten repräsentativen Studie an die Öffentlichkeit. Auf einem Symposium im März 2009 wurde die vom Meinungsforschungsinstitut GfK Austria GmbH durchgeführte Studie *Wie wird in Österreich über Evolution gedacht?* vorgestellt.[15] Bei den 1520 befragten Österreichern fand das Thema Evolution großen Anklang. 80 % der Befragten stimmten mit der Aussage überein, dass Mensch und Affe einen gemeinsamen Vorfahren haben. Dennoch ließen die Antworten der Befragten darauf schließen, dass Evolution vielfach als ein Optimierungsprinzip verstanden wird, welches einer Zielrichtung folgt.

---

[14] http://www.sciencemag.org/cgi/reprint/309/5744/2160c.pdf (Zugriff 20.04.2010).

[15] http://www.oeaw.ac.at/shared/news/2009/pdf/pk_presseunterlagen_web.pdf (Zugriff 27.4.10).

2.2.6 Russland

Mit dem Fall des *Eisernen Vorhangs* hat sich der Kreationismus über West- und Osteuropa bis nach Russland ausgebreitet. Zahlreiche Bücher und Artikel des so genannten *scientific creationism* wurden nach 1991 ins Russische übersetzt und sowohl von der *russisch-orthodoxen Kirche* (ROK) als auch von der immer stärker werdenden Zahl freikirchlicher Gemeinden rezipiert. Anders als in den Vereinigten Staaten, wo sich evangelikale Christen mit den Schulbehörden auseinandersetzen und von Zeit zu Zeit die Gerichtsinstanzen zur Entscheidungsfindung bemühen, ist es in Russland vor allem die ROK, die einen Feldzug gegen die Unterrichtung der Darwin'schen Evolutionstheorie führt (Levit 2010). War es der Kirche vor 1991 kaum möglich, auf das Schulsystem und die Lerninhalte Einfluss zu nehmen, wächst in den letzten Jahren der Einfluss stetig. Immer öfter wird von Seiten der ROK der Versuch unternommen, Schulbücher zu indizieren bzw. Zweifel an deren Inhalten zu schüren. Allen voran steht die Evolutionstheorie unter großem Vorbehalt. Alexi II., damaliges Oberhaupt der russisch-orthodoxen Kirche, hatte 2007 betont, dass wer glauben wolle, dass der Mensch vom Affen abstamme, „soll das ruhig tun. Aber er darf diese Ansichten niemand anderen aufzwingen."[16]

Flankiert von der ROK wurde 2007 vor einem Bundesgericht in St. Petersburg der Fall von Maria Schreiber verhandelt (Levit et al. 2006). Die Schülerin hatte vor dem Gericht geklagt, dass in dem in der Sekundarstufe I behandelten Biologielehrbuch von Sergej Mamontov die biblische Schöpfungsgeschichte als Mythos bezeichnet wurde. Dieser Fall weist deutliche Parallelen zur Gerichtsverhandlung in St. Petersburg (USA) von 2005 auf, bei der die Frage erörtert wurde, ob es sich bei *Intelligent Design* (ID) um ein alternatives Erklärungsmodell zur Entstehung des Lebens handelt und ob dieses Modell im Biologieunterricht behandelt werden müsse.

Obwohl der damalige Erziehungsminister Andrej Fursenko alternative Ideen für den Biologieunterricht willkommen hieß und sich damit für die Unterrichtung der biblischen Schöpfungsgeschichte als reales Erklärungsmodell aussprach, distanzierte sich das Gericht von dieser Position und beschied das Anliegen Maria Schreibers abschlägig. Diese Entscheidung ist jedoch nur als vorläufiger Erfolg zu bewerten, denn der Einfluss der ROK nimmt deutlich zu.

2.2.7 Schweiz

In der Schweiz wurden im Sommer 2007 Unterrichtsmaterialien zur Verwendung ab der 7. Klasse mit dem Namen *NaturWert – Pflanzen – Tiere – Menschen* für den Biologieunterricht veröffentlicht. Es sind verschiedene Themenbögen enthal-

---

[16] http://www.focus.de/wissen/wissenschaft/mensch/evolutionstheorie_aid_124024.html (Zugriff 27.4.10).

ten. Einer davon beschäftigt sich mit „Schöpfung und Evolution – Entstehung des Lebens". Dort wird aus der Schöpfungsgeschichte der Bibel zitiert und Schöpfungsmythen und Evolution vermischt und gleichwertig nebeneinander vorgestellt. Beim Studium der zugehörigen Begleitmaterialien für Lehrkräfte wird deutlich, dass die Autoren glauben, mit dem Gegenüberstellen von Schöpfungsglauben und Evolution einen Beitrag zu einer ethischen Debatte zu leisten: „Jugendliche sollen in diesem Themenbereich verschiedene Meinungen und Ansichten kennen lernen, so jene von Menschen, die an einen Schöpfer glauben oder jene, die die Entstehung und Entwicklung des Lebens als einen Prozess der Evolution ansehen" (Wittwer et al. 2007:19). Die Autoren gehen dabei von dem Irrtum aus, dass es sich bei der Alternative Schöpfung/Evolution um eine Fragestellung handelt, die ethisch zu beurteilen sei. Der Wahrheitsgehalt von Theorien über die Welt kann jedoch nicht ethisch, sondern ausschließlich empirisch-wissenschaftlich beantwortet werden.

Nach heftigem Protest musste der Verlag schließlich den Bogen *Schöpfung und Evolution – Entstehung des Lebens* zurückziehen. Er wurde im Sommer 2008 durch einen allgemeinen Einstiegstext ersetzt. Insgesamt muss die Revision allerdings als halbherzig angesehen werden, da sich in den Lehrerhinweisen nach wie vor unverändert der Abschnitt *Evolution und Schöpfung* befindet. In diesem Abschnitt wird so getan, als sei die Evolution in der Schule als eine Meinung unter mehreren gleichberechtigten zu unterrichten. Den Schülern wird nahe gelegt, sich eine eigene Privattheorie über Entstehung und Entwicklung des Lebens auszudenken.

2.2.8   Skandinavien

In einer von Miller et al. (2006) vorgelegten Metastudie zur Akzeptanz der Evolutionstheorie waren auch die skandinavischen Länder mit aufgeführt. Anders als in den osteuropäischen Ländern, der Türkei oder den Vereinigten Staaten ist die Akzeptanz der Evolutionstheorie in diesen Ländern überaus groß. Dennoch lässt sich auch für Skandinavien – Beispiele aus Schweden seien hier stellvertretend genannt – festhalten, dass dort evolutionskritisches Denken eine immer größere Rolle spielt (s. dazu den Beitrag von Wallin in diesem Band). In diesem Zusammenhang wurde die Frage aufgeworfen, inwieweit Darwin für Sozialdarwinismus, Terrorismus und Krieg verantwortlich sei.[17] Die überaus starke Stellung der lutherischen Kirche in der ansonsten säkular ausgerichteten Gesellschaft Schwedens verhindert das Erstarken kreationistischen Gedankenguts weitestgehend. Dies hat Kreationisten der schwedischen Gruppe Genesis nicht davon abgehalten, 2003 den 8. Europäischen Kreationisten Kongress auszurichten. Wenngleich keine namhaften Wissenschaftler an der Tagung teilnahmen, wurde der Eindruck vermittelt, es handele sich bei dem Kongressthema um ein legitimes wissenschaftliches Anliegen. 2008 erregte der Biologielehrer Per Kornhall mit seinem Buch *Die Schöpfungskonspiration* für Aufsehen. Kornhall war fast zwanzig Jahre Mitglied der Freikirche *Livets Ord* (Wort

---

[17] http://www.dagbladet.no/2009/09/25/magasinet/religion/kreasjonisme/8220363/ (Zugriff 27.4.10).

des Lebens). In seinem Buch greift Kornhall das Problem des Vormarschs kreationistischen Denkens bei christlichen und muslimischen Schülern auf und plädiert
für ein Verbot religiöser Schulen, sollten diese den pseudowissenschaftlichen Ansatz religiöser Entstehungsmythen unterrichten (Parusel 2008).

2.2.9 Türkei

In der Türkei traten erste evolutionskritische Äußerungen vergleichsweise spät
auf. Zu Zeiten des osmanischen Reiches war die Evolutionstheorie kaum bekannt.
Erst mit den westlich ausgerichteten Reformen von Mustafa Kemal Atatürk in den
1920er Jahren wurde auch das Thema Evolutionsbiologie in die Lehrpläne integ-
riert (Edis 2007). Dies führte aber zunächst noch kaum zu ablehnenden Äußerungen. Erst in den 1970er Jahren formierte sich stärkerer Widerstand, auch deswegen,
weil islamistische Parteien als Juniorpartner in Regierungsverantwortung kamen.
Im Gefolge des Militärregimes zwischen 1980 und 1983 gewann der Islam als so
formulierte vereinigende nationale Kraft verstärkt Bedeutung, und es gab zum ersten Mal eine offizielle staatliche Veröffentlichung, in der Darwin als Apostel des
Materialismus dargestellt und grundsätzlich in Zweifel gezogen wurde, dass der
Mensch vollständig naturalistisch erklärbar sei (Edis 2007). Nachdem das Mili-
tär sich aus der aktiven Politik zurückgezogen hatte und die staatliche Führung an
eine zivile Regierung abgegeben hatte, wurden im Erziehungsministerium erstmals
offiziell kreationistische Positionen vertreten. Der damalige türkische Erziehungsminister Vehbi Dinçerler wandte sich sogar offiziell an das *Institute of Creation
Research* (bis heute eine der führenden, einen Junge-Erde-Kreationismus vertre-
tenden, Institutionen in den USA), mit der Bitte, Hilfestellung bei der Etablierung
eines kreationistischen Curriculums für Schulen zu geben. In der Folge wurden einige Bücher aus dem Englischen ins Türkische übersetzt, in denen die wissenschaftliche Evidenz der Schöpfungslehre behauptet wird (Edis 2007; Numbers 2006). Das
Thema Kreationismus wurde in Biologie-Schulbücher aufgenommen, manche der
Werke mit Aussagen, dass die Evolutionstheorie falsch und unplausibel, und dass
das Universum mit allem, was darin ist, durch Gott geschaffen worden sei (Edis
2007). Seitdem gab es Schulbuchauflagen mit, und solche ohne das Thema Kreationismus, je nachdem wer gerade das Erziehungsministerium leitete. Die derzeitige
gemäßigt islamistische Regierung tendiert offiziell dazu, Evolution und Schöpfungslehre gleichen Umfang in den Schulbüchern einzuräumen.[18] Allerdings zeigt
sich zunehmend, dass das Behandeln des Themas Evolution im Biologieunterricht
erschwert wird. Sozialer Druck wird auf Biologielehrer ausgeübt, das Thema nicht
anzugehen. Es sind sogar schon Lehrer wegen des Unterrichtens von Evolution
zwischenzeitlich suspendiert worden.

Eine Sonderrolle im türkischen Kreationismus nimmt durch seine internationale
Ausrichtung der ehemalige Innenarchitekturstudent *Adnan Oktar* – besser bekannt

---

[18] http://www.qantara.de/webcom/show_article.php/_c-478/_nr-478/i.html (Zugriff 27.4.10).

unter seinem Pseudonym *Harun Yahya* – ein. Wie keinem anderen ist es ihm gelungen, die neuen Medien für seine Zwecke zu nutzen. Er unterhält zahlreiche
Internetseiten in verschiedenen Sprachen, vertreibt Video-CDs und eine Vielzahl
an Büchern. Seine Aktivitäten richten sich gegen die Evolutionstheorie, und er propagiert einen *Intelligent-Design*-Kreationismus. Offensichtlich stehen ihm große
Geldsummen zur Verfügung. In einem Spiegel-Interview behauptete er 2008, dass
er durch seine Buchverkäufe großartige Gewinne machen würde.[19] Diese Aussage
ist allerdings wenig glaubhaft, da seine Bücher und Medien vermutlich für eine
Geldsumme unterhalb der Herstellungskosten verkauft werden (Edis 2007). Im Jahr
2007 hatte Yahya in verschiedenen europäischen Ländern kostenlos seinen opulen-
ten *Atlas der Schöpfung* an zahlreiche Bildungsinstitutionen verschickt. Mit dieser
Aktion provozierte er einen Beschluss des Europarats, welcher vor den Gefahren
des Kreationismus in der Bildung warnt (s. Beitrag von Brasseur in diesem Band).
Das Argumentationsniveau in Yahyas Büchern ist ausgesprochen niedrig. In seinem
Schöpfungsatlas wird u. a. behauptet, es gäbe nicht einen einzigen Fossilienfund,
der die Evolution stütze. Auf hunderten Seiten werden Fotografien rezenter Arten
gezeigt, denen jeweils eine ähnlich aussehende Fossilabbildung zugeordnet ist. Daraus wird dann geschlussfolgert, dass sich die Arten nicht verändert haben und somit bewiesen sei, dass die Evolution ein Betrug sei, da sie nicht stattgefunden habe.
Außerdem wird unverständlicherweise behauptet, Lebewesen würden sich durch
Mutationen in neue Arten verwandeln. Die Tatsache, dass man keine zwei- bis fünf-
köpfigen Menschenfossilien oder solche mit Dutzenden Facettenaugen gefunden
habe, habe für Yahya die Evolutionstheorie dramatisch zusammenbrechen lassen.

Harun Yahya und sein Werk sind in der gesamten arabischen Welt populär. Seine
Strahlkraft auf Kreationisten geht aber mittlerweile weit darüber hinaus (s. Edis
2007).

Auf die Frage: „Menschen, wie wir sie heute kennen, haben sich aus tierischen
Vorfahren entwickelt" haben in der Türkei nur etwa 25 % mit „stimmt" geantwortet (Miller et al. 2006). In der Türkei ist kreationistisches Denken weiter verbreitet
als in den USA, es ist geradezu die Regel – evolutionäres Denken ist dagegen die
Ausnahme. Hierauf wird im Beitrag von Graf und Soran in diesem Band näher eingegangen werden.

2.3 Zusammenfassung

Der bedeutende Paläontologe und Evolutionsbiologe Stephen Jay Gould hat in den
1980er Jahren während eines Besuches im neuseeländischen Auckland geäußert,
die Einheimischen bräuchten sich wenigstens über den *wissenschaftlichen* Kreationismus keine Sorgen zu machen, da diese Bewegung so typisch amerikanisch sei
(nach Numbers 2006). Aus heutiger Sicht hat Gould unrecht, wahrscheinlich lag er
schon damals falsch. Evolution und Evolutionstheorie sind nicht nur in den USA

---

[19] http://www.spiegel.de/wissenschaft/mensch/0,1518,578838,00.html (Zugriff 27.4.10).

umstritten, Vorbehalte aufgrund religiöser und anderer Überzeugungen existieren auch in Europa.

Kreationismus ist keineswegs auf das Christentum beschränkt. Zumindest in jeder der großen monotheistischen Religionen gibt es nennenswerte kreationistische Strömungen, die in der Regel aus solchen Gruppen gespeist werden, die religiöse Schriften wörtlich auffassen.

In vielen europäischen Ländern wird versucht, Kreationismus als Wissenschaft zu verkaufen und in den Biologieunterricht zu integrieren.

Insgesamt sind die Kenntnisse über kreationistischer Strömungen und Entwicklungen außerhalb der USA jedoch noch sehr lückenhaft. Weitere Forschungen sind dringend notwendig.

Literatur

Clément P, Quessada MP, Laurent C, deCarvalho GS (2008) Science and religion: evolutionism and creationism in education: a survey of teachers conceptions in 14 countries. IOSTE Symposium on the use of science and technology education for peace and sustainable development proceedings. Palme Publications & Bookshops, Ankara

Dehmel A (2009) Darwin muss ersitzen Financial Times Deutschland, 10:(18. Febr)

Edis T (2007) An Illusion of Harmony. Prometheus, Amherst

Enserink M (2005) Is Holland becoming the Kansas of Europe? Science 308:1394

Graf D (2008) Kreationismus vor den Toren des Biologieunterrichts? Einstellungen und Vorstellungen zur „Evolution". In: Antweiler C, Lammers C, Thies N (Hrsg) Die unerschöpfte Theorie. Evolution und Kreationismus in Wissenschaft und Gesellschaft. Alibri, Aschaffenburg, S 17–38

Graf D (2009) Auferstehung des Schöpfungsglaubens. Kreationismus in Europa. In: Wuketits F (Hrsg) Wohin brachte uns Charles Darwin. Freie Akademie, Neu Isenburg

Junker R (2003) Leben – woher? Das Spannungsfeld Schöpfung/Evolution. Christliche Verlagsgesellschaft, Dillenburg

Junker R, Scherer S (2006) Evolution – ein kritisches Lehrbuch. Weyel, Gießen

Kotthaus J (2003) Propheten des Aberglaubens – Der deutsche Kreationismus zwischen Mystizismus und Pseudowissenschaft. LIT, Münster

Krugman P (2002) Gotta have faith. New York Times, 17. Dec 2002

Lammers C (2008) Vom Streitfall Evolution und dem ‚Bildungsmarkt'. In: Antweiler C, Lammers C, Thies N (Hrsg) Die unerschöpfte Theorie. Evolution und Kreationismus in Wissenschaft und Gesellschaft. Alibri, Aschaffenburg, S 39–63

Lammers C, Thies N (2007) Paradigmenwechsel durch den ‚Bildungsmarkt'? Kreationismus und der Streitfall Evolution. Forum Wissenschaft 2:43–46

Levit I (2010) „Was haben Moskitos vor dem Sündenfall gefressen?". MIZ (1):43–45

Levit I, Hoßfeld U, Olsson L (2006) Creationism in the Russian educational landscape. Reports 27(5–6):13–17

Miller KR (2004) The Flagellum Unspun. In: Demski WA, Ruse M (Hrsg) Debating Design, Cambridge University Press, Cambridge UK

Miller JD, Scott E, Okamoto S (2006) Public acceptance of evolution. Science 313(5788):765–766

Nachtwey R (1959) Der Irrweg des Darwinismus. Morus, Berlin

Numbers RL (2006) The creationists. Harvard University Press, Cambridge Mass.

Parusel B (2008) Darwins nordische Konkurrenz. Jungle World, 17. Apr 2008:14

Peters T, Hewlett M (2003) Evolution from creation to new creation. Abingdon, Nashville

Röttger M (2009) Kreationismus: Studenten kritzeln Gästebuch voll. Online: http://www. pflichtlektuere.com/20/06/2009/kreationismus-studenten-kritzeln-gaestebuch-voll/. Zugegriffen: 20. Apr 2010

Ruse M (2003) Darwin and design. Harvard University Press, Cambridge, Mass.

Scheven J (2007) Vor uns die Sintflut. Stationen biblischer Erdgeschichte. Kuratorium Lebendige Vorwelt, Hofheim am Taunus

Scott E (2009) Evolution vs. Creationism. University of California Press, Berkeley

Shanks N (2004) God, the devil, and darwin. Oxford University Press, New York

Shermer M (2004) The science of good and evil. Holt, New York

Spiegler T (2008) Home education in Deutschland. Hintergründe, Praxis, Entwicklung. VS Verlag für Sozialwissenschaften, Wiesbaden

Voland E, Schiefenhövel W (2009) The biological evolution of religious mind and behaviour. Springer, Berlin

vom Stein, A (2005) Creatio – Biblische Schöpfungslehre. Daniel, Lychen

Waschke T (2008) Moderne Evolutionsgegner – Kreationismus und Intelligentes Design. In: Antweiler C, Lammers C, Thies N (Hrsg) Die unerschöpfte Theorie. Evolution und Kreationismus in Wissenschaft und Gesellschaft. Alibri, Aschaffenburg, S 75–97

Weingart P, Kroll J, Bayertz K (1988) Geschichte der Eugenik und Rassenhygiene in Deutschland. Suhrkamp, Frankfurt

Whitcomb JC, Morris HM (1961) The genesis flood. Presbyterian and Reformed Publishing Co., Philadelphia PA

Wilder-Smith AE (1972) Die Erschaffung des Lebens. Hänssler, Neuhausen

Wittwer S, Bachmann B, Kohl D (2007) Schöpfung und Evolution – Entstehung des Lebens. In: Kommission für Lehrplan- und Lehrmittelfragen der Erziehungsdirektion des Kantons Bern (Hrsg) NaturWert Pflanzen – Tiere – Mensch. Hinweise für Lehrerinnen und Lehrer. Bern

Yahya H (2002) Der Islam verurteil den Terrorismus. Eigenverlag, Istanbul

Kapitel 3
Darwinische Kulturtheorie – Evolutionistische und „evolutionistische" Theorien sozialen Wandels

Christoph Antweiler

Evolutionistische Argumentationen außerhalb der Biologie sind weit verbreitet. Wenn sie vertreten werden, heißt das mitnichten, dass sie notwendigerweise von darwinischen[1] Argumenten geprägt sind. Wenn man Evolution und Kultur aus explizit darwinischer Perspektive zusammen bringt, bedeutet das noch lange nicht unbedingt Soziobiologie. Und es bedeutet sicherlich nicht Sozialdarwinismus. Dieser Beitrag soll einen Überblick der so genannten *evolutionären Ansätze* bzw. *evolutionistischen Ansätze* zu menschlichen Gesellschaften bzw. Kulturen geben. Es soll gezeigt werden, was in den Ansätzen analytisch zu trennen ist und was synthetisch zusammen gehört. Mein Beitrag ist nicht wissenschaftsgeschichtlich angelegt, sondern systematisch ausgerichtet und hat zwei Schwerpunkte (Antweiler 2008; Antweiler 2009b). Zum einen geht es um kausale Zusammenhänge von organischer Evolution und gesellschaftlichem Wandel. Auf der anderen Seite werden Analogien zwischen biotischer[2] und kultureller Evolution erläutert, die als spezifische Ähnlichkeiten dieser beiden als grundsätzlich verschieden gesehenen Prozesse aufgefasst werden. Dadurch wird die Frage aufgeworfen, ob die Evolution von Organismen einerseits und die Transformation von Gesellschaften bzw. Kulturen andererseits, spezielle Fälle eines allgemeinen Modells von Evolution darstellen.

---

[1] Ich verwende dem englischen Sprachgebrauch entsprechend das Wort *darwinisch* (*darwinian*), statt *darwinistisch*, um den wissenschaftlichen Ansatz von volkstümlichen und ideologischen, rechten wie linken, Darwinismen (z. B. Ernst Haeckel) abzugrenzen.

[2] Ich spreche von *biotisch*, wenn es um die Phänomene selbst geht und von *biologisch* wenn die wissenschaftliche Beschäftigung damit gemeint ist.

C. Antweiler (✉)
Institut für Orient- und Asienwissenschaften, Abt. für Südostasienwissenschaft,
Universität Bonn, Nassestraße 2, 53113 Bonn, Deutschland
E-Mail: christoph.antweiler@uni-bonn.de

D. Graf (Hrsg.), *Evolutionstheorie – Akzeptanz und Vermittlung im europäischen Vergleich,*   29
DOI 10.1007/978-3-642-02228-9_3, © Springer-Verlag Berlin Heidelberg 2011

3.1 Evolution und Darwin

3.1.1 Darwinisches Denken vs. Evolution

Das Wort *Evolution* ruft bei den meisten Menschen spontan Assoziationen hervor. Man denkt an Tiere, Zoos, Stammbäume oder Darwin. Wenn Evolution in Zusammenhang mit Menschen gebracht wird, denkt man am ehesten einfach an Affen. Viele denken an die Höherentwicklung *von der Amöbe zum Menschen*. Wenn Evolution nicht nur auf Menschen bezogen wird, sondern gar von der Evolution von Gesellschaften bzw. Kulturen die Rede ist, kann man sich gewiss sein, dass nicht nur Assoziationen, sondern auch Emotionen aufkommen. Dies gilt besonders, wenn Ursprungs- und Sinnfragen mitschwingen und damit religiöse Dimensionen betroffen sind. Evolutionistische Erklärungen und Glaubensdeutungen werden vielfach gegeneinander ausgespielt oder aber als vermeintlich gleich behandelt. *Evolutionismus* ist entgegen verbreiteter Auffassung nämlich keineswegs per se gleich Darwinismus, Soziobiologie oder gar Sozialdarwinismus (Lenzen 2003:135). Evolution ist ein Grundbegriff neuzeitlichen Denkens mit vielen Schattierungen (Bowler 2003); ja er hat sogar nicht unbedingt überhaupt etwas mit Biologie tun.[3] Demzufolge müssen evolutionäre Erklärungen keineswegs biologisch sein. Gerade im Feld der Geistes-, Sozial- und Kulturwissenschaften gibt es vollständig unbiologische Beispiele evolutionärer bzw. evolutionistischer Modelle. In diesem Feld tummeln sich auch kreationistische Modelle (Antweiler 2008).[4]

Das kürzlich zu Ende gegangene *Jahr der Geisteswissenschaften* hat die Polarität zwischen Naturwissenschaften und Geisteswissenschaften schon von der Namensgebung her wieder untermauert. Zwischen diesen beiden besteht aber keineswegs eine systematische Unterscheidung, eine klare Frontlinie oder gar eine sich ausschließende Dichotomie. Die einfache Polarisierung von Natur vs. Geist (bzw. Natur vs. Kultur, Natur vs. Geschichte) ist ein irreführender Dualismus, der im 19. Jahrhundert zementiert wurde und auf eine lange Vorgeschichte zurückblickt. Aus Sicht der heutigen Psychologie, Biologie und modernen philosophischen Anthropologie ist das *Schnee von gestern* (Antweiler 2009a; Illies 2006; Latour 2002; Wheeler et al. 2002). Diese überholten Dichotomien haben einerseits immer wieder Missverständnisse zur Folge und andererseits werden sie im Kampf der Ideologien strategisch genutzt. Das gilt für viele gesellschaftliche Debatten, etwa um Erziehung und über Gender. Insbesondere erschweren solche schiefen Dichotomien die

---

[3] Dies gilt noch mehr im angloamerikanischen Sprachraum, wo *evolution* in der Alltagssprache oft einfach für Wandel, Veränderung bzw. Prozess, insbesondere für gleichmäßigen Wandel steht (langsame *evolution* vs. abrupte *revolution*). Ich könnte z. B. von „the evolution of my interest in anthropology" sprechen.

[4] Der Kreationismus tritt in vielen Varianten auf, worunter besonders die unter dem Titel *Intelligent Design* (*ID*) firmierenden als vermeintlich biologische Theorie auftreten. Die Beiträge in Antweiler 2008 zeigen, dass das Phänomen mittlerweile auch im deutschen Sprachraum virulent ist.

Klärung von Evolutionsfragen, vor allem der Evolution des Menschen und der Diskussion von Theorieansätzen wie der Humansoziobiologie.

3.1.2 Biologie als besondere Naturwissenschaft: wider die populären Polarisierungen

Biologie ist eine Wissenschaft, welche die Suche nach Strukturen und generalisierbaren Mustern (wie in der Physik) mit spezifischen historischen Umständen (wie in der Geschichtswissenschaft) verbindet. In rein physikochemischen Systemen fehlen die Entdeckung, der Transfer, die Austestung und Akkumulation von Information. Biologie beinhaltet spezifische Lebensgeschichten, historisch Einmaliges und Neues; Evolution ist Naturgeschichte. „*That provides a science of life on earth that is deeply infected with history*" (Rolston III 1999:151). Entsprechend finden wir in der Biologie Erklärungen, die nach Wolfgang Stegmüller als „historisch-genetische Erklärungen" bezeichnet werden können. Sie kombinieren Gesetzesaussagen mit historisch gewordenen Ausgangszuständen bzw. Antezendenzbedingungen (Stegmüller 1986). Biologie ist damit weder eindeutig eine beschreibende (idiographische) Geistes- noch eine Gesetze suchende (nomothetische) Naturwissenschaft (Weingart et al. 1997). Insgesamt ist die Trennung in Natur- und Geisteswissenschaften in systematischer Sicht weitgehend unhaltbar.

Wenn man schon einen Graben zwischen Wissenschaften suchen will und ihre tatsächliche Vielfalt damit dualisiert – ja oft als einander ausschließend dichotomisiert –, dann müsste er zwischen den tendenziell ahistorischen und experimentellen Fächern Physik, Mineralogie und Chemie (bei letzterer schon mit der Ausnahme der irreversiblen Thermodynamik) einerseits und den naturhistorischen bzw. historischen Disziplinen der Biologie, Geologie-Paläontologie, Geschichte und den Kulturwissenschaften andererseits liegen. Dies lässt sich am idiographischen Charakter sowohl von Evolutionsbiologie als auch Historiographie zeigen, wie zwei Altmeister der Evolutionsbiologie, Ernst Mayr und Stephen Jay Gould, immer wieder betont haben (Mayr 2003:11; Gould 1986:62 f.).

In der Öffentlichkeit existieren viele Fehleinschätzungen der Biologie. Dies gilt insbesondere dann, wenn ein vermeintlicher *Biologismus* ausgemacht wird. Biologie, insbesondere die Evolutionsbiologie und die Soziobiologie stehen für viele Personen für Anpassungsglaube, Reduktionismus und Determinismus. So ist es beliebt, *Biologie* zu sagen und *Gene* zu meinen. Eine biotische Ursache ist aber keineswegs einfach gleichzusetzen mit genetischen Faktoren. Ferner wird Biologie gern mit Determinismus gleichgesetzt. Bei genetischer Verursachung geht es aber nicht um deterministische Instruktion, sondern immer nur um Verhaltenstendenzen oder Lernbereitschaften. Biologen nehmen Neigungen, nicht jedoch eine genetische Determinierung eines Verhaltens an. Gene werden in Geweben und anderen Umwelten realisiert (Epigenese). Biologische Annahmen werden weiterhin auch mit Statik gleichgesetzt. Manches in der biotischen Evolution kann aber dynamischer als Kulturelles sein. In der Biologie wird auch keineswegs alles und jedes mit Selektion erklärt; Biologen unterscheiden klar zwischen Naherklärungen (proximate Ursachen) und Fernerklärungen (ultimate Ursachen). Nur auf der ultimaten Ebene werden die meisten Phänomene mit Selektion erklärt.

Der Darwinismus ist nicht mit dem Darwinismus zu Zeiten Darwins gleichzusetzen. Die Kernannahmen sind zwar geblieben, aber sie wurden durch viele neue Elemente ergänzt. Der Darwinismus als eine spezifische wissenschaftliche Theorie der Evolution sollte nicht mit ideologischen Umsetzungen gleichgesetzt werden. Da sowohl wissenschaftliche Richtungen und Schulen als auch politische Ideologien und Religionen mit der Endung -*ismus* bezeichnet werden, wird das leicht übersehen. Nur im Populärdarwinismus werden Ideen des *Kampf ums Dasein* und des *Fortschritts* in wörtlicher Bedeutung vertreten (Haeckels säkulares Fortschrittsmodell).

Sozialdarwinismus sollte besser als Sozialevolutionismus oder *Sozialspencerismus* bezeichnet werden. Die Kernidee des Sozialdarwinismus, nämlich die soziale Höherentwicklung, ist in ihrer Teleologie systematisch gesehen undarwinisch und historisch gesehen vordarwinisch. Sie geht bis auf die antiken Griechen zurück. Sozialdarwinismus wird gern mit konservativen oder rechten politischen Haltungen und Lagern gleichgesetzt. Wissenschaftshistorische und sozialgeschichtliche Untersuchungen haben aber gezeigt, dass es sowohl rechten wie linken Sozialdarwinismus gibt (Vogt 1997; Dickens 2000). Die Soziobiologie ist nicht mit Sozialdarwinismus gleichzusetzen. Soziobiologie bildet eine spezifische Ausfolgerung darwinischer Annahmen auf die Erklärung von sozialem Verhalten. Im Gegensatz zur ihrer popkulturellen Rezeption bei Befürwortern und Gegnern („egoistisches Gen", „Natur als Schicksal") predigt die heutige wissenschaftliche Soziobiologie alles andere als blanken Egoismus. Moderne Soziobiologen können zeigen, dass es für die genetischen Individualinteressen oft nützlich oder sogar notwendig ist, mit anderen zu kooperieren.

Biologen gelten häufig als konservativ und die Biologie gilt manchem als tendenziell rassistisch. Nichts könnte falscher sein. Rassismus ist keine biologische Sichtweise bzw. veraltete Biologie, sondern eine pseudowissenschaftliche Alltagshaltung oder Ideologie. Maßgebliche Antirassisten waren und sind Biologen. Die meisten Biologen fassen sich als Wissenschaftler auf und wollen keine gesellschaftlichen Werte predigen. Entgegen ihrer Wahrnehmung in Teilen der Öffentlichkeit wollen die meisten Fachvertreter den naturalistischen Fehlschluss vom naturalen Sein auf das gesellschaftspolitische Sollen vermeiden. Wenn Biologen, insbesondere Humanbiologen, Evolutionsbiologen sowie Genetiker, überhaupt politische Haltungen öffentlich vertreten oder sich politisch für bestimmte Ziele einsetzen, sind sie tendenziell eher links oder antirassistisch, z. B. Stephen Gould und Luigi Cavalli-Sforza.

3.1.3   Darwinismus als substratunabhängiges Modell

Darwins Konzept ist besonders dann nützlich, wenn man es verallgemeinert. Das Modell der Variationserzeugung mit anschließender Variationsverminderung könnte als allgemeines Modell des Wandels von Systemen aufgefasst werden, deren Ressourcen (Materie, Energie, Information) begrenzt sind und in herausfordernden Umwelten mit anderen Systemen konkurrieren. In dieser Perspektive stellt die Evolution der Organismen also nur einen Fall dieses allgemeinen Wandelmechanismus der Abstammung-mit-Modifikation (*descendence-with-modification*) dar. Das Modell kann also unabhängig von spezifischen Materialien und Mechanismen als „substratneutral" aufgefasst werden. Es setzt nur Gebilde voraus, die 1) variieren, 2) sich replizieren, 3) überlebensrelevante Eigenschaften weitergeben und bei 4) begrenzten Ressourcen gegeneinander 5) konkurrieren. Insbesondere muss man sich klar machen, dass ein solches Modell vor allem unabhängig von einem spezifischen Mechanismus der Vererbung wäre (DeWinter 1984; in populärer Form Rose 2004). Ob eine Entität sich wegen einer Eigenschaft durchsetzt, ist dabei nicht davon abhängig, wie sie zu dieser Eigenschaft kam. Die Weitergabe zwischen den Generationen solcher Systeme könnte also genetisch oder mittels nichtgenetischer Mechanismen (epigenetisch, tradigenetisch, Transmission, Tradierung) erfolgen. Andere Fälle, für die dieses Modell zuträfe, wären zum Beispiel die kosmische Evolution im Makrobereich und der Wandel des Immunsystems im Mikrobereich. Auch der transgenerationale Wandel von Gesellschaften oder Theorien könnte mit einem solchen Modell kumulativer Variation und selektiver Beibehaltung, einer Art *trial-and-error-Modell* sozialer Evolution dargestellt werden (vgl. Antweiler u. Adams 1991; Campbell 1965; Cziko 1995; Richerson u. Boyd 2000:257–259).

3.2 Darwinische und andere Modelle sozialen Wandels

Der Gegenstand evolutionärer Ansätze in den Kulturwissenschaften ist in der Regel der langzeitige Wandel von Gesellschaften sowie die Grundmuster und Ursachen des Wandels. Darin decken sich diese Theorien mit der Universalgeschichte. Dieser Gegenstand firmiert unter *sozialer Evolution, kultureller Evolution, Evolution der Kulturen* oder *Kulturevolution*.[5] Wenn man Ordnung in die Vielfalt sozial oder kulturell ausgerichteter Evolutionstheorien bekommen will, sollte man drei grundlegende Fragen stellen (ausführlicher in Antweiler 2008:115–143):

- In welchem Bezug steht die Theorie zum Darwinismus?
- Ist das Ziel die Beschreibung des Verlaufs von Geschichte oder eine Erklärung?
- Wie wird das Verhältnis von organischer zu sozialer Evolution gesehen?

Mit diesen drei Unterscheidungen lässt sich ein Spektrum evolutionistischer Sozial- und Kulturtheorien aufspannen (Abb. 3.1). Es gibt Verlaufstheorien nichtdar-

---

[5] Vgl. Pluciennik 2005 als kurzen Überblick, Rambo 1991 als hervorragenden und immer noch sehr nützlichen Übersichtsaufsatz sowie Trigger 1998, Claessen 2000, Carneiro 2003 und Sanderson 2007 als m. E. beste Monographien zur Geschichte und Systematik der Ansätze; vgl. auch die Beiträge in Meleghy u. Niedenzu 2003 und für neue Ansätze Beiträge in Niedenzu et al. 2008.

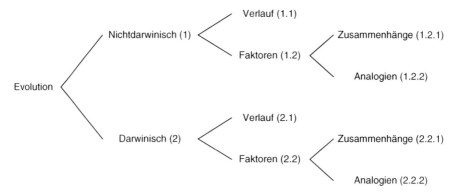

Abb. 3.1 Evolutionsmodelle in den Humanwissenschaften: eine Systematik

winischen Typs und darwinischen Typs. Andererseits existieren Faktorentheorien nichtdarwinischer Ausrichtung, als auch Theorien, die Mechanismen suchen, aber darwinischer Provenienz sind. Innerhalb der auf Kausalwirkungen orientierten darwinischen Ansätze (*mechanistische Theorien*) lassen sich solche, die Zusammenhänge zwischen Bio- und sozialer Evolution suchen, und Theorien über Analogien finden (vgl. Stephan 2005). Eine zentrale Frage, die sich quer durch das Spektrum der Ansätze zieht, ist, ob der Bereich des Kulturellen eine Autonomie oder Teilautonomie hinsichtlich der Ursachen und Verläufe langfristigen Wandels hat.

3.2.1 Klassischer Sozialevolutionismus: nichtdarwinische Modelle von Richtung und Fortschritt

Der bekannteste Ansatz evolutionistischer Theorie in den Sozialwissenschaften ist der klassische Sozialevolutionismus des 19. Jahrhunderts. Bekannte Vertreter sind Herbert Spencer, Edward Burnett Tylor und Henry Maine. Die Sozialevolutionisten wollten die enorme und unübersichtliche Vielfalt der damals durch das imperialistische Ausgreifen der Kolonialmächte bekannt gewordenen Kulturen in eine Ordnung bringen. Ihr Thema waren langfristige Entwicklungen, also *Universalgeschichte*, und ihr Interesse galt großen Mustern sowie langzeitigen Trends, besonders gesellschaftlichem Fortschritt bzw. Höherentwicklung.[6]

---

[6] Vgl. Corning 1983 und 2003 als einer der wenigen unter den neueren evolutionistischen Ansätzen, die explizit Richtungen, Trends und Fortschritt in den Mittelpunkt stellen; Rousseau 2006 verbindet Theorien sozialen Wandels mit Evolutionstheorie für die Erklärung des gerichteten Wandels von mittelkomplexen Gesellschaften; Einige der Theoretiker des klassischen Evolutionismus befassten sich nicht mit Fortschritt, sondern mit vermeintlichem Rückschritt. Schon seit der Antike standen Degenerations-Modelle den Fortschrittsmodellen als Komplement gegenüber.

Die Vielfalt wurde auf wenige *Stufen der Entwicklung* reduziert. In diese Stufen wurden dann sowohl die rezent existierenden Kulturen als auch geschichtlich bekannte Kulturen eingeordnet. Typisch waren Modelle mit drei Stufen, zum Beispiel die bekannte Stufung *Wildheit, Barbarei* und *Zivilisation.* Dieses Schema gab es in ähnlicher Form schon bei den Griechen. Die Sozialevolutionisten waren mehrheitlich Schreibtischtäter; sie kannten die rezenten Kulturen nur indirekt aus ihnen von Reisenden, Händlern und Missionaren gelieferten Informationen (*armchair anthropology*). Über die historischen Kulturen stellten sie weit reichende Spekulationen an; archäologische Daten dagegen wurden sehr sparsam verwendet. Die Sozialevolutionisten waren in erster Linie an Verläufen interessiert, weniger an Mechanismen. Sie gingen nämlich davon aus, dass Geschichte in einer vorbestimmten Richtung notwendig verläuft, weshalb man auch von unilinearem Evolutionismus spricht.

Sozialevolutionisten verwendeten durchaus Analogien aus der Biologie, aber nicht aus der darwinischen Evolutionsbiologie. Ihr Entwicklungsmodell bestand vielmehr in einer Wachstumsanalogie, einer Gleichsetzung gesellschaftlicher Entwicklung mit der des Individuums (Ontogenese). Die Individualentwicklung zwischen Zeugung und Tod ist aber wesentlich gerichteter als es die Phylogenese ist. Summa summarum haben wir es mit einer nichtdarwinischen – teleologisch argumentierenden und ontogenetisch analogisierenden – Verlaufstheorie zu tun, die historisch gesehen weitgehend vordarwinisch ist. Die beiden Ansätze sind systematisch verschieden, auch wenn sie wissenschaftshistorisch oft verknüpft auftreten, stellenweise selbst in Darwins Werk.

Der Sozialevolutionismus wurde um 1900 von antievolutionistischen Richtungen des Kulturrelativismus (Franz Boas) abgelöst. Seit den späten 1940er Jahren gibt es aber einen so genannten Neoevolutionismus. Neoevolutionisten wie Julian Steward (Steward 1949) haben ein ähnliches Interesse an Makrogeschichte, aber sie sind stärker an Mechanismen interessiert. Eine Hauptforschungsfrage ist zum Beispiel die nach den Hauptfaktoren (*prime movers*) politischer Evolution, zum Beispiel Bevölkerungsdruck bei der Evolution früher Staaten. Außerdem arbeiten Neoevolutionisten intensiv mit Ur- und Frühgeschichtlern zusammen, so dass ihre Arbeiten deutlich weniger spekulativ sind (Johnson u. Earle 2000; Hallpike 1996).

Wenn man die Schriften der Sozialevolutionisten aber selbst einmal liest, sieht man, dass sie durchaus immer wieder interessante Vermutungen über Faktoren des Wandels gemacht haben. Bis heute ist es eine wichtige Frage, auf welche früheren Innovationen eine neue kulturelle Innovation aufbaut, allgemeiner gesagt: Welche Voraussetzungen müssen gegeben sein, um ein neues Komplexitätsniveau sozialer Evolution (zum Beispiel das Häuptlingstum als politische Systemform) erreichen zu können? Nichtdarwinistische Ansätze dominieren nach wie vor weite Teile der Theorien sozialen Wandels und der Geschichtstheorie (Greenwood 1984:145–199). Vorstellungen notwendig gerichteter Entwicklung beherrschen besonders die Theorien sozialer Entwicklung, Modernisierung und Transformation (Müller u. Schmid 1995; Schelkle et al. 2000). Angesichts der ontogeneseartigen Konzepte passt dafür der englische Terminus *Developmentalism.* Weiterhin stellt das Bild der notwendig aufsteigenden Stufen wohl das weltweit meist verbreitete Alltagsmodell langfristigen sozialen Wandels dar.

3.2.2 Darwinische Modelle: echtevolutionäre Theorie

Darwinische Vorstellungen von sozialer Evolution sind dagegen Mechanismustheorien. Sie orientieren sich am Modell der Entstehung und anschließenden Verminderung von Variation und können damit als echt darwinische Modelle gelten (*truly darwinian models*) (Bierstedt 1997; Campbell 1965). Darwinische Konzepte, die den Verlauf sozialer Evolution darstellen wollen, orientieren sich mit der Metapher des Baums von Lebewesen, statt an aufstrebenden Stufen. Es finden sich viele Linien sozialer Evolution, und diese spalten sich immer weiter auf. Außerdem beinhaltet ein solches Modell Tod-Äste, also Linien, die enden. Diese stehen für das Ende einer kulturellen Linie, zum Beispiel beim Aufgehen in einer anderen Kultur durch völlige Assimilation (Ethnozid), oder für das Aussterben einer Kultur durch das physische Aussterben ihrer Träger (Genozid).

Solche phylogenetischen Modelle finden sich häufig in Arbeiten zur Evolution von Sprachen. Dies liegt unter anderem daran, dass sich Sprachen mit der Ausbreitung der menschlichen Biopopulationen über die Erde verbreitet haben. Entsprechend zeigen sie ähnliche Muster der Divergenz wie Populationen. Zu diesen Modellen, die an den Verlaufsmustern der biotischen Evolution orientiert sind, gehört als ältere Theorie zum Beispiel Julian Stewards Modell der multilinearen Evolution (Steward 1949). Diese Verlaufsmodelle betonen die Ähnlichkeit der Verläufe sozialer Evolution zu Verlaufsmustern der organischen Makroevolution. Damit stellen sie Verlaufsanalogien dar. Hier zeigt sich die heuristische Bedeutung von Analogien. Die beiden in vieler Hinsicht *verschiedenen* Evolutionsweisen (zum Beispiel bezüglich Geschwindigkeit, Reversibilität, Rolle von Absichten) weisen einige *spezifische* Ähnlichkeiten des Verlaufs auf: Konvergenz, Divergenz, Parallelität und *Tod* (Gerard et al. 1956:8 ff). Daneben finden sich aber markante Unterschiede. So gibt es in der biotischen Evolution kein Gegenstück zum Zusammenfließen nichtverwandter Linien. Die organische Evolution kennt durch Funktionserfordernisse das Ähnlichwerden aus nicht verwandtschaftlichen Quellen (Konvergenz). Biotische Analoga zu totaler kultureller Assimilation bzw. Ethnozid und zu globaler kultureller Vereinheitlichung gibt es nicht.

3.3   Analogisierung als produktives Verfahren

3.3.1   Analogierelation als spezifische Ähnlichkeit

Analogisierung als Verfahren besteht aus mehrstufigen Vergleichen. Grundsätzlich handelt es sich bei einer Analogie um eine Relation zwischen zwei (oder mehr) Sachverhalten, die durch einen zweistufigen Vergleich miteinander verglichen werden. Nach der Feststellung einer Verschiedenheit zweier Phänomene (Formen, Gebilde) stellt sich in einem zweiten Schritt eine Gleichheit heraus. Die Besonderheit besteht also darin, dass die Analogie eine Relation *indirekter* Gleichheit darstellt.[7] Die Verschiedenheit im ersten Schritt ist dabei offensichtlich und die Gleichheit im zweiten Schritt ist aufschlussreich bzw. erstaunlich. In Umkehrung der aristotelischen Begriffsklassifikation stellt Analogie demnach eine Kombination von universaler Differenz und spezifischer Gleichheit dar.

Die Abfolge der Schritte in diesem gestuften Vergleich ist nicht umkehrbar. Die Verschiedenheit in erster Instanz muss bestehen bleiben. Der zweite Schritt benennt eine partielle Gleichheit. Etwas oder einiges ist gleich im grundsätzlich Ungleichen. Dieser zweite Schritt beinhaltet die Wahl einer Betrachtungsebene, weil die Gleichheit in einer bestimmten Hinsicht gesehen wird. Gleichheit wird entweder durch Auswahl der Merkmale (reduzierendes Analogisieren) oder durch Erzeugen von Merkmalen (konstruktives Analogisieren) erreicht. Diese spezifische Struktur zweier Schritte unterscheidet die Analogie von allgemeinen Ähnlichkeiten, Entsprechungen, Ähnlichkeiten durch Übertragungen mit Abwandlung (*mutatis mutandis*) und Formähnlichkeiten anderer Art, zum Beispiel Isomorphien (systemische Gleichförmigkeit). Die zwei Schritte von universaler Ungleichheit und spezifischer Gleichheit unterscheiden das Analogisieren vom reinen Abstrahieren, Generalisieren, Theoretisieren und auch klar vom Messen, Diagnostizieren (Differentialdiagnose), Klassifizieren bzw. Typisieren. Analogien werden wider die primäre Ungleichheit postuliert und sind damit immer gewagt. Ihre Fruchtbarkeit muss sich erst erweisen. Die Struktur der zwei Schritte mit erstinstanzlicher Ungleichheit hat auch Konsequenzen für die Kritik von Analogien: Analogien können nicht einfach dahingehend kritisiert werden, dass man *unvergleichliche* Phänomene *gleichsetze*.

Ein klares Beispiel einer Analogie ist die biologische Funktionsanalogie (auch evolutive Analogie oder Konvergenz genannt; Masters 1973:7–26). Als Pendant zur Homologie wird bei ihr von der Nichtverwandtschaft als erstinstanzliche Unähnlichkeit ausgegangen, zum Beispiel beim Vergleich von Fisch und Wal. Dieser bekannte Fall ist aber in seiner Einfachheit eher untypisch für Analogien, denn hier sind die Merkmale der verglichenen Phänomene klar, die Problemstellung vergleichsweise einfach, und es gibt eine ausgearbeitete erklärende Theorie.[8] Das ist bei neuen produktiven Analogisierungen anders. Als Unterformen von Analogie könnte man folgende Typen unterscheiden: 1) die eben genannte Funktionsanalogie aus der Biologie; 2) die Formanalogie, zum Beispiel Glockenformen von Käseglocke, Glockenblume, Meduse, Glockenrock, Taucherglocke und Glockenbechern; 3) Strukturanalogien, zum Beispiel Organismen mit Gehirnsteuerung vs. Maschinen mit Computersteuerung oder Sprache vs. Körpersprache; sowie 3. Abbildanalogien in Mathematik, und 4) konstruierte Modellanalogien in Physik, Chemie und Biologie, zum Beispiel der Eisenbahnzug bei Einstein, die Pfeffer'sche Zelle als Modell der zellulären Osmose oder Waddingtons Modell der Ontogenese als Landschaft.

---

[7] Die hier dargelegte Grundstruktur von Analogien folgt Einsichten meines kürzlich verstorbenen akademischen Lehrers Peter Tschohl (Tschohl 1984).

[8] Biotische Analogien kann es nicht nur für statische Phänomene, sondern auch für Wandel geben. Das wäre etwa gegeben, wenn angeborene und erworbene Verhaltensmuster sich nach analogen Strukturprinzipien wandeln (Baudy 2001:201; vgl. Godfrey u. Cole 1979).

Im Fazit erscheint mir die spannende Herausforderung beim Vergleich von Bioevolution und langfristigem Wandel menschlicher Gesellschaften darin zu liegen, dass es beides gibt: sowohl 1) Strukturgleichheiten und Koevolution im engeren Sinne, was beide als zwei Seiten eines Prozesses erscheinen lässt, als auch 2) Analogien im strengen oben angegebenen Sinn, also partielle Gleichheiten zwischen grundlegend unterschiedlichen Phänomenen bzw. historischen Dynamiken. Hier liegt ein großes Forschungspotential, wo Analogien heuristisch nützlich sind (Tab. 3.1).

Tab. 3.1 Analogien zwischen organischer und sozialer Evolution (verändert nach Antweiler 2009:136)

	Analogien		Besonderheiten der sozialen bzw. kulturellen Evolution (eine Auswahl)
	Bioevolution	Kulturevolution	
Zustände, Verläufe			
• Komplexitätszunahme	Anagenese (großer Trend)	Komplexitätszunahme (großer Trend; mit Ausnahmen, s. u.)	
• Komplexitätsabnahme	Devolution (seltener)	Devolution (seltener)	
• Aufspaltung (Divergenz)	Aufspaltung (Divergenz, „Baum", „Busch")	Aufspaltung (Divergenz, Dissimilation, Ethnisierung, Subkulturbildung)	andere Faktoren
• Artbildung	Speziation	kulturelle Speziation, („Pseudospeziation"), Abgrenzung durch Ethnizität	andere Faktoren (via Ethnizität), reversibel; siehe Konvergenz
• Konvergenz	zwischen nicht verwandten Arten	zwischen historisch nicht verwandten Kulturen	Konvergenz bis hin zur Vereinigung (Assimilation)
• Aussterben	von Spezies, Populationen	Ethnozid (Kultur); Genozid (Populationen)	
• Angepasstheit	Zunahme in einzelnen Linien	tendenzielle Zunahme in Einzellinien kultureller Evolution	oft fraglich Kriterium unklar
• Energieeffizienz	zunehmend in Makroevolution (?)	tendenzielle Zunahme	
Mechanismen			
• Zufalls-Variation	Mutation, Rekombination	„blinde" Innovation und Rekombination vorhandener Elemente	auch bewusst gerichtete, gezielte Innovationen
• Zufalls-Auswahl	Gendrift	kulturelle Drift	
• Zufalls-Auswahl	Genfluss	kulturelle Flüsse (*flows*)	
• Vererbungseinheit (Replikator)	Gene	Ideen, Symbole, Verhaltensweisen, Artefakte; Meme (*memes, culturgenes*)	Abgrenzung problematisch; nichtpartikulare Weitergabe (Memcluster)

Tab. 3.1 (Fortsetzung)

	Analogien		Besonderheiten der sozialen bzw. kulturellen Evolution (eine Auswahl)
	Bioevolution	Kulturevolution	
• Natürliche Selektion im weitesten Sinne	Natürliche Selektion im engeren Sinne	Natürliche Selektion kultureller Varianten (n. s. *sensu lato*)	auch künstliche Selektion!
• Summe der Gene in Population	Genpool	Mempool (als Menge der verfügbaren gedanklichen Optionen)	in sozialer Evolution kaum bestimmbar, da Abgrenzungsproblem
• Gruppenselektion	nur in Ausnahmefällen	sehr häufig	
• Transgenerationale Informationsweitergabe	genetische Vererbung	Tradierung, Transmission, „tradigenetische Vererbung", „kulturelles Erbe"; Sozialisation, Erziehung Eltern → Kinder	Eltern lernen auch von Kindern; Transmission auch intragenerational
• Geographische Isolation	häufig, langfristig	geographische Isolation (Beispiel Inseln, Neuguinea)	Isolierung immer nur begrenzt
• Reproduktive Isolation	durch Phänotyp oder genotypisch	durch geographische Isolation oder durch ethnische Abgrenzung	nur zeitweilig
• Anpassung	Genetisch langfristig	Einnischung in Ökosystem	auch kurzfristig – direkt auch sofort ganze Population; auch mit bewussten Entscheidungen und Antizipation
• Lamarckistische Vererbung	Nicht existent, seltene Fälle	Weitergabe erlernter Eigenschaften	Von zentraler Bedeutung wichtig

3.3.2 Neuere biokulturelle Analogie- und Zusammenhangsmodelle

Die Unterscheidung von kausalen Zusammenhängen einerseits und Analogien andererseits macht es möglich, aktuelle naturalistische Ansätze klarer einzuordnen und zueinander in Beziehung zu setzen. Dawkins' Modell der Memetik (*memetics*) wird häufig als soziobiologisches oder genetisch orientiertes Modell wahrgenommen. Entgegen seiner üblichen Rezeption ist die Memetik aber alles andere als ein genetizistisches Modell. Meme sind nach Dawkins und Blackmore Einheiten, die in Konkurrenz zum Nachgeahmtwerden stehen (Blackmore 2003:52–57). Das

Umfeld, in dem sie konkurrieren, ist durch Aufmerksamkeit als knappe Ressource bestimmt. Dieses Modell ist ein rein kulturselektionistisches, das Kultur als autonom ansieht. Es geht um Kommunikation, *ansteckendes* Lernen und Imitation. Der Vererbungsmechanismus ist ein eigener, der autonom von der genetischen Vererbung ist. Auch die Selektion ist in diesem Modell autonom: sie ist unabhängig vom biologischen Erfolg. Die Autonomie der kulturellen Evolution in der Memetik besteht noch auf einer dritten Ebene. Die Tradition kann nach Dawkins zum Selbstzweck werden.

Der Kern der darwinischen Ansätze zur Modellierung sozialer Evolution bilden nicht Verlaufsmodelle, sondern Modelle zum Mechanismus. Humansoziobiologie und Evolutionsbiologie sind Ansätze, die vor allem biotische Wirkungen auf kulturelle Sachverhalte thematisieren, und beide sind tendenziell synchron orientiert, jedenfalls untersuchen sie nur selten transgenerationale Verläufe der Geschichte menschlicher Gesellschaften.

Etliche neuere Ansätze widmen sich der Interaktion zwischen organischer Evolution und der Evolution menschlicher Gesellschaften. Sie bauen zum Teil auf klassische Ansätze auf, zum Beispiel auf die Kulturökologie (*cultural ecology*) in der Ethnologie. Kulturökologen untersuchen die Wirkungen von Naturfaktoren auf gesellschaftliche Verhältnisse, zum Beispiel den Effekt extrem kalten Klimas auf die Wirtschaftsform der Herdenwirtschaft bzw. wirtschaftliche Anpassungen ans Klima. Anders als in der Humanökologie sind die Untersuchungseinheiten ganze Gesellschaften. Die Kulturökologie befasst sich dabei auch mit den teilweise erheblichen Veränderungen, die menschliche Gesellschaften willentlich oder ungewollt in ihren Umwelten bewirken. Während die klassische Kulturökologie das synchron untersucht, widmen sich historische Kulturökologen zusammen mit Ur- und Frühgeschichtlern langfristigen Wechselwirkungen zwischen kulturellen und biotischen Systemen. Hier kann man komplizierte Rückkopplungen zeigen (Laland et al. 2000). Kulturelle Traditionen können zum Beispiel dahingehend wirken, dass die Individuen mit der hinsichtlich Anpassung an lokale Umweltgegebenheiten funktional sinnvollsten Tradition überleben. Deren Gene überleben dann kontingenterweise (!), weil sie Traditionsträgern gehören, die aufgrund anderer, nichtgenetischer, Faktoren mehr Überlebenserfolg hatten.

Während die meisten kulturökologischen Arbeiten eher empirisch ausgerichtet sind oder Anpassungsprozesse in den Mittelpunkt stellen, widmen sich einige Theorieansätze explizit der Koevolution zwischen Organismenwelt und Gesellschaften. Diese Ansätze unterscheiden sich darin, ob sie dem kulturellen Bereich eine Teilautonomie hinsichtlich Wandelverläufen und Faktoren zugestehen oder nicht.[9] Ein meines Erachtens besonders fruchtbarer Ansatz ist die Theorie der zweifachen Ver-

---

[9] Die m. E. mit Abstand beste vergleichende Übersicht biokultureller Ansätze zur Deutung menschlichen Verhaltens bietet Fuentes 2009. Vgl. daneben als Übersichten: Flinn u. Alexander 1983 und Durham 1990. Der ausgearbeitetste Koevolutionsansatz ist Durham 1991. Für anwendungsorientierte Nutzung solcher Modelle für kulturelle Entwicklung vgl. Norgaard 1994. Zu evolutionistischer Theoriebildung in den Kultur- und Sozialwissenschaften siehe Lenzen 2003:120–144 als Kurzüberblick und zum Forschungsstand das von Wuketits u. Antweiler 2004 hrsg. Handbuch.

Tab. 3.2 Kausalfaktoren sozialer Evolution (leicht modifiziert nach Richerson u. Boyd 2005:69)

1 Zufall
   1.1 Kulturelle Mutation: individuell, zum Beispiel durch falsches Erinnern
   1.2 Kulturelle Drift: statistische Anomalien in kleinen Populationen

2 Richtunggebende Kräfte (*decision-making forces*)
   2.1 Geführte Variation (*guided variation*): Veränderungen während des Lernens
   2.2 Schiefe Transmission (*biased transmission*)
      2.2.1 Inhaltliche Präferenz (*direct bias*), zum Beispiel durch Algorithmus, Kosten-Nutzen-Abwägung oder Lernneigung
      2.2.2 Häufigkeitsabhängige Neigung (*frequency-dependant bias*), nach Üblichkeit eines Kulturmusters oder nach Seltenheit
      2.2.3 Modell-basierte Neigung (*indirect bias*): Imitation von erfolgreichen Individuen oder Individuen, die einer Person selbst ähnlich sind

3 Natürliche Selektion kulturell tradierter Varianten
   3.1 Selektion auf Individuums-Ebene
   3.2 Gruppenselektion

erbung von Robert Boyd und Peter Richerson (*Dual Inheritance-Theory;* Richerson u. Boyd 2000, 2005; Boyd u. Richerson 2005). Die Autoren nehmen an, es gäbe zwei getrennte Systeme generationsübergreifender Übertragung von Information („Vererbung"): das genetische und das nichtgenetische. Im Unterschied zu ähnlichen Ansätzen betonen sie, dass sich beide Vererbungsmodi deutlich unterscheiden, aber miteinander verschränkt sind. Solche Ansätze liefern eine mechanistische, aber multifaktoriell argumentierende Kausaltheorie von Geschichte (Kausalfaktoren sozialer Evolution; *siehe* Tab. 3.2). Sie sind meines Erachtens besonders geeignet, grundlegende Mechanismen langfristigen gesellschaftlichen Wandels analytisch zu unterscheiden und für eine Interpretation empirischer Beispiele zu nutzen.

3.4 Fazit: Evolution als Faktor und Analogiemodell

Diese kurze Führung durch den Wald evolutionistischer Theorierichtungen in den Sozial-, Kultur- und Geisteswissenschaften hat gezeigt, dass die so genannten *evolutionistischen Ansätze* in den Humanwissenschaften bei weitem nicht alle am Darwinismus orientiert sind. Das Spektrum reicht von undarwinischem *Sozialdarwinismus* über unbiologische Konzepte von *Höherentwicklung* und Rasse über die darwinische Evolutionäre Psychologie und einer Menge anderer Ansätze bis hin zur kulturselektionistischen Memetik und dem pseudobiologischen Ansatz des *Intelligent Design* (*ID*). Unter den sehr diversen evolutionsbiologisch orientierten Ansätzen finden sich zwei Grundformen der wissenschaftlichen Anwendung darwinischer Theorie. Erstens können wir konkrete Wirkungen von früheren Anpassungsvorgängen oder gegenwärtiger Selektion auf menschliche Gesellschaften und deren Kultur untersuchen. Hierhin gehören auch Rückwirkungen von Kultur auf die Bioevolution sowie biokulturelle Interaktion bzw. Koevolution. Davon zu unterscheiden ist die Suche nach gesellschaftlichen Analogien zu den Mechanismen der organischen Evolution, zum Beispiel spezifischen Ähnlichkeiten zwischen Innovation und Mutation. Es ist demnach wichtig, die spezifischen Mechanismen der Bioevolution zu unterscheiden von einem allgemeinen Modell der Erzeugung und Verminderung von Vielfalt unter einschränkenden Bedingungen der Umwelt und Konkurrenz. Ein solches allgemeines Modell kann helfen, Phänomene und Mechanismen des Wandels in ganz unterschiedlichen Gegenstandsbereichen zu erklären. Und da liegt der zentrale Beitrag von Charles Robert Darwin.

Literatur

Antweiler C (2008) Evolutionstheorien in den Sozial- und Kulturwissenschaften. Zusammenhangs- und Analogiemodelle. In: Antweiler C, Thies N, Lammers C (Hrsg) Die unerschöpfte Theorie: Evolution und Kreationismus in den Wissenschaften. Alibri, Aschaffenburg, S 115–141

Antweiler C (2009a) Was ist den Menschen gemeinsam?: Über Kultur und Kulturen. Wissenschaftliche Buchgesellschaft, Darmstadt

Antweiler C (2009b) Evolutionistische Kulturtheorie. Darwin und der Wandel von Gesellschaften. In: Wuketits FM (Hrsg) Wohin brachte uns Charles Darwin? Freie Akademie, Berlin, S 127–145

Antweiler C, Adams RN (Hrsg) (1991) Social reproduction, cultural selection, and the evolution of social evolution. Cult Dynamics 4(2):107–238

Baudy D (2001) Biologie oder Religion? Ritenbildung zwischen ,Natur' und ,Kultur'. In: Kleeberg B, Metzger S, Rapp W, Walter T (Hrsg) Die List der Gene. Strategeme eines neuen Menschen. Günter Narr, Tübingen

Bierstedt A (1997) Darwins Erben und die Vielfalt der Kultur. Zur Kausalität kulturellen Wandels aus darwinistischer Sicht. Europäische Hochschulschriften, Reihe XIX, Abt. B. Ethnologie, 48, Peter Lang, Europäischer Verlag der Wissenschaften, Frankfurt am Main

Blackmore S (2003) Evolution und Meme. Das menschliche Gehirn als Imitationsapparat. In: Becker A, Mehr C, Nau HH, Reuter G, Stegmüller G (Hrsg) Gene, Meme und Gehirne. Geist und Gesellschaft als Natur. Suhrkamp, Frankfurt am Main, S 49–89

Bowler PJ (2003) Evolution: the history of an idea. University of California Press, Berkeley

Boyd R, Richerson PJ (2005) The origin and evolution of cultures. Oxford University Press, Oxford

Campbell DT (1965) Variation and selective retention in socio-cultural evolution. In: Berringer HR, Blancksten GI, Mack RW (Hrsg) Social change in developing areas: a reinterpretation of evolutionary theory. Schenkman, Cambridge Mass., S 19–49

Carneiro RL (2003) Evolutionism in cultural anthropology: a critical history. Westview, Boulder Col.

Claessen HJM (2000) Structural change. Evolution and evolutionism in cultural anthropology. Onderzoekschool voor Aziatische, Afrikaanse, en Amerindische Studies, Leiden

Corning P (2003) Nature's magic: synergy in evolution and the fate of humankind. Cambridge University Press, Cambridge

Corning PA (1983) The synergism hypothesis: a theory of progressive evolution. McGraw-Hill Book, New York

Cziko G (1995) Without Miracles. Universal Selection Theory and The Second Darwinian Revolution. The MIT Press, Cambridge, Mass. and London (A Bradford Book)

DeWinter KW (1984) Biological and cultural evolution: different manifestations of the same principle. A systems-theoretical approach. J Hum Evol 13:61–70

Dickens P (2000) Social darwinism: linking evolutionary thought to social theory. Concepts in the Social Sciences. Open University Press, Philadelphia

Durham WH (1990) Advances in evolutionary culture theory. Ann Rev Anthropol 19:187–210

Durham WH (1991) Coevolution: genes, culture and human diversity. Stanford University Press, Stanford

Flinn MV, Alexander RD (1983) Culture theory: the developing theory from biology. Hum Ecol 10:383–400

Fuentes A (2009) Evolution of human behavior. Oxford University Press, Oxford

Gerard RW, Kluckhohn CM, Rapoport A (1956) Biological and cultural evolution some analogies and explorations. Behav Sci 1:6–32

Godfrey L, Cole JR (1979) Biological analogy, diffusionism and archaeology. Am Anthropol 81:37–45

Gould SJ (1986) Evolution and the triumph of homology, or why history matters. Am Sci 74:60–69

Greenwood DJ (1984) The taming of evolution: the persistence of nonevolutionary views in the study of humans. Cornell University Press, Ithaca

Hallpike CR (1996) The principles of social evolution. Oxford University Press, Oxford

Illies C (2006) Philosophische Anthropologie im biologischen Zeitalter. Studien zur Bedeutung der Evolutionstheorie und Soziobiologie. Suhrkamp, Frankfurt am Main

Johnson A W, Earle T (2000) The evolution of human societies: from forager group to Agrarian state. Stanford University Press, Stanford

Laland K, Odling-Smee J, Feldman M (2000) Niche construction, biological evolution, and cultural change. Behav Brain Sci 23:131–175

Latour B (2002) Wir sind nie modern gewesen: Versuch einer symmetrischen Anthropologie. Fischer, Frankfurt am Main

Lenzen M (2003) Evolutionstheorien in den Natur- und Sozialwissenschaften. Campus Verlag, Frankfurt & New York (Campus Einführungen)

Masters RD (1973) Functional approaches to analogical comparison between species. Soc Sci Inf 12:7–26

Mayr E (2003) Das ist Evolution. Goldmann, München

Meleghy T, Niedenzu HJ (Hrsg) (2003) Soziale Evolution Die Evolutionstheorie und die Sozialwissenschaften. Westdeutscher, Wiesbaden

Müller HP, Schmid M (Hrsg) (1995) Sozialer Wandel. Modellbildung und theoretische Ansätze. Suhrkamp, Frankfurt am Main

Niedenzu HJ, Meleghy T, Meyer P (Hrsg) (2008) The new evolutionary social science: human nature, social behaviour, and social change. Paradigm Publishers, Boulder London

Norgaard B (1994) Development betrayed: the end of progress and a coevolutionary revisioning of the future. Routledge, London

Pluciennik M (2005) Social evolution. Gerald Duckworth, London

Rambo AT (1991) The study of cultural evolution. In: Rambo AT, Gillogly K (Hrsg) Profiles in cultural evolution. Papers from a Conference in Honor of Elman R. Service. University of Michigan, Ann Arbor, S 23–109

Richerson PJ, Boyd R (2000) Evolution: the darwinian theory of social change, an hommage to Donald T. Campbell. In: Schelkle et al. (Hrsg) Paradigms of social change. Frankfurt, Campus Verlagm, S 257–282

Richerson PJ, Boyd R (2005) Not by genes alone: how culture transformed human evolution. University of Chicago Press, Chicago

Rolston III H (1999) Genes, genesis and god: values and their origins in natural and human history. Cambridge University Press, Cambridge

Rose MR (2004) Darwins Welt. Von Forschern, Finken und der Evolution. Piper, München

Rousseau J (2006) Rethinking Social Evolution. The Perspective from Middle-Range Societies. McGill Queen Univ. Press

Sanderson SK (2007) Evolutionism and its critics: deconstructing and reconstructing an evolutionary interpretation of human society. Paradigm Publishers, Boulder London

Schelkle W, Krauth WH, Kohli M, Elwert G (Hrsg) (2000) Paradigms of social change: modernization, development, transformation, evolution. Campus, St. Martin's, Frankfurt

Stegmüller W (^{2}1986) Rationale Rekonstruktion von Wissenschaft und ihrem Wandel. Philipp Reclam, Jun., Stuttgart

Stephan B (2005) Übereinstimmungen und Analogien zwischen der Evolution biotischer Syste-me und der Entwicklung gesellschaftlicher Systeme. Erwägen, Wissen, Ethik, Deliberation, Knowledge. Ethics 16(3):357–369

Steward JH (1949) The theory of culture change. University of Illinois Press, Minneapolis

Trigger BG (1998) Sociocultural evolution: calculation and contingency. Blackwell Publishers, Oxford

Tschohl P (1984) Lösungsformen der Analogie. Köln Institut für Völkerkunde; unv. Mskr.

Vogt M (1997) Sozialdarwinismus. Wissenschaftstheorie, politische und theologisch-ethische As-pekte der Evolutionstheorie. Herder, Freiburg

Weingart P, Mitchell SD, Richerson PJ, Maasen S (Hrsg) (1997) Human by nature: between biolo-gy and the social sciences. Lawrence Earlbaum Asociates, Mahwah

Wheeler M, Ziman J, Boden MA (Hrsg) (2002) The evolution of cultural entities. Oxford Univer-sity Press for the British Academy, Oxford

Wuketits FM, Antweiler C (Hrsg) (2004) Handbook of evolution: the evolution of cultures and societies, vol 1. VCH-Wiley, New York

Kapitel 4
Wie wissenschaftlich ist der Evolutionsgedanke?

Gerhard Vollmer

4.1 Ein Paradoxon

Die Evolutionstheorie hält einen merkwürdigen Rekord: Es gibt kaum eine Theorie, die von der Fachwissenschaft, also innerhalb der Biologie, im Wesentlichen *anerkannt* ist und gegen die doch gleichzeitig so viele – auch grundsätzliche – *Einwände* erhoben werden. Wie kommt das?

Ein Grund liegt sicher darin, dass die Evolutionstheorie unser Welt- und Menschenbild verändert hat. So stark verändert, dass die Veränderung nicht nur als *Revolution* gilt, sondern – nach Sigmund Freud – sogar als *Kränkung* des Menschen. Über Jahrzehnte verlegt wurde ein Buch *Umsturz im Weltbild der Physik* (Zimmer 1934). Darin werden Relativitäts- und Quantentheorie für Nichtphysiker erläutert. Beide waren revolutionär; als Kränkungen wurden sie jedoch nicht empfunden. Da der Mensch in ihnen nicht wesentlich vorkommt, haben sie auch unser Menschenbild nicht verändert; allenfalls haben sie gezeigt, dass die uns umgebende *Welt* immer fremder wird, je weiter wir uns vom *Mesokosmos*, also von unserer kognitiven Nische, entfernen. Das bedeutet dann allerdings auch, dass es uns kognitiv immer schwerer fällt ins ganz Große, ins ganz Kleine und ins ganz Komplizierte vorzustoßen.

Die Evolutionstheorie dagegen bezieht ausdrücklich auch den Menschen ein und weist ihm einen Platz zu, der wesentlich bescheidener ist als der, den er sich zuvor zugesprochen hatte. Sie steht damit jedoch nicht allein. Schon Kopernikus hatte einen solchen Wandel unseres Welt- und Menschenbildes bewirkt, obwohl er das gar nicht wollte. Schon hier spricht man von einer *Revolution*, eben von der Kopernikanischen Revolution. Auch mit dieser Revolution ist ein Paradoxon verbunden: Obwohl eine Revolution ein vergleichsweise schnelles und darum kurzes Ereignis sein sollte, ist es gar nicht so einfach, eine wissenschaftliche Revolution zu datieren. Sowohl bei Kopernikus als auch bei Darwin können wir das deutlich sehen.

G. Vollmer (✉)
Professor-Döllgast-Straße 14,
86633 Neuburg/Donau, Deutschland
E-Mail: gerhard.vollmer@gmx.de

D. Graf (Hrsg.), *Evolutionstheorie – Akzeptanz und Vermittlung im europäischen Vergleich*,   45
DOI 10.1007/978-3-642-02228-9_4, © Springer-Verlag Berlin Heidelberg 2011

4.2 Unfreiwillige Revolutionäre

4.2.1 Nikolaus Kopernikus (1473–1543)

Wann fand eigentlich die Kopernikanische Revolution statt? Jedenfalls nicht mit Aristarch von Samos (3. Jahrhundert v. Chr.): Vier Jahrhunderte nach ihm bringt Claudius Ptolemäus (2. Jahrhundert n. Chr.) in seiner *Megale Syntaxis*, seiner großen Zusammenfassung der Astronomie, von den Arabern später *Almagest* genannt, mehrere Argumente *gegen* eine Bewegung der Erde, die noch viele Jahrhunderte nach ihm überzeugt haben. Auch nicht mit Kopernikus' *De revolutionibus orbium coelestium* (1543), nicht einmal mit Johannes Keplers *Astronomia nova* (1609) mit den beiden ersten Keplerschen Gesetzen oder mit Galileo Galileis *Sidereus nuntius* (1609) konnten seine Argumente widerlegt werden. Noch 1651 propagiert ein einflussreiches Lehrbuch der Astronomie, das *Almagestum novum* von Giovanni Battista Riccioli (1598–1671) ein *geozentrisches* Weltsystem, nämlich das von Tycho Brahe: Die Erde ruht; Mond und Sonne kreisen um die Erde; alle weiteren Planeten kreisen um die Sonne.

Zum Durchbruch verhelfen dem heliozentrischen System erst die Mechanik und Gravitationstheorie von Isaac Newton (1643–1727) vom Jahre 1687. Danach bewegen sich zwei Massen unter dem Einfluss ihrer wechselseitigen Anziehung, der Schwerkraft oder Gravitation, um den gemeinsamen Schwerpunkt. Und da die Sonne viel mehr Masse hat als die Erde, liegt der gemeinsame Schwerpunkt viel näher bei der Sonne, sogar nah an deren Mittelpunkt, so dass es durchaus angemessen ist zu sagen, die Erde bewege sich um die Sonne – und nicht umgekehrt.

Das ist zwar kein empirischer Beleg, sondern „nur" eine *theoretische* Stützung, aber doch eine sehr wirksame. Echte *empirische* Belege für die Erdbewegung liefern erst die Messung der Aberration des Fixsternlichts durch James Bradley (1692–1762) im Jahre 1728 (etwa 20'' pro Halbjahr) und der erste Nachweis einer Fixsternparallaxe durch Friedrich Wilhelm Bessel (1784–1846) im Jahre 1838 für einen Stern im Schwan.

Kopernikus wollte jedenfalls keine Revolution. In seinem Buch *Die Nacht-wandler* nennt Arthur Koestler (1905–1983) ihn sogar „*The timid canon*", den eher zaghaften Kanonikus (Koestler 1959:117). Und Fritz Krafft (1977) sieht in der *Kopernikanischen Wende* ein Ergebnis absoluter *Paradigmentreue*, also gerade den Versuch, die bislang anerkannten Prinzipien voll auszuschöpfen.

4.2.2 Johannes Kepler (1571–1630)

Obwohl auch Kepler die so genannte Kopernikanische Revolution noch nicht durchsetzt und obwohl Galilei viel eher als Revolutionär bekannt ist, weil er von der Inquisition so öffentlichkeitswirksam ermahnt und schließlich zum Schweigen und zu Hausarrest verurteilt wird, ist der Sieg des heliozentrischen Weltbildes doch am meisten Kepler zu verdanken. Er scheut sich nicht, dieses Weltbild immer deutlich zu vertreten. (Einen Ruf an die Universität Bologna 1617 lehnt er ab, weil er – vermutlich zu Recht – fürchtet, im katholischen Italien nicht offen seine Meinung sagen zu können. Tatsächlich wird sein *Grundriß der Kopernikanischen Astronomie* 1618 bis 1621 schon 1619 vom Vatikan verboten!) Er veröffentlicht 1609 und 1619 die drei Kepler'schen Gesetze, die zusammen mit Galileis Fallgesetzen und dessen Trägheitsprinzip Newtons Mechanik und Gravitationstheorie vorbereiten. Im Untertitel seiner *Astronomia Nova* von 1609 kündigt Kepler eine „Physik des Himmels" an. Die Rudolfinischen Tafeln, die er 1627 herausgibt (und die auf den Beobachtungen von Tycho Brahe beruhen), bilden für mehr als hundert Jahre die Grundlage aller Planetenberechnungen. Es ist deshalb behauptet worden, die *Kopernikanische Revolution* sei eigentlich eine *Kepler'sche Revolution*. Aber datieren dürfen wir sie erst auf die Zeit um 1700.

Auch Kepler wollte kein Revolutionär sein. Er wollte etwas ganz anderes: Er war ein tief gläubiger Mensch und überzeugt, dass sich die Herrlichkeit Gottes in der Schönheit und Vollkommenheit der Welt spiegele. Er wollte das Buch der Natur lesbar machen, um darin das Wirken eines planenden und ordnenden Schöpfers erkennen und nachweisen zu können. Was er in seinem Leben nicht fand, das suchte er am Himmel: die Harmonie der Welt. Er war zwar bewundernswert konsequent in seinem Denken, manchmal sogar widerspenstig, wenn er sich weigerte, die Calvinisten zu verdammen oder gar katholisch zu werden; aber ein Revolutionär sein wollte er nicht.

4.2.3   Charles Darwin (1809–1882)

Darwin selbst war ein stiller, gründlicher, vorsichtiger Sammler von Gesteinen, Pflanzen, Tieren und Beobachtungen. Zwar nennt Ernst Mayr (1983:23–41) ihn einen intellektuellen Revolutionär; das bezieht sich jedoch nur auf seine Wirkung, nicht auf seine Absichten. Zur Veröffentlichung seiner Ergebnisse mussten ihn seine Freunde mehrfach drängen. Das Aufsehen um seine Evolutionstheorie hat ihn dann eher erschreckt, die kühnen Folgerungen und Formulierungen seiner Anhänger wie Thomas H. Huxley oder Ernst Haeckel erst recht. Mit der aus heutiger Sicht fast selbstverständlichen Anwendung seiner Theorie auf den Menschen ließ er sich nach seinem Hauptwerk von 1859 *Der Ursprung der Arten* noch einmal zwölf Jahre Zeit, also bis 1871. Dass seine Theorie in Konflikt mit der Kirche geraten würde, hat er zwar gesehen, aber auch bedauert, insbesondere im Hinblick auf seine gläubige Frau, die ihm auf dem Weg zum Agnostiker oder Atheisten nicht folgen konnte und der er mit seiner Lehre wehtun musste. So nennt auch Franz M. Wuketits (1987:15–25) Darwin einen stillen Revolutionär. Auf den ersten Blick ist das eine paradoxe, wenn nicht sogar widersprüchliche Charakterisierung. Die Paradoxie löst sich jedoch auf, wenn man berücksichtigt, dass Darwin eine Revolution nicht gewollt, aber eben doch ausgelöst hat. So nennen ihn auch Angela und Karlheinz Steinmüller im Untertitel ihres Buches *Darwins Welt* (Steinmüller u. Steinmüller 2008) einen unfreiwilligen Revolutionär, der amerikanische Evolutionsbiologe Michael R. Rose in *Darwins Schatten* (Rose 2001) sogar einen Revolutionär wider Willen.

Aber wann fand die Darwin'sche Revolution dann eigentlich statt? Das ist deshalb so schwer zu sagen, weil seine Theorie aus mehreren Teiltheorien besteht, die zum Teil ergänzungsbedürftig und teilweise sogar falsch sind. Ein Beispiel: Dass Kinder allgemeine und individuelle Züge von ihren Eltern erben, war für jeden offensichtlich. Wie aber werden diese weitergegeben? Und wie – so fragt schon Darwins bewundertes Vorbild, der Astronom Sir John Herschel (1792–1871), in einer Randbemerkung zu Darwins Buch sehr kritisch – entstehen überhaupt die vielen Abweichungen, insbesondere die neuen Varianten, unter denen die natürliche Selektion dann „auswählen" kann (Kingsley 2009:22)?

Tatsächlich steht die Evolutionstheorie erst dann auf festen Füßen, wenn sie mit einer tragfähigen Vererbungslehre verbunden wird. Darwin entwarf dazu eine spekulative Genetik, die Pangenesis-Theorie: Von allen Körperzellen sollten kleinste Teilchen, so genannte Pangene oder Gemmulae (Keimchen) abgegeben und in den Keimzellen vereint werden. So wäre auch eine Vererbung erworbener Eigenschaften möglich, ein für Darwin ebenfalls noch wichtiger Evolutionsfaktor! Diese Theorie war falsch; deshalb hören wir so wenig von ihr. Und Mendels Arbeit von 1865 hat Darwin zwar erhalten, aber leider nicht zur Kenntnis genommen. Nun konnte auch Mendel die Entstehung der Varianten nicht *erklären*; mit seinen drei Gesetzen konnte er aber wenigstens beschreiben, dass und in welchen Zahlenverhältnissen solche Merkmale vererbt werden und dabei auch *konstant* bleiben können.

Wie bei Kopernikus waren es also nicht die Vorläufer und auch nicht Darwin selbst, die diese Revolution bewirkten. Erst um 1900 wurden die Mendel'schen Gesetze wieder entdeckt, wurde eine moderne Genetik entwickelt. Und erst in den 1940er Jahren hat sich die Evolutionstheorie in der Form der *Synthetischen Theorie* in der Biologie *durchgesetzt*. Umstritten ist die Theorie aber immer noch, wenn auch weniger unter Fachleuten als zwischen den Disziplinen. Insofern ist die Darwin'sche Revolution noch immer nicht ganz vollzogen.

4.2.4   *Max Planck (1858–1947) und Werner Heisenberg (1901–1976)*

Die größte Umwälzung, welche die Physik erfahren musste, ist die Quantentheorie. Ausgelöst wurde sie durch die Entdeckung der Lichtquanten durch Max Planck, zu einem gewissen Abschluss gebracht durch Werner Heisenberg. Auch Max Planck wurde eher versehentlich zum Revolutionär. Die Atomvorstellung, die er selbst zunächst völlig abgelehnt hatte, brachte er durch seine eigenen Arbeiten zur Anerkennung. Und die Quantelung der Strahlung, die ihm unvermeidlich schien, wollte er doch auf die Abgabe und Aufnahme von Licht beschränkt wissen, aber auf keinen Fall auf die Ausbreitung des Lichtes ausdehnen, wie Albert Einstein es 1905 tat. Noch 1913 schreibt Planck in einem Gutachten über Einstein, man dürfe es diesem nicht allzu sehr anrechnen, dass er mit seiner Lichtquantenhypothese – für die Einstein 1921 dann sogar den Nobelpreis bekam! – über das Ziel hinausgeschossen sei. Er konnte das Neue, zu dem er selbst beigetragen hatte, nicht als revolutionär begrüßen, sondern immer nur langsam und nachträglich als unvermeidlich akzeptieren. So sieht L. Pearce Williams in Planck den „zögerndsten Revolutionär aller Zeiten" (Lakatos u. Musgrave 1974:50); ein einfühlsamer Biograph nennt auch ihn einen „Revolutionär wider Willen" (Hermann 1973:33, 43).

Über Einsteins Relativitätstheorie schreibt Werner Heisenberg (1934:45): „Ihre außerordentliche Bedeutung liegt in erster Linie in der ganz unerwarteten Erkenntnis, dass die konsequente Verfolgung des von der klassischen Physik vorgezeichneten Weges die Abänderung der Grundlagen der Physik erzwingt. […] Die modernen Theorien […] sind der Forschung bei dem Versuch, das Programm der klassischen Physik konsequent zu Ende zu führen, durch die Natur aufgezwungen worden." Bei der Quantentheorie ist es nicht anders. Heisenberg selbst meint, nur der Konservative könne wirklich zum Revolutionär werden. Und Carl Friedrich von Weizsäcker (von Weizsäcker u. van der Waerden 1977:8, 44) zitiert ihn mit den Worten: „Man kann einmal in den Abgrund sehen; im Abgrund leben kann man nicht."

4.3   Wie findet man eine revolutionäre Theorie?

Die genannten Beispiele zeigen, wie mühsam es sein kann, eine neue Theorie zur Anerkennung zu bringen. Das führt uns zurück zu der Schwierigkeit, sich mit einer solch umwerfenden Neuerung abzufinden. Viele Theorien der modernen Wissenschaft, insbesondere der Physik, widersprechen der Intuition. Für die Quantentheorie gilt das in besonderem Maße. Selbst Einstein, seinerseits Mitbegründer der Quantentheorie, mochte sich mit deren „spukhaften Fernwirkungen" nicht abfinden und hielt sie für unvollständig. Und noch immer finden die Physiker Effekte, die so verblüffend sind, dass niemand sie erwartet hätte, wenn sie nicht aus einer vielfach bewährten Theorie gefolgert worden wären.

Darwin selbst versichert in seiner Autobiografie: „Ich arbeitete nach echten Baconschen Grundsätzen und sammelte ohne irgendeine Theorie Tatsachen in großem Maßstab […]. Ich nahm bald wahr, daß Zuchtwahl der Schlüssel zum Erfolg des Menschen beim Hervorbringen nützlicher Rassen von Tieren und Pflanzen ist." (Darwin 1982:92) Hatte Darwin also nur Glück, weil er *zufällig* die richtigen Tatsachen im richtigen Umfang gesammelt hatte? Und hätte jeder andere angesichts dieser Tatsachen die gleichen Gedanken gehabt?

Wir haben heute – vor allem dank Popper – ein anderes Bild von wissenschaftlicher Kreativität. Nicht vorurteilsloses Sammeln und Beobachten steht am Anfang der Forschung, sondern ein *Problem*, das uns auffällt und das wir zu lösen versuchen. „Kühne Vermutungen und strenge Kritik!" ist die kürzeste Formulierung der wissenschaftlichen Methode. Dabei spielt es keine Rolle, wie wir zu unseren Vermutungen kommen und wer die Kritik übt. Entscheidend ist, dass beide Elemente zusammenwirken. Geniale Einfälle allein genügen ebenso wenig wie fantasieloses Nörgeln.

Sogar aus Darwins eigenem Bericht können wir diesen Prozess noch heraushören: „Im Oktober 1838 […] las ich zufällig zur Unterhaltung Malthus' Buch über das Bevölkerungsproblem, und da ich hinreichend darauf vorbereitet war, den überall stattfindenden Kampf um die Existenz zu würdigen, namentlich durch lange fortgesetzte Beobachtung der Lebensweise von Tieren und Pflanzen, kam mir sofort der Gedanke, daß unter solchen Umständen günstige Abänderungen dazu neigen, erhalten zu werden, und ungünstige, zerstört zu werden. Das Resultat hiervon würde die Bildung neuer Arten sein. Hier hatte ich nun endlich eine Theorie, mit der ich arbeiten konnte; ich war aber so ängstlich darauf bedacht, jegliche Voreingenommenheit zu vermeiden, daß ich mich entschloß, eine Zeitlang auch nicht einmal die kürzeste Skizze davon niederzuschreiben." (Darwin 1982:93)

Das also war der Evolutionsgedanke! Es ist eindrucksvoll zu sehen, dass und wie dabei Zufall, reiches Wissen und eine selbstkritische Haltung zusammenspielen. (Allerdings deuten Darwins ältere Aufzeichnungen darauf hin, dass er das Selektionsprinzip schon formuliert hatte, *bevor* er Malthus las. Andererseits war dessen Buch schon Jahrzehnte alt und hatte mehrere Auflagen erlebt, so dass Darwin, ohne sich daran zu erinnern, leicht auch aus anderer Quelle über Malthus' Ideen informiert gewesen sein könnte.)

4.4   Der Evolutionsgedanke – was ist das eigentlich?

Von Ideengeschichte ist häufig die Rede. So gibt es eine Geschichte der Bauhaus-*Idee*. Aber was ist mit der Bauhaus-Idee gemeint? Ist es die Idee einer *totalen* Kunst, die alle Lebensbereiche erfasst? Ist es die Schlichtheit der Objekte oder ist es der Wunsch, dass auch sozial Schwächere sich diese Gegenstände leisten können? Ist es der Rückgriff auf das *Handwerk* oder doch erst die programmatische *Einheit* von Kunst und Technik? Ist es die *internationale* Ausrichtung, von den Gegnern einst als Kulturbolschewismus gebrandmarkt? Oder ist es nicht vielmehr ein ganzes Ideengebäude?

Sicher ist es *möglich*, die Geschichte einer Idee zu schreiben. Tatsächlich gibt es ein englisches Buch „*Evolution – the history of an idea*" (Bowler 1984), aber auch ein deutsches Buch: „Evolution – Geschichte einer Idee" (Stripf 1989). Und wenn ein Buch über Charles Darwin (Clark 1985) im Untertitel verspricht, die „Biographie eines Mannes und einer Idee" zu liefern, dann ist dort natürlich ebenfalls die Idee der Evolution gemeint.

Die Idee der Evolution? Was könnte das sein? Ist es wirklich eine einzige Idee? Oder sind es nicht doch – wie bei der Bauhaus-Idee – *mehrere* Ideen, die erst im Zusammenwirken die Evolution bzw. die Evolutionstheorie ausmachen? Und interessieren wir uns am Ende wirklich nur für die *Idee* der Evolution, für den Evolutions*gedanken*? Interessieren wir uns für den *Verlauf* der Evolution nicht genauso wie für ihre *Dauer*, für die Anfänge wie für die Gegenwart und für die Zukunft der Evolution? Für die *Faktoren*, für die *Grundbegriffe* und für die *Prinzipien* der Evolution?

Wenn wir einem unklaren Begriff auf der Spur sind, dann versuchen wir zunächst, genauer zu sagen, was wir meinen. Dazu gibt es mindestens vier Wege: Wir suchen *Objekte*, auf die der Begriff passt; wir suchen *sinnverwandte Wörter*; wir suchen *Gegenbegriffe*; oder wir greifen ein *Herzstück* heraus, das den Begriff in überzeugender Weise trifft und suchen dann nach möglichen Erweiterungen. Beim Evolutionsbegriff können wir alle vier Schritte gehen.

Was ist „in Evolution"? Oder etwas genauer: Wovon sagen wir, es sei in Evolution? Für die biologische Evolutionstheorie ist diese Frage leicht zu beantworten: In Evolution sind Pflanzen, Tiere, Menschen, noch einfacher und umfassender: alle Lebewesen. Bei einem allgemeinen Evolutionsbegriff kann man weitere oder sogar alle realen Systeme einbeziehen. Tatsächlich: Die Frage, ob und wie sich etwas entwickelt, ist bei *allen* realen Systemen legitim, auch wenn sie uns nicht immer interessiert oder wenn wir sie nicht beantworten können. Entwickeln kann sich auch anderes; aber wann sprechen wir nicht nur allgemein von *Entwicklung, Veränderung, Wandel*, sondern ganz bewusst und ganz speziell von *Evolution*? Sind auch Naturgesetze in Evolution oder wenigstens Ergebnis einer Evolution? Einige Autoren gehen hier sehr weit. So meint Gerd Binnig (1989:181), die Naturgesetze seien durch Mutations- und Selektions-Zyklen entstanden. Und Lee Smolin schreibt ein ganzes Buch darüber (Smolin 1999), dass es viele, sogar unendlich viele Universen geben könnte, dass sie Nachkommen haben könnten, dass es zwischen ihnen Konkurrenz und Auslese geben könnte und dass unser Universum mit *seinen* Naturgesetzen Ergebnis eines solchen Ausleseprozesses sein könnte – hochspekulativ, aber durchaus ernsthaft.

Mit Evolution sinnverwandt sind *Entwicklung, Wandel, Veränderung*, im biologischen Sinn auch *Phylogenese*. Auch Darwin spricht zunächst gar nicht von Evolution, sondern von *descent with modification*. Erst der Philosoph Herbert Spencer spricht von Evolution im heutigen Sinne, und Darwin übernimmt dieses Wort 1872 in der sechsten Auflage seines Hauptwerkes. Das liegt daran, dass der Begriff Evolution zu seiner Zeit noch anderweitig besetzt war: In der Embryologie herrschte die Vorstellung, dass schon in einer Eizelle und in einer Samenzelle der fertige Organismus winzig klein zusammengefaltet vorhanden sei und sich dann allmählich vergrößere, entfalte, entwickle, dass er eben evolviere. Diese *Präformationstheorie* erklärte zwar die Konstanz der Arten, nicht jedoch ihre Veränderung; deshalb war der Begriff Evolution zunächst untauglich zur Beschreibung dessen, was Darwin am Herzen lag: eben die Veränderlichkeit der Arten.

Gegenbegriffe zu Evolution sind *Statik* oder *Stagnation* (es passiert nichts), *Stationarität* (in einem stationären Zustand passiert zwar etwas; es passiert aber immer dasselbe), aber auch *Revolution* (in kurzer Zeit passiert besonders viel, so viel, dass man den Eindruck hat, der Verlauf sei diskontinuierlich, sprunghaft, saltationistisch).

Mit Darwin war man lange der Meinung, die biologische Evolution verlaufe ganz allmählich, in kleinsten Schritten, gradualistisch. Inzwischen haben wir gelernt, dass auch die Evolution unterschiedlich schnell verlaufen kann und zwar nicht nur besonders langsam wie bei den lebenden Fossilien, etwa dem Nautilus (Ward 1993), sondern auch besonders schnell. So wissen wir heute, dass *Katastrophen*, insbesondere Überschwemmungen, Erdbeben, Vulkanausbrüche, Klimawandel, Vereisungen, Magnetfeldumpolungen, Freisetzung von Sauerstoff und Meteoriteneinschläge die Geschichte des Lebens auf der Erde entscheidend geprägt haben (Erben 1981; Stanley 1988). Solche Ereignisse waren in der Regel mit *Massenaussterben* verbunden; bei der Tierwelt spricht man deshalb von Faunenschnitten.

Es gab aber – vor allem *nach* solchen Katastrophen – auch Zeiten, in denen die Artenvielfalt besonders *schnell zunahm*. So spricht man von der kambrischen *Explosion* vor etwa 530 Mio. Jahren, in der besonders viele neue Arten, Gattungen und höhere taxonomische Einheiten, sogar neue Stämme entstanden (Gould 1991). Diese Häufung neuer Formen ist so verblüffend, dass Kreationisten sie gern als Argument gegen die Evolutionstheorie benutzen: Zu diesen neuen Pflanzen und Tieren gebe es keine Vorgänger, sodass sie nur durch eine gewaltige *Neuschöpfung* entstanden sein könnten. Man muss jedoch bedenken, dass auch die kambrische Explosion mindestens 10 Mio. Jahre gedauert hat; nur für den Paläontologen, der sonst mit Hunderten von Jahrmillionen, sogar mit Jahrmilliarden rechnet, ist das eine kurze Zeit (Isaak 2005:128–130).

Nun sind wir bei dem Versuch, den Evolutionsgedanken oder die Evolutionsidee zu charakterisieren, fast unbemerkt von terminologischen Überlegungen in Sachfragen geraten. Das ist weder erstaunlich noch bedauerlich: Letztlich geht es uns ja doch mehr um Aussagen als um Begriffe, mehr um die Wahrheit von Sätzen als um die Bedeutung von Wörtern. Und oft genug schärft oder klärt sich ein unklarer Begriff erst durch die *Sätze*, in denen er Verwendung findet. Dieser Hoffnung geben wir uns jetzt hin.

Ein Gedanke oder ein Begriff allein ist noch keine Theorie und erst recht keine Wissenschaft. Aber wir wissen, dass der Evolutions*begriff* in der biologischen Evolutions*theorie* wesentlich vorkommt. Die biologische Evolution kann sogar als *Herzstück* des Evolutionsbegriffs angesehen werden. Deshalb wenden wir uns jetzt dieser Theorie zu und fragen: Was ist neu an der Evolutionstheorie? Was ist daran revolutionär? Und ist sie eine wissenschaftliche Theorie?

4.5 Was ist neu an Darwins Theorie?

Immer wieder stellt man überrascht fest, dass ein Gedanke, vielleicht sogar ein eigener, den man für neu hielt, in Wahrheit schon vorher, manchmal sogar mehrfach geäußert wurde. Auch Darwins Ideen sind schon vor ihm aufgetaucht. Die meisten davon wurden jedoch nicht anerkannt, manchmal nicht einmal bekannt. Vor Darwin hat aber niemand diese Theorie, dieses umfangreiche System von Hypothesen so geschlossen formuliert und so reich belegt. Sein Verdienst ist es, den Evolutionsgedanken für die Biologie so ausführlich und mit so vielen Belegen vorgetragen zu haben, dass die überhebliche Stellungnahme „Alles schon da gewesen" ins Leere geht. Wir wollen einige von Darwins Thesen aufzählen, die neu waren oder zwar älter, aber kaum bekannt, oder zwar bekannt, aber eben nicht anerkannt.

Es ist – wohl im Anschluss an Ernst Mayr (1994:58, 59) – üblich geworden, Darwins Theorie in mehrere Teiltheorien aufzuteilen (Marty 2009; Vaas 2009:23; Vaas u. Blume 2009:42, 43). Eine solche Aufteilung kann durchaus zweckmäßig sein: So können die einzelnen Teile der Theorie leichter dargestellt und beurteilt werden und auch Darwins persönliche Leistung kann besser gewürdigt werden. Die Mehrteiligkeit der Theorie erklärt auch, warum manche über die Evolutionstheorie so heftig streiten: Oft reden sie gar nicht über dieselbe Theorie!

Die fünf wichtigsten Teiltheorien charakterisieren wir jeweils durch eine zentrale These:

- *Die Lebewesen verändern sich über lange Zeiträume. Es gab und gibt also Evolution.*
  Der *Beginn* der Evolution liegt für Darwin „unberechenbar weit zurück". Heute wissen wir, wie lange die Evolution des Lebens auf der Erde wirklich gedauert hat: knapp vier Milliarden Jahre. Anscheinend ist das Leben auf der Erde recht bald nach ihrer Entstehung vor 4,6 Mrd. Jahren entstanden. (Das ist – nebenbei – das bisher *einzige* Argument für die These, dass Leben unter günstigen Bedingungen *leicht* entsteht.)
- *Alle Lebewesen sind miteinander verwandt, haben also einen gemeinsamen Ursprung.*
  Schon Darwin meint: „Ich glaube, daß die Tiere von höchstens vier oder fünf Vorfahren abstammen, die Pflanzen von derselben oder einer noch kleineren Anzahl. Die Analogie würde mich noch einen Schritt weiter führen, nämlich zu der Annahme, daß alle Tiere und Pflanzen von einer einzigen Urform abstammen." (Darwin 1963:671). Darüber zu spekulieren, *wie* das Leben entstanden ist, erscheint Darwin dagegen verfrüht. 1863 schreibt er in einem Brief: „Es ist einfach Unsinn, über den Ursprung des Lebens nachzudenken; genauso gut könnte man über den Ursprung der Materie nachdenken." (Darwin 1982:152). 1871 ist er allerdings schon mutiger: „Wenn wir uns (und ach, was für ein großes Wenn) vorstellen könnten, dass in einem warmen kleinen Teich mit allen Arten von Ammonium- und Phosphorsalzen, mit Licht, Wärme, Elektrizität usw. auf chemischem Wege ein Eiweißstoff entstanden wäre, der zu weiteren komplizierteren Umwandlungen befähigt wäre, so würde heute ein derartiger Stoff doch sofort gefressen oder absorbiert werden, was vor der Entstehung von Lebewesen nicht der Fall gewesen wäre."
- *Die Artenvielfalt wächst in der Regel an.*
  Darwin kennt auch einige Mechanismen der Artenaufspaltung, insbesondere die geografische Isolation. Während der bereits erwähnten Katastrophen nimmt die Artenvielfalt allerdings nicht zu, sondern ab. Und zurzeit sterben erschreckend viele Arten aus. Unter dem Aspekt der Artenvielfalt muss man den Menschen als eine einzige Katastrophe betrachten (Wuketits 1998).
- *Lebewesen, Populationen und Arten verändern sich in vielen kleinen Schritten.*
  Diese Auffassung nennt man *Gradualismus*. Die Fragwürdigkeit dieser These haben wir bereits angesprochen. Man wird sagen dürfen, dass sich Genotypen nur langsam, Phänotypen aber auch schnell verändern können.

- *Ein wichtiger, wenn auch nicht der einzige Evolutionsfaktor ist die natürliche Auslese.*

Darwin selbst vertrat außerdem – genau wie Lamarck – eine Vererbung erworbener Eigenschaften, wobei, wie Darwin mehrfach versichert, auch Gebrauch und Nichtgebrauch eine wichtige Rolle spielen sollten (Darwin 1963:191, 294, 296, 665).

Von natürlicher Auslese spricht Darwin hier in Analogie zur *künstlichen* Auslese von Tier- und Pflanzenzüchtern. Den Ausdruck „*survival of the fittest*" übernimmt er von Herbert Spencer (1820–1903) und Thomas H. Huxley (1825–1895). Leider ist er durchaus irreführend. Es gilt eigentlich nicht *survival of the fittest*, sondern *nonsurvival of the nonfit*. Nur die Nicht-fitten verschwinden. (Allerdings gibt es den *Bottleneck-Effekt:* Im Extremfall genügt sogar ein befruchtetes Weibchen, das in eine bisher nicht von der Art besiedelte Gegend oder auf eine Insel gelangt.)

Man könnte Zweifel haben, ob man mit einer solchen Aufteilung Darwins Gesamtwerk oder wenigstens seiner Evolutionstheorie gerecht wird. Dem Gesamtwerk sicher nicht, der Evolutionstheorie nur bedingt. Immerhin fehlen hier Antworten auf die Fragen, *wie* es zu Variationen kommt und *wie* alte und neue Merkmale vererbt werden. Auch dazu hat Darwin Antworten vorgeschlagen; sie haben sich als falsch erwiesen. Wir machen es uns jedoch nicht zur Aufgabe, die Evolutionstheorie als Ganzes darzustellen; nehmen wir deshalb an, dass hier die wichtigsten Teile der Darwin'schen Evolutionstheorie genannt sind.

4.6   Und was ist daran revolutionär?

Eine These ist revolutionär, wenn sie bisherigen Überzeugungen deutlich widerspricht; und desto revolutionärer, je umfassender diese Überzeugungen sind und je tiefer sie in uns verankert sind. Eine solch tiefe Verankerung kann zwei Gründe haben: Entweder bestätigt uns die Alltagserfahrung fortwährend und ohne Gegenbeispiel, dass die Überzeugung richtig ist (etwa dass die Erde flach ist, dass sie stillsteht, dass es oben und unten gibt und dass wir oben wohnen); oder es handelt sich um religiöse oder quasi-religiöse Lehren, die uns sehr früh und immer wieder vermittelt werden (etwa dass die Welt von einem weisen und gütigen Schöpfer geschaffen wurde, dass Gebete etwas nützen oder dass es ein Leben nach dem Tode gibt). Wie Ernst Mayr (1988:226–235, 1994:61) hervorhebt, stellt Darwin – ausdrücklich oder bei folgerichtigem Weiterdenken – gleich mehrere religiöse Überzeugungen in Frage. Bisher galt:

- *Schöpfung:* Die Welt ist durch einen Schöpfergott geschaffen worden.
- *Eigenschaften Gottes:* Die Welt war so, wie sie ist, *von einem allmächtigen, allwissenden und allgütigen Schöpfer* gewollt und geplant.
- *Der Mensch als Krone der Schöpfung:* Der Mensch hat in dieser Welt eine vom Schöpfer gewollte, einzigartige Stellung. Er ist die Krone der Schöpfung, und die Welt ist auf ihn hin geplant und geschaffen.

Diese Lehren verlieren durch die Evolutionstheorie ihre Glaubwürdigkeit. Daneben hatten Darwins Zeitgenossen Überzeugungen, die nicht religiös motiviert sein mussten, aber ähnlich verbreitet und auch ähnlich wirksam waren:

- *Konstanz der Welt:* Die Welt ist im Großen *unveränderlich*; nach der Schöpfung hat sich im großen Maßstab nur wenig verändert.
- *Essentialismus:* Insbesondere sind die Arten – Tiere wie Pflanzen – deutlich und dauerhaft voneinander verschieden und getrennt. Es gibt keine Übergänge, weder in zeitlicher noch in systematischer Hinsicht. Man spricht auch von *typologischem Denken*.
- *Determinismus:* Die unbelebte Welt ist kausal determiniert. Der Zufall spielt eine untergeordnete oder gar keine Rolle. Was uns zufällig erscheint, das haben wir nur noch nicht hinreichend durchschaut.
- *Teleologie:* In der belebten Welt hat alles einen Zweck, um dessentwillen es geschaffen wurde. Für Aristoteles tragen die Dinge ihren Zweck in sich selbst. Teleologie ist also nicht an Theologie gebunden. Für Christen hat jedoch der Schöpfergott diese Zwecke gesetzt und bejaht sie immer noch. Die Zweckmäßigkeit organismischer Strukturen wurde von dem Theologen William Paley (1743–1805) zum so genannten teleologischen Gottesbeweis ausgebaut: Nach seiner Argumentation gibt es für die unübersehbare Zweckmäßigkeit in der Natur *keine andere Erklärung* als einen planvollen Schöpfer.
- *Transnaturalismus:* Es gibt übernatürliche Instanzen, die mindestens teilweise jenseits unserer Erfahrung oder sogar unseres Verstandes liegen. Sie sind Gegenstand der Metaphysik, der Religion, der Theologie, nicht jedoch der Naturwissenschaften.

Auch diese Überzeugungen geraten ins Wanken. Die Evolutionstheorie kommt ohne diese Annahmen aus oder widerspricht ihnen sogar. Für die Zweckmäßigkeit der organismischen Strukturen bietet Darwin, der selbst Theologie studiert hat, nun eine Alternativerklärung an: Sie ist durch Variation und natürliche Auslese entstanden. Gott ist damit nicht widerlegt; eine solche Existenzbehauptung ist auch gar nicht widerlegbar. Paleys Argument verliert jedoch seine Überzeugungskraft; denn nun hat man eine *natürliche* Erklärung. Die Evolutionstheorie bietet deshalb eine starke Stütze für ein *naturalistisches* Weltbild (Vollmer 1995).

4.7 Kriterien für (erfahrungs-) wissenschaftliche Theorien

Eine der wichtigsten Aufgaben der Wissenschaftstheorie ist es, die *Kriterien* herauszuarbeiten, nach denen wissenschaftliche Hypothesen, Theorien oder Methoden beurteilt werden (sollen). Für eine erfahrungswissenschaftliche Theorie *notwendig* sind – neben weiteren wünschbaren Eigenschaften – folgende Merkmale:

- *Zirkelfreiheit:* Sie darf keine vitiösen Definitions-, Beweis-, Erklärungs- oder Begründungszirkel enthalten.

- *Innere Widerspruchsfreiheit (interne Konsistenz):* Sie darf keinen logischen Widerspruch enthalten oder auf einen solchen führen.
- *Äußere Widerspruchsfreiheit (externe Konsistenz):* Sie darf anderen als wahr akzeptierten Theorien nicht widersprechen. (Welche Theorie im Falle eines Widerspruchs verworfen werden muss, folgt hieraus offenbar nicht. Doch können wir Theorien, die einander widersprechen, eben *nicht beide* als wahr akzeptieren.)
- *Erklärungswert:* Sie muss beobachtete Tatsachen erklären.
- *Prüfbarkeit:* Sie muss mögliche empirische Befunde nennen, durch die sie bestätigt würde (wenn sie wahr ist) bzw. widerlegt würde (wenn sie falsch ist).
- *Testerfolg:* Sie muss den empirischen Tests auch tatsächlich standhalten.

Außer diesen notwendigen Merkmalen gibt es noch zahlreiche *wünschbare* Eigenschaften, etwa Allgemeinheit (Breite), Tiefe, Genauigkeit, Vollständigkeit, Einfachheit, Anschaulichkeit, Prognosefähigkeit, Reproduzierbarkeit der beschriebenen, erklärten, vorausgesagten Phänomene sowie Fruchtbarkeit. Sie sind nicht unabdingbar, sondern gewinnen erst dann an Bedeutung, wenn die notwendigen Kriterien erfüllt sind. Sie dienen vor allem dazu, zwischen konkurrierenden Theorien, die hinsichtlich der notwendigen Merkmale gleichwertig sind, begründet zu wählen.

Mit den wünschbaren Merkmalen befassen wir uns nicht – eben weil sie nicht auf die Wissenschaftlichkeit einer Theorie zielen. Ein Wort nur zur Vollständigkeit: Zu einer vollständigen Evolutionstheorie würde eine Beschreibung und Erklärung *aller* Lebewesen und aller ihrer Merkmale gehören. Für eine vollständige *Beschreibung* müsste man zeigen, dass und wie alle diese Lebewesen in einer kontinuierlichen Linie aus Ur- und Frühformen hervorgegangen sind. Für eine vollständige *Erklärung* müsste man außerdem zeigen, dass alle vermuteten Zwischenstufen lebensfähig und der innerartlichen und zwischenartlichen Konkurrenz gewachsen waren. Diese Aufgabe ist unabschließbar. In diesem Sinne wird die Evolutionstheorie immer unvollständig bleiben (Vollmer 1986). Das mag bedauerlich sein; aber ihrem Charakter als Wissenschaft tut das keinen Abbruch.

Gegen die Evolutionstheorie wurden und werden aber auch bei jedem der *notwendigen* Merkmale Einwände erhoben, am auffälligsten von Kreationisten und Vertretern des *Intelligent Design*, aber auch von Fachbiologen. Anders als bei den wünschbaren Merkmalen stellen diese Einwände den wissenschaftlichen Charakter der Evolutionstheorie ernsthaft in Frage. Deshalb wollen wir viele dieser Einwände formulieren und die wichtigsten Gegenargumente vorstellen (Das geschieht in Tab. 4.1).

4.8 Einwände und Meta-Einwände zur Evolutionstheorie

Die meisten der Einwände haben sich als unberechtigt erwiesen. Einiges Gewicht hat wohl nur der Einwand gegen die tatsächliche Prüfbarkeit. Unsere Aufmerksamkeit richten wir deshalb besonders auf diesen Punkt.

Tab. 4.1 Einwände und Meta-Einwände zur Evolutionstheorie

Kriterien	Einwände gegen die Evolutionstheorie (erhoben etwa von)	Gegenargumente zur Verteidigung der Evolutionstheorie (vorgebracht etwa von)
Zirkelfreiheit	Die Definition der Fitness ist letztlich zirkulär: das Selektionsprinzip ist deshalb tautologisch: Es behauptet nicht mehr als „survival of the survivor". Damit ist die zentrale Aussage der Selektionstheorie analytisch, also leer; sie behauptet, erklärt oder prognostiziert nichts (Waddington, Lewontin, Peters, Rosen; Popper 1974).	Es ist durchaus möglich, Fitness zu definieren, ohne dabei auf das langfristige Überleben zurückzugreifen (Ruse 1977). Manfred Eigens „Wertfunktion" liefert sogar ein quantitatives Maß für Fitness: $W = A \cdot Q - D$; dabei werden Vermehrungsfaktor A, Qualitätsfaktor Q und Zerfallsanteil D unabhängig vom langfristigen Überleben definiert, erlauben es aber durchaus, letzteres vorauszusagen (Eigen 1971; Schuster 1972). Fitness unabhängig vom langfristigen Fortpflanzungserfolg zu messen ist allerdings sehr schwierig.
Innere Widerspruchsfreiheit	Evolution soll zu neuen Eigenschaften, neuen Strukturen, Systemen führen. Evolvieren bedeutet aber ausrollen, auswickeln, entfalten. Sich entrollen können aber nur Dinge, die bereits vorhanden sind. Somit kann Evolution nie zu wirklich Neuem führen (Locker).	Die Bedeutung eines Wortes ergibt sich nicht aus seiner Etymologie, sondern aus seiner Definition, aus seinem Gebrauch. Wie alle Wörter bedeutet das Wort Evolution das, was wir es bedeuten lassen, entweder durch eine explizite Definition oder durch den Gebrauch, den wir davon machen. Und wenn wir es so gebrauchen, dass es das Auftreten neuer Merkmale erlaubt oder sogar bedeutet, dann gibt es keinerlei Widerspruch.
Äußere Widerspruchsfreiheit	Zwischen Physik und Evolutionstheorie bestehen zahlreiche Widersprüche. *Das Gravitationsgesetz:* Steine fallen, Vögel fliegen. *Das Alter der Sonne:* Nach Lord Kelvin bezieht die Sonne ihre Energie aus gravitativer Schrumpfung; danach könnte sie nur für einige Millionen Jahre stabil gestrahlt haben.	Das Gravitationsgesetz ist universell. Vögel besitzen jedoch mehr Freiheitsgrade, die es ihnen erlauben, die Gesetze der Aerodynamik zu nutzen. Im luftleeren Raum fallen Vögel genau wie Steine. Dieser Widerspruch wurde aufgelöst durch die Entdeckung einer neuen Energiequelle, die dem 19. Jahrhundert unbekannt war: der Kernfusion. Sterne setzen Energie frei, indem sie

Tab. 4.1 (Fortsetzung)

Kriterien	Einwände gegen die Evolutionstheorie (erhoben etwa von)	Gegenargumente zur Verteidigung der Evolutionstheorie (vorgebracht etwa von)
	Nach Darwins Theorie muss die Evolution jedoch viel länger gedauert haben. (In der 6. Auflage seines Hauptwerkes nennt Darwin dies einen der schwerwiegendsten *Einwände* gegen seine Theorie, lässt aber offen, ob der Fehler bei der Physik liegt oder bei der Biologie (Darwin 1963: Kap. 15; auch Hattiangadi 1971:505f.).	leichte Atomkerne zu schwereren verschmelzen. Bei der Sonne reicht diese Energiequelle etwa zehn Milliarden Jahre; davon sind bisher fünf verstrichen (Bethe, von Weizsäcker).
	Der Entropiesatz: Nach dem Gesetz über das Anwachsen der Entropie sollte die *Unordnung* immer nur zunehmen. Ursprung, Entwicklung und Evolution der Organismen entsprechen jedoch einer Zunahme an *Ordnung*. Somit widersprechen Leben und Evolution der Thermodynamik, also der Physik (Heitler 1967).	1. Der Entropiesatz gilt nur für *abgeschlossene* Systeme. Organismen sind jedoch *offene* Systeme. Sie erniedrigen ihre Entropie auf Kosten ihrer Umwelt (von Bertalanffy). 2. Außerdem ist Entropie nicht immer ein Maß für Unordnung. Unter bestimmten Bedingungen (Existenz anziehender Kräfte und niedrige Gesamtenergie) sind Zustände höherer Ordnung sogar Zustände höherer Entropie (von Weizsäcker 1974:200–221).
Erklärungswert	Die Theorie der natürlichen Auslese mag ja einiges erklären, zum Beispiel die intraspezifische Evolution (oder Mikroevolution). Sie ist jedoch unfähig, die *Makroevolution* zu erklären, also das Auftreten neuer systematischer Einheiten (Arten, Gattungen, Klassen usw.). Somit ist die Evolutionstheorie in ihrer Standardform zumindest *unvollständig*. Eine vollständige Theorie wird weitere Faktoren heranziehen, etwa die Vererbung erworbener Eigenschaften (Lamarck, Darwin (!), Kammerer, Steele), Makromutationen (T. H. Huxley), „*hopeful monsters*" (Goldschmidt), kybernetische Regulationen (Schmidt 1985), Gruppenselektion (Wynne-Edwards) sowie interne Selektion (Gutmann u. Bonik 1981).	Die Evolutionstheorie ist tatsächlich unvollständig. Vieles ist immer noch unerklärt. (Wie entstehen etwa *neue* Gene? Bloße Genverdopplung reicht dafür nicht aus.) Es sollte jedoch deutlich sein, dass die Evolutionstheorie nicht auf Mutation und Selektion beschränkt ist und dies auch niemals war. Zahlreiche Prinzipien wurden ihr bereits hinzugefügt. Ob noch weitere Evolutionsfaktoren erforderlich sind, soll hier nicht entschieden werden.

Tab. 4.1 (Fortsetzung)

Kriterien	Einwände gegen die Evolutionstheorie (erhoben etwa von)	Gegenargumente zur Verteidigung der Evolutionstheorie (vorgebracht etwa von)
Prüfbarkeit	Die Evolutionstheorie kann keine Voraussagen machen. Also kann sie nicht in der Erfahrung geprüft, insbesondere nicht falsifiziert werden. Sie ist daher gar keine erfahrungswissenschaftliche Theorie, sondern nur ein – zugegebenermaßen sehr fruchtbares – *metaphysisches Forschungsprogramm*. Erst durch Hinzunahme weiterer konkreter Hypothesen und Theorien können prüfbare Aussagen gewonnen werden (Popper 1974:Kap. 37).	1. Die Evolutionstheorie ist viel reicher, als dieser Einwand nahe legt. Tatsächlich ist sie sogar imstande, falsifizierbare Prognosen zu machen (Williams 1973). 2. Selbst wenn sie wirklich nichts voraussagen könnte, so kann sie doch auf jeden Fall falsifizierbare *Retrodiktionen* (Nachhersagen) machen. Im Hinblick auf Prüfbarkeit haben Retrodiktionen das gleiche Gewicht wie Voraussagen (Ruse 1977). 3. Selbst wenn die Evolutionstheorie wirklich nicht falsifizierbar wäre, so macht es doch immer noch einen gewaltigen *Unterschied*, ob von hundert Existenzbehauptungen nur fünf bestätigt sind oder eher fünfundneunzig (Scriven 1959). 4. Falsifizierbarkeit ist nicht allein entscheidend für die Beurteilung einer wissenschaftlichen Theorie. Dieses Kriterium aus der Physik in die Biologie zu übertragen ist ungerechtfertigter Imperialismus (Bunge 1967:Vol. I, Ch. 5.6). 5. Popper selbst hat sein Urteil über die Evolutionstheorie widerrufen. 1977 erklärte er, die Theorie der natürlichen Auslese sei doch eine *prüfbare* Theorie (Popper 1978:345).
Testerfolg	Die Evolutionstheorie ist empirisch widerlegt. In der Welt der Lebewesen gibt es viele Tatsachen, die dieser Theorie widersprechen (Kreationisten, Fundamentalisten: J. Illies, W. Kuhn, Wilder Smith).	Sollte das so sein, so wäre die Evolutionstheorie immerhin widerlegbar. (Man kann ihr also nicht beide Vorwürfe zugleich machen: den der Unprüfbarkeit und den der empirischen Falschheit.) Tatsächlich ist jedoch bisher kein Faktum bekannt, das der Evolutionstheorie widersprechen oder sie widerlegen würde. Freilich gibt es noch viele ungelöste Probleme. Viele Kritiker verwechseln die bestehende *Unvollständigkeit* der Evolutionstheorie mit Falschheit.

4.9   Ist die Evolutionstheorie prüfbar?

Wenn die Evolutionstheorie, wenn insbesondere das Prinzip der natürlichen Auslese keine Tautologie ist, sondern etwas über die Welt sagt, dann kann sie richtig
oder falsch sein. Welche Chancen haben wir, die Theorie der natürlichen Auslese
als falsch zu erkennen, *wenn* sie falsch sein sollte? *Belege* für die Wirksamkeit der
natürlichen Auslese gibt es inzwischen genug. Wie aber könnte sie – wenn sie falsch
sein sollte – *widerlegt* oder wenigstens kritisiert werden? Dass wissenschaftliche
Aussagen sich der Kritik stellen müssen, leuchtet jedem ein. Dass Aussagen der Erfahrungswissenschaften in der *Erfahrung* überprüft werden müssen und dieser Prüfung auch standhalten sollen, erscheint uns heute ebenfalls selbstverständlich. Wie
steht es dabei mit der Evolutionstheorie? Dass sie *wissenschaftlich* ist, unterliegt
keinem Zweifel. Inwieweit sie jedoch eine *erfahrungswissenschaftliche* Theorie ist,
muss wegen der Vielzahl der Arten und wegen der langen Dauer der Evolution noch
eingehender untersucht werden. Was ist von einer solchen Prüfung zu erwarten?
      Wer eine Hypothese oder eine Theorie für wahr hält, wünscht sich, dass er sie be-
weisen könne. Tatsächlich meinen immer noch viele, auch die Evolutionstheorie sei
beweisbar oder bereits bewiesen. Strenge Beweise gibt es jedoch allenfalls in der
Mathematik. Darwin selbst war hierin erstaunlich hellsichtig und deshalb immer
sehr behutsam. In seinem Hauptwerk *On the origin of species* 1859 meint er zu Beginn des 15. Kapitels, das erst in späteren Auflagen hinzugefügt wurde, sein ganzes
Buch sei „*one long argument*", so dass auch Ernst Mayr ein Buch über Darwin *One
long argument* nennt (Mayr 1994). Unglücklicherweise übersetzt die deutsche Aus-
gabe bei Reclam Darwins *one long argument* als „nichts weiter als eine lange Kette
von Beweisen" (Darwin 1963:638). Hätte Darwin das wirklich sagen *wollen*, so
hätte er sicher von „*proofs*" gesprochen! Auch in seinem Buch *The descent of man*
von 1871 überschreibt Darwin das erste Kapitel mit „*The evidence of the descent
of man from a lower form*". Aber wie heißt es in der deutschen Übersetzung? Da
handelt es sich plötzlich wieder um „Beweise für die Abstammung des Menschen
von einer tiefer stehenden Form" (Darwin 1908).
      Auch in modernen Büchern über Evolution ist oft von „Beweisen für die Evo-
lutionstheorie" die Rede, obwohl immer nur *Belege, Zeugnisse* (engl. *evidences*)
oder *Indizien* vorliegen können. So schreibt der bekannte Evolutionsbiologe George
Gaylord Simpson (1902–1984), Mitschöpfer der Synthetischen Evolutionstheorie,
in den 1950er Jahren: „Es ist voll und ganz bewiesen, daß den wesentlichsten Orien-
tierungs- oder Steuerungsfaktor der Evolution die natürliche Auslese darstellt."
(Simpson 1972:159). Und sogar in dem wunderbaren Evolutionsbuch von Günther
Osche heißt ein langes und wichtiges Kapitel „Beweise für die Deszendenztheorie"
(Osche 1972:11–30), obwohl in diesem Kapitel dann doch (fast) nur von *Zeugnis-
sen* die Rede ist. Ähnliche irreführende Formulierungen finden sich leider auch in
der Physik und in vielen anderen Wissenschaften.
      Natürlich könnte man versuchen, zwei Beweisbegriffe zu unterscheiden: einen
strengen, der für die Mathematik gilt und in wünschenswerter Genauigkeit expli-
zierbar ist; und einen lockeren, der für die Erfahrungswissenschaften gelten würde.
Wenn man das tut, dann muss man es sehr deutlich sagen. Ratsam ist es jedoch

nicht: Ein solcher lockerer Beweisbegriff ist sehr schwer zu präzisieren. Auch kann man schließlich nicht jedes Mal dazusagen, welchen Beweisbegriff man zugrunde legt, und so wird man nur Verwirrung stiften. Was wir dagegen durchaus verantworten können, sind Formulierungen, wie die folgenden: Die Evolutionstheorie hat sich bewährt, sie ist erfolgreich, zuverlässig, verlässlich, gut gestützt, hat allen Widerlegungsversuchen standgehalten; es gibt keinen Grund, an ihrer Richtigkeit zu zweifeln! Kurzum: Sie ist die beste Theorie, die wir für das Gebiet der Biologie haben!

Wenn nun eine Prüfung der Evolutionstheorie keinen strengen Beweis liefert – was kann sie dann leisten?

4.10   Die Evolutionstheorie – nur ein metaphysisches Forschungsprogramm?

Hier befassen wir uns vor allem mit einem Einwand des Philosophen Karl R. Popper (1902–1994), des Vaters der modernen Wissenschaftstheorie, bekannt vor allem durch sein Buch „Logik der Forschung" von 1935, das in späteren Auflagen immer wieder erweitert wurde (das sich aber nicht als Lehrbuch eignet, weil es sehr auf die Probleme seiner Zeit zugeschnitten ist). Dort entwickelt er sein Falsifizierbarkeitskriterium: Eine erfahrungswissenschaftliche Theorie muss an der Erfahrung scheitern können! Das ist eine Forderung. Kann die Evolutionstheorie sie erfüllen? Kann das Prinzip der natürlichen Auslese an der Erfahrung scheitern?

1974 erscheint Poppers intellektuelle Autobiographie, zunächst in Englisch, später auch in Deutsch. Darin gibt es ein eigenes Kapitel „Der Darwinismus als metaphysisches Forschungsprogramm" (Popper 1974, Kapitel 37). Popper behauptet dort, die Evolutionstheorie sei zwar bestätigungsfähig und auch vielfach bewährt, sie sei aber nicht falsifizierbar, also keine erfahrungswissenschaftliche Theorie, sondern „nur" ein metaphysisches Forschungsprogramm, zwar fruchtbar, aber eben nicht wirklich prüfbar.

Dieses Urteil Poppers über die Evolutionstheorie ist weit bekannt geworden. Viele Forscher, auch Biologen, haben diese Kritik akzeptiert und sich mit dem Pluspunkt der Fruchtbarkeit zufriedengegeben. Andere gaben sich damit nicht zufrieden. Es gab Aufsätze über die Prüfbarkeit der Evolutionstheorie. Mary Williams (1973) schrieb einen Aufsatz „*Falsifiable predictions of evolutionary theory*". Zu den prüfbaren, sogar falsifizierbaren Prognosen der Evolutionstheorie zählt sie die Erwartung, dass die Häufigkeit von Sichelzellenanämie in einer Bevölkerung abnimmt, wenn dort die Malaria ausgerottet wird. Michael Ruse kritisiert Poppers Philosophie der Biologie (1977) und meint, Popper habe einfach nicht genug von Biologie verstanden.

Wenig bekannt ist, dass Popper sein Urteil *zurückgenommen* hat. Das ist deshalb bemerkenswert, weil Popper sonst eher rechthaberisch war und an seinen Meinungen festgehalten hat. In diesem Fall war es anders. 1978 veröffentlichte er einen kleinen Aufsatz „Die natürliche Selektion und ihr wissenschaftlicher Status", in dem er seine Einschätzung der Evolutionstheorie ändert, ja sogar widerruft (Popper

1978)! Er sagt dort: „Ich freue mich über die Gelegenheit, meine Sinnesänderung einzugestehen." Im englischen Original noch deutlicher: „*I am glad to have an opportunity to make a recantation.*" Auf Popper sollte man sich also für diese Kritik an der Evolutionstheorie *nicht* berufen.

Was könnte Poppers Sinneswandel bewirkt haben? Einerseits hat er sicher einiges über die Evolutionstheorie dazugelernt, andererseits ist auch die empirische Situation besser geworden. Wir verfolgen die *Evolution im Reagenzglas* (Küppers 1980) und studieren die *Selektion im Test* (Orr 2009). Aus einem Aufsatz *Evolution in Aktion* (Glaubrecht 2000) zitieren wir einige Beispiele. Allerdings steht auch dort wieder einmal: „Der lange gesuchte Beweis: Evolution lässt sich im Experiment überprüfen." (Glaubrecht 2000:52)

- In den 12.000 Jahren, nachdem der Viktoria-See in Ostafrika sich füllte, sind 300 Buntbarscharten entstanden – ein ungeheures und vorher nie vermutetes *Tempo der Artenbildung* und Artenaufspaltung.
- In einigen Fällen verläuft die Evolution so rasant, dass wir sie innerhalb einer einzigen Forschergeneration verfolgen können. Zugvögel wie die Mönchsgrasmücke ziehen neuerdings nicht mehr nach Spanien, sondern nach England oder bleiben gleich da, werden also standfest (Peter Berthold).
- Man macht sogar Evolutions-*Experimente*, bei denen man nicht nur beobachtet, was von selbst geschieht, sondern eine neue Situation herbeiführt, um die Entwicklung von Anfang an und unter kontrollierten Bedingungen beobachten zu können. Kleinleguane wurden auf kargen Inseln ausgesetzt, die bisher nicht von Leguanen bewohnt waren. Schon nach zwei Jahrzehnten hatten sie kürzere Beine (Jonathan Losos)!
- Auf Trinidad setzte man Guppys oberhalb von Wasserfällen aus, sodass sie vor Fressfeinden geschützt waren. Ohne diese Verfolger wurden sie größer und langsamer (David Reznick). „Auf Trinidad kann man der Evolution bei der Arbeit zuschauen." (Albrecht 2009).

Die Tatsache, dass diese Erfolge alle aus jüngerer Zeit stammen und dass sie besonders hervorgehoben werden, macht deutlich, dass hier noch viel zu tun ist. Denn es genügt ja nicht, gezeigt zu haben, dass es natürliche Auslese gibt; vielmehr sollte auf Nachfrage bei jedem Merkmal gezeigt werden können, ob und wie es durch natürliche Auslese hervorgebracht wurde.

So muss man sehen, dass sich die Evolutionstheorie mit der Falsifizierbarkeit besonders schwer tut: Entdeckt man auf dem Mars Leben, so wird das irgendwie erklärt; dann waren die Bedingungen eben günstig, genau wie auf der Erde. Findet man dort dagegen kein Leben, so wird man auch das erklären: zu kalt, zu wenig Atmosphäre, zu wenig Wasser. Findet man *missing links* wie den Archäopteryx, den Urvogel aus den Solnhofener Plattenkalken, den es auch *nur* dort gibt, so ist das eine glänzende Bestätigung, geradezu ein Triumph für die Theorie. Sieht man keine, so ist das keine Widerlegung: Gerade der Archäopteryx zeigt ja, wie leicht er unentdeckt hätte bleiben können.

Was also muss, was könnte passieren, damit wir die Theorie als falsch ansehen und verwerfen? Unter welchen Bedingungen würden wir – resignierend oder triumphierend – die Evolutionstheorie aufgeben? Schon Darwin diskutiert dieses Problem und nennt denkbare Befunde, die seine Theorie widerlegen würden: Wenn zum Beispiel bei einer Art ein Merkmal gefunden würde, das ausschließlich einer *anderen* Art nützt, „so würde dies meine Theorie umwerfen." (Darwin 1963:274). Aber wann würde sich ein Evolutionstheoretiker je geschlagen geben? Würde er nicht äußerst ausdauernd nach Erklärungen suchen, welche die Theorie unangetastet lassen? Ist das fragliche Merkmal, das nur anderen nützt, vielleicht genetisch gekoppelt an eines, das dem Individuum selbst noch mehr Nutzen bringt? Waren die Umweltbedingungen vielleicht früher anders als heute, sodass das Merkmal damals dem Individuum oder wenigstens seinen Nachkommen genützt hat?

Wir sehen jetzt auch, *warum* die Evolutionstheorie sich mit der Prüfbarkeit so schwer tut: Sie kann so ungeheuer viel erklären, dass es schwierig ist, etwas zu finden, was sie nicht erklären kann oder was ihr gar widerspricht. Sie erkauft also hohen Erklärungswert mit verminderter Prüfbarkeit. Deshalb sollte man weiterhin nach Fällen suchen, in denen die Evolutionstheorie scheitern könnte. Letztlich gereichen ihr nämlich auch weitere gescheiterte Widerlegungsversuche zum Lobe. Auch und gerade dann, wenn wir die Evolutionstheorie ungern widerlegt sähen, müssen wir sie doch den härtest möglichen Tests aussetzen. Wenn sie diese Tests dann tatsächlich besteht, dann dürfen wir – ihre Vertreter – uns umso mehr freuen!

Literatur

Albrecht J (2009) Sex und Verfolgung: Auf Trinidad kann man der Evolution bei der Arbeit zuschauen. Frankfurter Allgemeine Sonntagszeitung 4 Jan 2009:52
Binnig G (1989) Aus dem Nichts. Über die Kreativität von Natur und Mensch. Piper, München
Bowler PJ (1984) Evolution – the history of an idea. University of California Press, Berkeley
Bunge M (1967) Scientific research. Springer, Berlin
Clark RW (1985) Carles Darwin. Biographie eines Mannes und einer Idee. S. Fischer, Frankfurt am Main
Darwin C (1908) Die Abstammung des Menschen. Kröner, Stuttgart
Darwin C (1963) Die Entstehung der Arten durch natürliche Zuchtwahl, 6. Aufl. Reclam, Stuttgart
Darwin C (1982) Charles Darwin – ein Leben. Deutscher Taschenbuch Verlag, München
Eigen M (1971) Selforganisation of matter and the evolution of biological macromolecules. Naturwissenschaften 58:465–523
Erben HK (1981) Leben heißt Sterben. Der Tod des einzelnen und das Aussterben der Arten. Hoffmann & Campe, Hamburg
Glaubrecht M (2000) Evolution in Aktion. Bild der Wissenschaft 8:51–54
Gould SJ (1991) Zufall Mensch. Das Wunder des Lebens als Spiel der Natur. Hanser, München
Gutmann W, Bonik K (1981) Kritische Evolutionstheorie. Ein Beitrag zur Überwindung altdarwinistischer Dogmen. Gerstenberg, Hildesheim
Hattiangadi JN (1971) Alternatives and commensurables: the case of Darwin and Kelvin. Philos Sci 38:502–507
Heisenberg W (1934) Wandlungen in den Grundlagen der exakten Naturwissenschaft in jüngster Zeit, Vortrag 1934. In: Heisenberg W Wandlungen in den Grundlagen der Naturwissenschaft. Hirzel, Stuttgart
Heitler W (1967) Gilt die Gleichung: Leben = Physik + Chemie? Chimia 21:176 ff

Hermann A (1973) Max Planck in Selbstzeugnissen und Bilddokumenten. Rowohlt, Reinbek

Isaak M (2005) The counter-creationism handbook. University of California Press, Berkeley

Kingsley D (2009) Vom Atom zum Merkmal. Die Evolution der Evolution. Spektrum der Wissenschaft Spezial 1:20–27

Koestler A (1959) Die Nachtwandler. Scherz, Zürich

Krafft F (1977) Progressus retrogradis. Die „Copernikanische Wende" als Ergebnis absoluter Paradigmatreue. In: Diemer A (Hrsg) Die Struktur wissenschaftlicher Revolutionen und die Geschichte der Wissenschaften. Hain, Meisenheim, S 20–49

Küppers B-O (1981) Evolution im Reagenzglas. Mannheimer Forum 80/81, S 47–113

Lakatos I, Musgrave Alan (Hrsg) (1974) Kritik und Erkenntnisfortschritt. Vieweg, Braunschweig

Marty C (2009) Missverständnisse um Darwin. Spektrum der Wissenschaft 2:46–53

Mayr E (1983) Darwin, intellectual revolutionary. In: Bendall DS (Hrsg) Evolution from molecules to men. Cambridge University Press, Cambridge, S 23–41

Mayr E (1988) Die Darwinsche Revolution und die Widerstände gegen die Selektionstheorie. In: Meier H (Hrsg) Die Herausforderung der Evolutionsbiologie. Piper, München, S 221–249

Mayr E (1994) …und Darwin hat doch recht. Charles Darwin, seine Lehre und die moderne Evolutionstheorie. Piper, München

Orr HA (2009) Selektion im Test. Spektrum der Wissenschaft Spezial 1:12–19

Osche G (1972) Evolution. Herder, Freiburg

Popper KR (1974) Autobiography. In: Schilpp PA (Hrsg) The philosophy of Karl Popper. Open Court, La Salle, S 1–181

Popper KR (1978) Natural selection and the emergence of mind. Dialectica 32:339–355

Rose M (2001) Darwins Schatten. Von Forschern, Finken und dem Bild der Welt. DVA, Stuttgart

Ruse M (1977) Karl Popper's philosophy of biology. Philos Sci 44:638–661

Schmidt F (1985) Grundlagen der kybernetischen Evolution. Goecke & Evers, Krefeld

Schuster P (1972) Vom Makromolekül zur primitiven Zelle – die Entstehung biologischer Funktion. Chemie in unserer Zeit 6:1–16

Scriven M (1959) Explanation and prediction in evolutionary theory. Science 130:477–482

Simpson GG (1972) Biologie und Mensch. Suhrkamp, Frankfurt am Main

Smolin L (1999) Warum gibt es die Welt? Die Evolution des Kosmos, Beck, München

Stanley SM (1988) Krisen der Evolution. Artensterben in der Erdgeschichte. Spektrum, Heidelberg

Steinmüller A, Steinmüller K (2008) Darwins Welt. Aus dem Leben eines unfreiwilligen Revolutionärs. Oecom, München

Stripf R (1989) Evolution – Geschichte einer Idee. Von der Antike bis Haeckel. Metzler, Stuttgart

Vaas R (2009) Die Evolution der Evolution. Universitas 64(1):4–29

Vaas R, Blume M (2009) Gott, Gene und Gehirn. Warum Glaube nützt. Die Evolution der Religiosität. Hirzel, Stuttgart

Vollmer G (1986) Die Unvollständigkeit der Evolutionstheorie. In: Vollmer G Was können wir wissen? Beiträge zur modernen Naturphilosophie, Bd 2. Hirzel, Stuttgart, S 1–38

Vollmer G (1995) Was ist Naturalismus? Eine Begriffsverschärfung in zwölf Thesen. In Vollmer G Auf der Suche nach der Ordnung. Hirzel, Stuttgart S 21–42

Ward PD (1993) Der lange Atem des Nautilus. Warum lebende Fossilien noch leben. Spektrum, Heidelberg

von Weizsäcker CF (1974) Evolution und Entropiewachstum. In: von Weizsäcker E (Hrsg) Offene Systeme I. Klett, Stuttgart

von Weizsäcker CF, van der Waerden BL (1977) Werner Heisenberg. Hanser, München

Williams M (1973) Falsifiable predictions of evolutionary theory. Philos Sci 40:518–537

Wuketits FM (1987) Charles Darwin, der stille Revolutionär. Piper, München

Wuketits FM (1998) Naturkatastrophe Mensch. Evolution ohne Fortschritt. Patmos, Düsseldorf

Zimmer E (1934) Umsturz im Weltbild der Physik. Hanser, München

Kapitel 5
Wissenschaft, die unsere Kultur verändert. Tiefenschichten des Streits um die Evolutionstheorie

Werner J. Patzelt

Die Evolutionstheorie (Wuketits 2009) ist eine der erfolgreichsten wissenschaftlichen Theorien. Sie erlaubt es, unsere Herkunft zu verstehen und riskante Merkmale gerade der menschlichen Spezies zu begreifen. Zugleich ist die Evolutionstheorie eine der umstrittensten Theorien. Das liegt nicht an ihrer empirischen Tragfähigkeit, sondern an ihrem Gegenstand. Sie handelt nämlich nicht nur – wie Hunderte andere wissenschaftliche Theorien – von der „Welt da draußen", sondern vor allem auch von uns selbst und von unserem Platz in dieser Welt. Den einen gilt sie obendrein als Überwinderin religiösen Aberglaubens (Dawkins 2008), den anderen als neuer Zugang zu Gott und seinem Wirken in der Welt. Ferner sehen die einen in der Evolution eine unbezweifelbare Tatsache gleich der Schwerkraft oder dem Holocaust, die anderen aber eine – noch oder dauerhaft – unbewiesene Hypothese oder gar eine falsche Schöpfungslehre. Und während die meisten Streitfragen solcher Art nach wechselseitig akzeptierten Regeln ‚normaler Wissenschaft' geklärt werden (Kuhn 1999), wird bei der Frage nach dem Woher unserer Spezies und Kultur die intellektuelle Zuständigkeit von Wissenschaft mitunter überhaupt bezweifelt. Anscheinend geht es schon um recht tiefe Schichten unserer Kultur und nicht nur der wissenschaftlichen, wenn – wie seit 150 Jahren – um die Evolutionstheorie gestritten wird. Wie sehen diese Schichten aus?

5.1 Die Zwei-Kulturen-Spaltung der Wissenschaften

Da sind zunächst einmal konkurrierende Vorstellungen vom rechten analytischen Zugriff auf unsere Geschichtlichkeit. Diese – die Geschichtlichkeit des Universums, der Erde, des Lebens und unserer eigenen Spezies – steht zwar genau im Mittelpunkt der Evolutionstheorie; doch ein etabliertes Dogma unserer Wissenschaftskultur behauptet, unsere ‚Geschichte' (etwa die der Völkerwanderung oder

W. J. Patzelt (✉)
Philosophische Fakultät, Lehrstuhl für Politische Systeme und Systemvergleich,
TU Dresden, August-Bebel-Straße 30/30a, 01062 Dresden, Deutschland
E-Mail: werner.patzelt@tu-dresden.de

D. Graf (Hrsg.), *Evolutionstheorie – Akzeptanz und Vermittlung im europäischen Vergleich,*   65
DOI 10.1007/978-3-642-02228-9_5, © Springer-Verlag Berlin Heidelberg 2011

die des Bismarckreiches) sei etwas ganz anderes als unsere ‚Vorgeschichte‘ (also die zwischen den Australopithecinen und dem Homo sapiens). Also müsse man sich beiden ‚Abschnitten‘ unserer Geschichtlichkeit mit ganz unterschiedlichen Theorien und Methoden nähern: naturwissenschaftlich dem ersten, geisteswissenschaftlich dem zweiten (Apel 1979). Als Vorgeschichte, früher oft auch unter den Begriff der ‚Naturgeschichte‘ gezogen, versteht man nämlich die Geschichte der unbelebten und belebten Natur; sie währe bis zu jener Zeit der ‚Urgeschichte‘ oder ‚Frühgeschichte‘, in welcher ‚der Mensch‘ zumindest Frühformen von Kunst und Schrift entwickelt habe; und die ‚eigentliche Geschichte‘ beginne erst dann, wenn die Schrift voll entfaltet sei, auf Dauer gestellte Selbst- oder wenigstens Fremdreflexion ermögliche und uns Spätere wirklich Unseresgleichen begegnen lasse (Jaspers 1966).

Sieht man die Dinge so, dann ist der Knoten des Dramas um die Evolutionstheorie schon geschürzt. Für gesellschaftliche Selbstverständigung reicht dann nämlich aus, was die Geschichtswissenschaft seit Herodot, die Kulturwissenschaft seit Aristoteles, die Philosophie seit dem vorsokratischen Übergang vom Mythos zum Logos an Wissensbeständen gesammelt und an Lehrgebäuden errichtet haben. Dass wir – eigenständiger wissenschaftlicher Befassung wert – auch Körper haben, ja Körper *sind*, und dass wir inzwischen auch deren Geschichte – von der Entstehung der Wirbeltiere bis zum Aufkommen unserer eigenen Spezies – erstaunlich gut kennen: Das ist für uns solange nur eine naturwissenschaftliche, doch keine kulturwissenschaftliche Herausforderung, wie sich für den Körper bloß Mediziner, Biologen und Gentechniker interessieren – und für dessen Geschichte nur Paläoanthropologen und Paläozoologen.

Hier entlastet uns allzu wirksam die aufs frühe 19. Jahrhundert zurückgehende Zwei-Reiche-Lehre klassischer Wissenschaftstheorie (Halfmann u. Rohbeck 2007). Nach ihr befassen sich mit materiellen Dingen exklusiv die Naturwissenschaften; mit dem aber, was uns Menschen kulturell einzigartig macht, beschäftigten sich allein die Geisteswissenschaften. Beide Zuständigkeitsbereiche können auf diese Weise getrennt sein und auch getrennt bleiben. Wo immer man dann trotzdem, aus gleich welchen Gründen, aus dem eigenen Zuständigkeitsbereich gerät, gilt gleichsam Waffenruhe: In der Grenzmark *zwischen* Natur- und Geisteswissenschaften gelangen – so das wechselseitige Einverständnis – eben *beide* an ihre Grenzen. Dort müssen sie dann, in Wittgensteins berühmter Formulierung, entweder gemeinsam beschweigen, wovon sie innerhalb des je eigenen Paradigmas nicht mit Anspruch auf ausreichende Vielschichtigkeit reden können, oder haben bereitwillig Einseitigkeit und Unzulänglichkeit dennoch formulierter Aussagen zuzugeben, womit die jeweils andere Seite gleichsam gleichberechtigt im Spiel bleibt. Auf diese Weise kann man sich selbst dort getrennt voneinander halten und paradigmatische Frontlinien befestigen, wo es in der erforschten Landschaft selbst nur Übergänge, doch keine klaren Grenzen gibt.

Seit dem späten 19. Jahrhundert hat nun aber die Evolutionstheorie in eben diese Grenzmark eine stark genutzte Verbindungsstraße gebaut (Riedl 2003). Der intellektuelle Austausch ihr entlang führt inzwischen zu Grenz- und Hegemonialstreitigkeiten: Es kränken die Evolutionäre Erkenntnistheorie (Vollmer 2002) und die Evolutionäre Ethik (Hauser 2007) als unwillkommene Konkurrenten viele Philosophen, nerven die Evolutionspsychologie (Neyer 2008) und die Soziobiologie (Voland 2007) als allzu tief im stammesgeschichtlichen Unterfutter des Sozialen ansetzende Forschungszweige viele Sozialwissenschaftler, und es stört eine auf den Fall kultureller oder institutioneller Entwicklung rekonkretisierte Allgemeine Evolutionstheorie[1] viele Historiker – zumal solche, die keinem *strukturgeschichtlichen* Forschungsinteresse folgen, sondern in erster Linie die Eigentümlichkeiten ihrer Untersuchungsgegenstände beschreiben und allein hinsichtlich ihrer Besonderheiten erklären wollen.[2] Also wehren sich viele Geistes- und Kulturwissenschaftler, Sozial- und Geschichtswissenschaftler nach Kräften gegen das Einsickern der Evolutionstheorie in sozusagen „ihren" Teil der Wissenschaftswelt. Meist tun sie das mit Warnungen vor „Blindheit für die Besonderheiten des Einzelfalls", vor „biologischem Reduktionismus", vor „unterkomplexem Materialismus" sowie vor „ethisch inakzeptablem Sozialdarwinismus", was alles sie dem Evolutionsdenken wie eine angeborene Wesensart zuzuschreiben pflegen. Dergestalt vollzieht sich ein kalter Bruderkrieg im Hause der Wissenschaft.

5.2 Religion, Wissenschaft und Evolutionstheorie

Auf einer weiteren Schicht geht es um den Stellenwert von Religion für die gesellschaftliche Selbstdeutung und Praxis (Schröder 2009). Lange schon wurde nämlich sowohl von den Naturwissenschaften als auch von den Geisteswissenschaften her heftig in jenem Wald gerodet, der zwischen ihren beiden Reichen liegt und lange Zeit der jeweils eigenen Perspektive eine entlastende Blickbegrenzung bot: nämlich im Dschungel der Mythen und im Forst der Religion. Einst verbanden ja vielerlei Mythen unsere Körperlichkeit und deren Geschichte mit unseren geistigen Fähigkeiten sowie mit unserem Selbstbild als „Krone der Schöpfung"; und heute noch stellen Religionen unser persönliches Leben, auch unsere Kulturen und Gesellschaften, hinein in die „große Geschichte" zwischen der Erschaffung der Welt und deren Ende. Als in Narrative geronnenes „Staunen" vor dem Wunder geordneter Materie und erst

---

[1] Deren Kernaussagen finden sich, ergänzt um Quellenhinweise, im Anhang dieses Kapitels systematisch ausformuliert.

[2] Das war jedenfalls die Erfahrung des Verfassers im inzwischen erfolgreich abgeschlossenen Dresdner Sonderforschungsbereich 537 „Institutionalität und Geschichtlichkeit", in dessen Rahmen der Evolutorische Institutionalismus entwickelt wurde (Patzelt 2007). Dessen Erkenntniswert wurde tatsächlich mehr als einmal mit dem Argument in Frage gestellt, die Evolutionstheorie könne doch allenfalls die Grundzüge der Kirchengeschichte erklären, bestimmt aber nicht, „warum der Papst nach Avignon gekommen sei". Allerdings interessiert sich ja auch die biologische Evolutionstheorie keineswegs dafür, warum ausgerechnet Löwe Leo sich mit Löwin Lea paarte, sondern sie erklärt „nur" jene allgemeinen Verhaltensmuster, die dann unter kontingenten Umständen ganz individuell konkretisiert werden, anschließend pfadabhängige Folgen zeitigen und damit künftige Kontingenz kanalisieren. Genau solche Erklärungen reichen auch aus, um die allgemeinen Wirkkräfte des Geschichtlichen zu verstehen, und eben auf sie, bloß nachrangig aber auf deren individuelle Ausprägungen, blicken Evolutionsforscher.

recht vor dem Mirakel des Lebens, entlasten Mythos und Religion seit je die Wissenschaftler auf beiden Seiten jener Grenzmark – nämlich so, dass sie von der Anmutung
freistellen, auch die „letzten Fragen" mit Antworten aus dem rein wissenschaftlichen
Zuständigkeitsbereich versehen zu müssen. Mythos und Religion waren ja zunächst
jenes *Ganze*, das aller späteren wissenschaftlichen Forschung *vorausging* – und diese
erst *schuf* in diesem Ganzen zunächst Lichtungen und beseitigte Erforschung der
Natur her und durch Untersuchung der sozialen Konstruktion menschlicher Kultur,
dann von der immer mehr das Unterholz der Mythen und die Buchenhallen der Religion (Ellwood 2008). Die Evolutionstheorie schlug dann erst recht breite Lücken
durch die Restbestände mythischer oder religiöser Welterklärungen (Dennett 1997).

Dagegen revoltiert nun stärker denn je jener „Teil, der einst das Ganze war". Das
ist Religion, die ihren Anspruch nicht mehr ernst genommen sieht, auch ihrerseits
Erhellendes über die Welt und das menschliche Geschick in ihr auszusagen. Es mag
sogar sein, dass die mittlerweile unübersehbare „Rückkehr des Religiösen" (Pollack
2009) nur vordergründig zu tun hat mit dem dreifachen Ende von westlichem Über-
fluss, hegemonialem Liberalismus und so mancher antireligiösen Weltanschauungs-
diktatur, hintergründig aber viel mit wachsendem Überdruss an der okzidentalen
Naturalisierung und Materialisierung der Kultur. Verhält sich das so, dann wäre
leicht verständlich, warum der Streit zwischen Kreationismus und Evolutionstheorie (Antweiler et al. 2008) einfach nicht vergehen will, sondern immer mehr Resonanz gewinnt: Er wäre Vorbote dessen, dass die im Weltvergleich recht säkularen
Wissenschafts- und Alltagskulturen Europas (Casanova 2009; Lehmann 2007) gerade nicht Vorreiter eines unabwendbaren Trends der Entzauberung der Welt und In-
tellektualisierung der Zivilisation sind, sondern Ausnahmeerscheinungen einer ganz
besonderen und nun eben abklingenden Kulturepoche (Küenzlen 2003).

Käme es so, dann bliebe das bestimmt nicht folgenlos für jene Wissenschaft
und Technik, die in so geprägten Gesellschaften ihre Heimstatt hat und ihnen ihre
materiellen Grundlagen schafft (vgl. Stöcklein 1990). Gewaltige kultur- und gesellschaftspolitische Aufgaben tun sich darum auf im Spannungsfeld zwischen den
Geltungsansprüchen einer wissenschaftlich-technischen Zivilisation, deren Selbst-
aufklärung durch die Evolutionstheorie nachgerade vollendet wird, und einer sich
zur Evolutionstheorie in ein wechselseitiges Ausgrenzungsverhältnis setzenden
Religion (Kitcher 2009), die ihrerseits sowohl wichtiges gesellschaftliches Integra-
tionsmittel als auch Brandsatz kultureller Konflikte sein kann. Aus allen genannten
Gründen muss es uns jedenfalls nicht wundern, wenn uns viele gesellschaftliche
Debatten um die Evolutionstheorie zu Bruchstellen unserer Kultur führen. In folgenden drei Diskursen wird das besonders deutlich.

5.3   Religion in wissenschaftsgeprägter Kultur

Da ist zunächst der Streit darüber, welche Rolle religiöse Schöpfungslehren bzw.
Variationen der *Intelligent Design*-Doktrin (Foster 2008; Fuller 2008) neben der
Evolutionstheorie im Schulunterricht spielen sollen. Weithin gibt es zwar Konsens,

dass die Evolutionstheorie in den Unterricht gehört. Doch religiöse Schöpfungsgeschichten (Kirchenamt der EKD 2008)? In Großbritannien meinen mehr als 40 %
der Bevölkerung, sie sollten sogar im *Biologie*unterricht gelehrt werden. Doch in
welcher Art? Als ironische Besprechungen überholter Theorien wie etwa der Phlo-
giston-Theorie (Conant 1967) – oder als Sensibilisierung für andere, vielleicht gar
nicht minder erhellende Aussagemöglichkeiten über die Wirklichkeit, als sie die
Naturwissenschaften bieten?

In den darüber geführten Debatten erkennt man nun leicht eine ganz asymmetri-
sche Struktur. Die Evolutionstheorie erklärt die Entstehung unserer Spezies höchst
plausibel und ganz ohne Rückgriff auf einen Schöpfergott, dessen vermutliche
Nichtexistenz dann auch wochenlang als ‚gute Nachricht' (im Wortsinn: als Evan-
gelium) auf – nicht nur englischen – Bussen plakatiert wurde. Religion und Theologie hingegen – falls sie den Gedanken akzeptieren, dass ein allmächtiger Gott
doch gewiss frei war, unsere Welt und uns selbst auch auf dem Weg der Evolution
zu erschaffen – führen einen zur Frage, wer wohl jenen Evolutionsprozess in Gang
gesetzt haben mag und vielleicht auch noch bisweilen in ihn eingreift, etwa über
das Wechselspiel von Kontingenz und Pfadabhängigkeit (Gingerich 2008; Müller
2008; Klose 2008). Diese Frage gilt nun wiederum jenen als ganz überflüssig, die
schon in der Evolutionstheorie alles erklärt finden, was sie für überhaupt wissbar
halten (Junker 2009). Und weil nun im Biologieunterricht ganz sicher die Evolutionstheorie gelehrt wird, diese aber in anderen Fächern allenfalls eine gewisse
Kontextualisierung erfährt, wird solches Ungleichgewicht von beiden Streitpartei-
en recht unterschiedlich empfunden. Auf der einen Seite waltet das Triumphgefühl
siegreicher Aufklärung, auf der anderen die gekränkte Defensive eines „Dennoch
gibt es Gott!". Erlebt man auf Seiten der Religiösen auch noch eine offensive Mar-
ginalisierung des Religionsunterrichts (wie seit langem in den deutschen Bundesländern Bremen, Berlin oder Brandenburg) oder der religiösen Erziehung (wie in
den neueren Schriften von Richard Dawkins), dann entzündet sich ein veritabler
Kulturkampf.

Verhandelt und ausgestritten wird in ihm nichts anderes als der intellektuelle
Status religiöser Menschen und die angemessene Rolle von Religion in einer wis-
senschaftsgeprägten Kultur. Zwei Fragen zeigen, worum es dabei im Grunde geht.
Erstens: Ist es eine möglichst zu verhindernde Niederlage der Wissenschaft und
ihrer Erklärung von Welt und Leben, wenn die Religion mit ihren konkurrierenden
Deutungsangeboten trotzdem nicht absterben will, ja sogar wieder erstarkt? Und
zweitens: Ist es vielleicht eine Niederlage der Religion, wenn immer mehr bislang
für „exklusiv religiös formulierbar" gehaltene Aussagen über die Welt und über das
rechte Leben in ihr sich als auch empirisch-wissenschaftlich formulierbar erweisen
(wie in der Evolutorischen Ethik; Hauser 2007) und reines Glauben somit überflüssig machen?

Der Streit um Antworten auf diese Fragen setzt offenbar schon unsere westli-
chen Kulturen unter starke Spannungen. Erst recht wird es entlang dieser Fragen zu
kulturellen, sozialen und politischen Zerreißproben in multikulturellen Gesellschaften oder beim längst zu beobachtenden „*clash of civilizations*" (Huntington 2006)
kommen, da man Kulturen ja nicht deshalb ausgrenzen oder einflusslos halten kann,

nur weil sie sich stark über Religion und wenig über säkulare Wissenschaftlichkeit definieren.

5.4   Die Reichweite naturwissenschaftlicher Aufklärung

Ferner ist da der Diskurs um die Frage, wie weit naturwissenschaftliche Aufklärung überhaupt gehen kann oder gehen soll. Wenn nämlich im Rahmen des evolutionstheoretischen Paradigmas das kreatürliche und somit auch menschliche Erkenntnisvermögen empirisch untersucht wird und sich dabei dessen unhintergehbaren Vor-Urteile sowie Grenzen zeigen (Riedl 1988; Vollmer 2002), wenn ferner die soziobiologischen Grundlagen menschlicher Ethik aufgedeckt werden (Voland 2007), oder wenn sich obendrein im Säurebad von Evolutionspsychologie (Neyer 2008) und Neurobiologie unsere Vorstellung vom freien Willen und einer ihm entsprechenden menschlichen Verantwortung auflöst (Wuketits 2008): Beschreiten wir dann weiterhin den lobenswerten Weg des *„cognosce te ipsum"* – oder pflücken wir allzu giftige Äpfel vom Baum der Erkenntnis?

Tatsächlich geht es dabei nicht einfach um eine weitere Kränkung der menschlichen Selbstachtung nach jenen, die uns – so die populäre Sichtweise – Kopernikus und Freud zugefügt haben. Vielmehr führen die Folgen solcher Aufklärung weit über bloßen Kränkungsschmerz hinaus. Gibt es nämlich keinen echten Bruch zwischen uns und den höheren Wirbeltieren: Welche Konsequenzen müssten wir dann wohl für Tierschutz und Fleischproduktion ziehen? Ist der fraglos freie Wille des Menschen eine Fiktion: Wie sollten wir dann wohl unser System der Strafgerichtsbarkeit, der Sicherungsverwahrung, ja überhaupt unser Rechtssystem umgestalten? Wenn sich zeigen sollte, dass religiös zu sein Selektionsvorteile eröffnete und deshalb das „Glaubenwollen" genetisch ebenso fixiert ist wie unsere A priori-Erkenntnis des dreidimensionalen Raums: Welche Folgen hätten solche Einsichten, einmal reflexiv gemacht, für das tatsächliche „Glaubenkönnen"? Und falls wir, wofür alles spricht, die einzige noch überlebende Art einst mehrerer Spezies von Hominiden sind (Tattersall u. Schwartz 2000): Was lehrte uns das über die Eigentümlichkeiten unseres Konkurrenzverhaltens? Womöglich, dass wir immer schon das Konzept des „Untermenschen" handlungsleitend nutzen; dass wir im Art. 1 des Grundgesetzes („Die Würde des Menschen ist unantastbar. Sie zu achten und zu schützen ist Verpflichtung aller staatlichen Gewalt.") schlichtweg uns selbst als siegreiche Herrenrasse feiern; und dass es obendrein ganz in unserer Natur liegt, sich von unerwünschten Ungeborenen und am Lebensende nicht mehr Nützlichen wie von unnötigem Ballast zu befreien – was auch immer Rechtsnormen wie der Art. 1 des Grundgesetzes sonst noch festlegen wollen.

Natürlich kann man mit derlei schmerzhaften Einsichten und bedrohlichen Aussichten auch konstruktiv umgehen: Kultur müsse uns, Odysseus gleich, eben am Schiffsmast festbinden, damit wir nicht den lebensgefährlichen Sirenenklängen unserer Natur folgten; oder Gott selbst habe uns Menschen eben darum heilsame Gebote offenbart, dass wir die Richtschnur für gelingendes Leben selbst unter den

Umständen unserer so dramatisch vergrößerten Geistes- und Zerstörungskräfte besitzen. Dieser zweite Weg ist nun aber jenen Gesellschaften versperrt, die – wie die unsere – einer Religion nichts übler nehmen als den Anspruch, wirklich Gottes Gebote zu kennen, und die wenig mehr ärgert als die Praxis von Religionsführern, eben deshalb menschlichen Relativierungs- oder Gestaltungsversuchen entgegenzutreten (Pera u. Benedikt XVI 2005). Und der erste Weg ist äußerst mühsam und stets gefährdet: Man muss ja dann als soziale Regel oder als kulturelles Tabu immer wieder aufs Neue durchsetzen, was man gerade nicht mehr als „von Natur aus" einsichtig bzw. unverfügbar ansehen kann; und obendrein muss man Institutionen schaffen, die menschliches Handeln nachhaltig so prägen, wie es sich *ohne* solchermaßen machtgestützte Subjektformierung und Habitusbildung eben nicht ausbilden würde.

Mit derartigen Ärgernissen und Schwierigkeiten vor Augen braucht es nicht zu wundern, dass nach bequemeren Alternativen Ausschau gehalten wird. Die einfachste – allerdings nicht einzige – besteht darin, dass man die auf das alles hinauslaufenden Einsichten der Evolutionsforschung als fragwürdig, ungesichert und nicht wirklich ernstzunehmen hinstellt (Brockman 2006). Für viele – in den USA für fast jeden zweiten – ist die Evolutionstheorie dann einfach das, was schon ihr Name zu besagen scheint: nämlich eine „bloße Theorie", also nicht wirklich von Tatsachen unterfangen. Unter denen wiederum, welche die Evolutionstheorie immerhin für eine empirisch erhärtete Theorie halten, gilt dann eben die Soziobiologie als wenig fruchtbarer Reduktionismus, die Evolutionäre Ethik als skurriler parareligiöser Naturalismus, die Evolutionspsychologie als beschränkt auf die Erklärung eines ganz irrelevanten Varianzanteils am menschlichen Verhalten, die Evolutionäre Erkenntnistheorie als naive naturwissenschaftliche Neuentdeckung des philosophisch längst Geklärten – und eine Evolutionstheorie gar auch kultureller oder institutioneller Formen (Wuketits 2004; Patzelt 2007a, b) als ganz unmöglich.

Eben diese letzte Art von „Evolutionsfeindlichkeit" ist sehr weit auch unter deutschen Wissenschaftlern, Akademikern und Intellektuellen verbreitet.[3] Aus deren Haltung speist sich dann ein Großteil jener populären Aversion gegen die Evolutionstheorie, welche stets dann aufbrandet, wenn diese sich nicht allein mit der „*Entstehung* der Arten" befassen will, sondern obendrein mit den möglichen sozialen, kulturellen und ethischen *Konsequenzen* unserer Einsicht in eine *solche* Entstehung und Prägung unserer Spezies. Noch für Jahrzehnte wird es deshalb eine wichtige gesellschafts- und kulturpolitische Herausforderung sein, hier nicht hinter den eigentlich schon erreichten Stand naturgeschichtlicher Aufklärung zurückzufallen, sondern derlei Aufklärung weiter voranzutreiben und dabei jener Art von Evolutionsfeindlichkeit entgegenzuwirken, die aus *Sorge um die Konsequenzen* evolutionstheoretischer Aufklärung erwächst.

---

[3] Im Schrifttum ist sie viel weniger fassbar als in Tagungsdiskussionen, wo sich auch rein emotionale Vorbehalte gegen die Evolutionstheorie, da ohne wirklich zu tragende Beweislast ins Feld geführt, viel leichter vorbringen lassen – zumal dann, wenn es nicht um die von Intellektuellen selten bestrittene biologische Evolution geht, sondern um die Anwendung der Evolutionstheorie *außerhalb* der Naturwissenschaften.

5.5 Die Reichweite der Evolutionstheorie

Ein weiterer Diskurs geht um die Frage, ob denn die Evolutionstheorie wohl nur
das biologische Werden erfasse oder nicht ihrerseits eine *umfassende* Theorie der
Entwicklung sowohl molekularer und technischer als auch kultureller und institutioneller Formen wäre. Von der Antwort auf diese Frage hängt offenbar ab, ob
das Evolutionsdenken zu einem umfassenden Paradigma gesellschaftlicher Selbstverständigung werden kann oder eine rein naturwissenschaftliche Partialtheorie
bleibt, die sich, bei Anwendung außerhalb der Biologie, leicht in die Schranken
ihrer „eigentlichen" Zuständigkeit verweisen lässt, etwa durch den Vorwurf „falscher Analogiebildung" (Wahler 1987).

Kulturwissenschaftliche Arbeiten aus dem Dresdner Sonderforschungsbereich
„Institutionalität und Geschichtlichkeit" scheinen nun aber einmal mehr entdeckt
und in neuer Weise nachgewiesen zu haben, dass den Kern der Evolutionstheorie
ein ganz allgemeiner Aussagenkomplex über die Bildung, Weitergabe und Veränderung *sämtlicher* Formen bildet, ganz gleich ob es sich um biologische oder um
kulturelle bzw. institutionelle Formen handelt (Lempp u. Patzelt 2007). Tatsächlich
machen immer mehr Arbeiten plausibel,[4] dass sich anhand derselben Theoreme,
die zumal die Systemtheorie der Evolution (entfaltet etwa in Riedl 1989) verwenden, ebenfalls die Bildung, Weitergabe und Veränderung *institutioneller* Formen
erklären lässt, etwa die Geschichte von Parlamenten (Patzelt 2007c) oder die Entwicklung von Unternehmen, desgleichen die Bildung, Weitergabe und Veränderung
kultureller Formen, etwa die Geschichte des abendländischen Tonsatzes (Patzelt
2008), des Historienbildes, der Gattung des Romans – und ohnehin die Entwicklung
und Verwandtschaftsverhältnisse von Sprachen.

Natürlich vollzieht sich der Aufbau institutioneller und kultureller Formen nicht
biochemisch wie der Aufbau von Körperzellen und Organen, sondern durch sozia-
les Handeln und die von ihm bewirkte Konstruktion soziokultureller Wirklichkeit.[5]
Gewiss auch sind die bei der Evolution kultureller und institutioneller Formen weitergegebenen Baupläne nicht chemisch codiert wie im Fall der biologischen Evolution. Sie sind vielmehr symbolisch codiert, nämlich als Schrift für Worte, Töne und
mathematische Strukturen, oder durch sonstwie in kunstvollen Semiosen benutzbare
Zeichenmittel aller Art (Patzelt 2007b). Für diese Codierungsweisen speziell kultureller und institutioneller Baupläne wurde, im Anschluss an erste Ideen von Richard
Dawkins (2007), die Terminologie der kultur- und sozialwissenschaftlichen Memetik recht parallel zu jener der biochemischen Genetik geschaffen (Patzelt 2007a).
Verbunden mit schon etablierten Theorien der Konstruktion sozialer Wirklichkeit
erlaubt die Memetik die Formulierung einer kultur- und sozialwissenschaftlichen
Evolutionstheorie (Patzelt 2007b) jenseits von allem biologischen Reduktionismus
oder gar Sozialdarwinismus.

---

[4] Siehe die empirischen Fallstudien in Patzelt 2007 oder Lempp 2009.

[5] So die Kernaussagen der soziologischen Theorien der Konstruktion sozialer Wirklichkeit; siehe
Patzelt 1987, Searle 1997, Berger/Luckmann 2007.

Also wurde in Auseinandersetzung mit der biologischen Evolution anscheinend nur eine *Spezialanwendung* einer sehr viel allgemeineren Theorie ausgearbeitet. Jene Allgemeine Evolutionstheorie (Lempp u. Patzelt 2007) erfasst dann ihrerseits die *zentralen Formentwicklungsprinzipien* auf *allen* Ebenen des Schichtenbaus natürlicher, kultureller sowie sozialer Wirklichkeit (Patzelt 2007d:184–193), und das wiederum macht sie zu einer starken Kandidatin für den Rang einer integrierenden Theorie. In dieser Rolle stellt die Allgemeine Evolutionstheorie in Aussicht, aufs Neue die *Naturgeschichte* mit der *Kulturgeschichte* zu verbinden und dabei über *die* Geschichte aller biologischen, kulturellen und institutionellen Formen gleichsam *die* Geschichte sozialer Wirklichkeit aufzuklären, nämlich den bislang vor allem philosophisch – etwa von Nicolai Hartmann (1949) – durchdrungenen „Schichtenbau" unserer Welt. Die langfristigen Folgen eines solchen übergreifenden Paradigmas dürften für Kultur und Gesellschaft recht schwerwiegend sein. Wenn aber im Streit um die Evolutionstheorie letztlich eine umfassende intellektuelle Umwälzung verhandelt wird, dann kann es gar nicht anders sein, als dass dieser Streit sich gleich an Hunderten von Einzelproblemen immer wieder neu entzündet und wirklich keinen unberührt lässt, der am geistigen Leben unserer Zeit Anteil nimmt.

5.6 Anhang: Kernaussagen der Allgemeinen Evolutionstheorie[6]

Den Kern der Evolutionstheorie bildet ein ganz allgemeiner Aussagenkomplex über die Bildung, Weitergabe und Veränderung *sämtlicher* Formen, ganz gleich ob es sich um biologische, kulturelle, institutionelle und wohl auch technische Formen handelt. Alltagssprachlich lässt er sich so umreißen:

- Da ist ein Bauplan, der auf einem dafür geeigneten Träger weitergegeben wird.
- Da sind Bauprozesse, durch welche der Bauplan in Baumaßnahmen anhand gleich welcher Baumaterialien umgesetzt wird.
- Da kommt es zu Veränderungen beim Weitergeben von Bauplänen, etwa zu Rekombinationen einzelner Elemente, desgleichen zu variationen beim Aufbau von Formen anhand korrekt weitergegebener Baupläne.
- Da werden in der Regel aus Bauplänen mehr Formen erzeugt, als in der relevanten Umgebung, aufgrund des dort waltenden Ressourcenmangels, Chancen auf Fortbestand oder gar auf Weitergabe des eigenen Bauplans haben.
- Also werden jene Formen größere Chancen auf Fortbestand oder auf Weitergabe ihres Bauplans haben, die – aus gleich welchen Gründen – besser als ihre Konkurrentinnen in diese Umgebung passen.
- Deshalb werden auch jene *Veränderungen* beim Weitergeben oder beim Umsetzen eines Bauplans größere Chancen darauf haben, auch ihrerseits weitergegeben zu werden, welche der von solchen Veränderungen geprägten Form

---

[6] Ausführlich zu alledem siehe – mit weiteren Quellenangaben – Lempp/Patzelt 2007 und Patzelt 2007.

merkliche Konkurrenzvorteile *eröffnen* – sei es beim individuellen Bestehen in ihrer Umwelt, sei es bei der Replikation der Form. So entsteht Vielfalt und diese eröffnet ihrerseits neue Entwicklungspfade.

- Außerdem kann das Zusammentreffen von zufälligen Veränderungen einesteils an der Form, andernteils in der Umwelt der Form ganz unvorhersehbare Veränderungen in der *Wahrscheinlichkeitsstruktur* für die Weitergabe einer bestimmten, ganz zufälligen Veränderung am Bauplan bzw. an der Form nach sich ziehen. Auf diese Weise wirkt in der Evolution der Zufall nicht länger in Gestalt einer *Gleichverteilung* von Wahrscheinlichkeiten, sondern über die Ordnungsstrukturen differenzierter *Wahrscheinlichkeitsdichten* für die Weitergabe selbst rein zufällig aufgetretener Veränderungen.
- Und *vorab* schon werden solche Veränderungen beim weiterzugebenden Bauplan, oder bei der aus einem korrekt weitergegebenen Bauplan nun verändert aufgebauten Form, viel größere Chancen auf Vollendung des Aufbaus dieser Form eröffnen, die *nicht die Grundstruktur oder tragende Teile* der Form betreffen, sondern nur *nachgeordnete* Strukturen, also gleichsam die äußeren Schichten jener „geprägten Form, die lebend sich entwickelt" (Goethe). Auf genau diese Weise kommt langfristige Konstanz in den Wandlungsprozess jeder Form und wirkt das Gewordene wie gemäß einem „*intelligent design*" entstanden.

Literatur

Antweiler C, Lammers C, Thies N (Hrsg) (2008) Die unerschöpfte Theorie: Evolution und Kreationismus in Wissenschaft und Gesellschaft. Alibri, Aschaffenburg

Apel KO (1979) Die Erklären-Verstehen-Kontroverse in transzendentalpragmatischer Sicht. Suhrkamp, Frankfurt am Main

Berger P, Luckmann T (2007) Die gesellschaftliche Konstruktion der Wirklichkeit: Eine Theorie der Wissenssoziologie. Fischer, Frankfurt

Brockman J (Hrsg) (2006) Intelligent thought. Science versus the intelligent design movement. Vintage Books, New York

Casanova J (2009) Europas Angst vor der Religion. Berlin University Press, Berlin

Conant JB (1967) The overthrow of the phlogiston theory: the chemical revolution of 1775–1789. Harvard University Press, Cambridge

Dawkins R (2007) Das egoistische Gen. Elsevier u. a., München

Dawkins R (2008) Der Gotteswahn, 3. deutsche ungekürzte Aufl. Ullstein, Berlin

Dennett D (1997) Darwins gefährliches Erbe. Hoffmann & Campe, Hamburg

Ellwood RS (2008) Myth: key concepts in religion. Continuum, London

Foster JB (2008) Critique of intelligent design: materialism versus creationism from antiquity to the present. Monthly Review, New York

Fuller S (2008) Science vs. religion? Intelligent design and the problem of evolution. Polity, Cambridge u. a.

Gingerich O (2008) Gottes Universum: Nachdenken über offene Fragen. Berlin University Press, Berlin

Halfmann J, Rohbeck J (Hrsg) (2007) Zwei Kulturen der Wissenschaft – revisited. Velbrück Wissenschaft, Weilerswist

Hartmann N (1949) Der Aufbau der realen Welt: Grundriß der allgemeinen Kategorienlehre. Westkulturverlag, Meisenheim am Glan

Hauser MD (2007) Moral minds: how nature designed our universal sense of right and wrong. Little Brown, London

Huntington S (2006) Kampf der Kulturen. Spiegel, Hamburg

Jaspers K (1966) Vom Ursprung und Ziel der Geschichte. Ungekürzte Neuausgabe Piper, München

Junker T (2009) Der Darwin-Code. Die Evolution erklärt unser Leben. Beck, München

Kirchenamt der EKD (Hrsg) (2008) Weltentstehung, Evolutionstheorie und Schöpfungsglaube in der Schule: eine Orientierungshilfe des Rates der Evangelischen Kirche in Deutschland, Hannover

Kitcher P (2009) Mit Darwin leben. Evolution, Intelligent Design und die Zukunft des Glaubens. Suhrkamp, Frankfurt am Main

Klose J (Hrsg) (2008) Gott oder Darwin? Vernünftiges Reden über Schöpfung und Evolution. Springer, Berlin

Küenzlen G (2003) Die Wiederkehr der Religion: Lage und Schicksal in der säkularen Moderne. Olzog, München

Kuhn TS (1999) Die Struktur wissenschaftlicher Revolutionen, 15. Aufl. Suhrkamp, Frankfurt am Main

Lehmann H (2007) Säkularisierung: Der europäische Sonderweg in Sachen Religion. Wallstein, Göttingen

Lempp J (2009) Die Evolution des Rats der Europäischen Union. Institutionenevolution zwischen Intergouvernementalismus und Supranationalismus. Nomos, Baden-Baden

Lempp J, Patzelt WJ (2007) Allgemeine Evolutionstheorie. Quellen und bisherige Anwendungen. In: Patzelt WJ (Hrsg) Evolutorischer Institutionalismus. Ergon, Würzburg, S 97–120

Müller HA (Hrsg) (2008) Evolution: Woher und wohin? Antworten aus Religion, Natur- und Geisteswissenschaften. Vandenhoeck & Ruprecht, Göttingen

Neyer FJ (2008) Anlage und Umwelt: Neue Perspektiven der Verhaltensgenetik und Evolutionspsychologie. Lucius & Lucius, Stuttgart

Patzelt WJ (1987) Grundriß der Ethnomethodologie. Theorie, Empirie und politikwissenschaftlicher Nutzen einer Soziologie des Alltags. Fink, München

Patzelt WJ (2007a) Kulturwissenschaftliche Evolutionstheorie und Evolutorischer Institutionalismus. In: Patzelt WJ (Hrsg) Evolutorischer Institutionalismus. Theorie und exemplarische Studien zu Evolution. Institutionalität und Geschichtlichkeit. Ergon, Würzburg, S 121–182

Patzelt WJ (2007b) Institutionalität und Geschichtlichkeit in evolutionstheoretischer Perspektive. In: Patzelt WJ (Hrsg) Evolutorischer Institutionalismus. Theorie und exemplarische Studien zu Evolution. Institutionalität und Geschichtlichkeit. Ergon, Würzburg, S 287–374

Patzelt WJ (2007c) Grundriss einer Morphologie der Parlamente. In: Patzelt WJ (Hrsg) Evolutorischer Institutionalismus. Theorie und exemplarische Studien zu Evolution. Institutionalität und Geschichtlichkeit. Ergon, Würzburg, S 483–564

Patzelt WJ (2007d) Perspektiven einer evolutionstheoretisch inspirierten Politikwissenschaft. In: Patzelt WJ (Hrsg) Evolutorischer Institutionalismus. Theorie und exemplarische Studien zu Evolution. Institutionalität und Geschichtlichkeit. Ergon, Würzburg, S 183–236

Patzelt WJ (Hrsg) (2007) Evolutorischer Institutionalismus. Theorie und exemplarische Studien zu Evolution. Institutionalität und Geschichtlichkeit. Ergon, Würzburg

Patzelt WJ (2008) Die Koevolution von Notenschrift und europäischer Musik. PowerPointPräsentation, erhältlich vom Verfasser (werner.patzelt@tu-dresden.de)

Pera M, Benedikt XVI (2005) Ohne Wurzeln: Der Relativismus und die Krise der europäischen Kultur. Sankt Ulrich, Augsburg

Pollack D (2009) Die Rückkehr des Religiösen. Mohr Siebeck, Tübingen

Riedl R (1988) Biologie der Erkenntnis. Die stammesgeschichtlichen Grundlagen der Vernunft. Deutscher Taschenbuch, München

Riedl R (1989) Die Strategie der Genesis. Naturgeschichte der realen Welt. Piper, München

Riedl R (2003) Riedls Kulturgeschichte der Evolutionstheorie. Springer, Berlin

Schröder B (Hrsg) (2009) Religion in der modernen Gesellschaft: Überholte Tradition oder wegweisende Orientierung? Evangelische Verlagsanstalt, Leipzig

Searle JR (1997) Die Konstruktion der gesellschaftlichen Wirklichkeit: zur Ontologie sozialer Tatsachen. Rowohlt, Reinbek

Stöcklein A (Hrsg) (1990) Technik und Religion. VDI, Düsseldorf

Tattersall I, Schwartz JH (2000) Extinct humans. Westview, Boulder

Voland E (2007) Die Natur des Menschen: Grundkurs Soziobiologie. Beck, München

Vollmer G (2002) Evolutionäre Erkenntnistheorie: Angeborene Erkenntnisstrukturen im Kontext von Biologie, Psychologie, Linguistik, Philosophie und Wissenschaftstheorie, 8. Aufl. Hirzel, Stuttgart

Wahler R (1987) Der analoge Denkprozess. Dissertation, Eichstätt

Wuketits FM (2008) Der freie Wille: die Evolution einer Illusion. Hirzel, Stuttgart

Wuketits FM (2009) Evolution: Die Entwicklung des Lebens. Beck, München

Wuketits FM (Hrsg) (2004) The evolution of human societies and cultures. Wiley-VCH, Weinheim

Kapitel 6
Evolutionstheorie und Kreationismus. Ein aktueller Überblick

Thomas Junker

In den letzten Jahren wurde zunehmend deutlich, dass es sich bei der religiös motivierten Evolutionsfeindschaft nicht um eine Sache der Vergangenheit oder um ein auf die USA beschränktes Phänomen handelt. Auch in Europa wurde eine ganze Reihe von Fällen bekannt, bei denen versucht wurde, Schöpfungsideen in den naturwissenschaftlichen Schulunterricht zu integrieren oder anderweitig zu propagieren. Über einige dieser Vorkommnisse wurde in den Medien ausführlich berichtet. Besondere Beachtung fanden dabei meist die bizarren Konsequenzen einer wörtlichen Interpretation der Bibel-Texte über die Erschaffung der Welt und die Sintflut-Episode. Weniger Aufmerksamkeit erfuhren dagegen die sich etwas konzilianter gebenden Strömungen, die evolutionäres Denken nicht völlig ablehnen, aber in einer Weise religiös umdeuten, die nicht mit der wissenschaftlichen Denkweise vereinbar ist.

Und so lässt sich die aktuelle Situation in Europa folgendermaßen charakterisieren: 1) Die breite Kritik am „Kreationismus" hatte zur Folge, dass sich öffentlich kaum mehr jemand mit dieser Bezeichnung identifizieren möchte; dies gilt selbst für Autoren, deren Position sich inhaltlich nur marginal vom US-amerikanischen Kreationismus der 1980er Jahre unterscheidet. 2) Die religiös motivierte Kritik an der Evolutionstheorie wird nicht nur von Außenseitern am Rande der etablierten Kirchen oder von den so genannten Sekten getragen, sondern auch von wichtigen Funktionsträgern der großen Kirchen. 3) Der Kreationismus ist kein einheitliches Konzept, sondern hinter dieser Bezeichnung verbirgt sich eine Vielfalt unterschiedlicher, oft auch widersprüchlicher Positionen, die nur die Gegnerschaft zur modernen Evolutionstheorie oder einzelner ihrer Inhalte eint.

Im Folgenden werde ich zunächst einige Anmerkungen zur Ende 2007 erschienenen Resolution des Europarates (*The dangers of creationism in education*) aufführen und Gründe für die ablehnende Reaktion der katholischen Kirche nennen, da diese exemplarisch zeigen, mit welchen Widerständen jede Kritik an kreationis-

T. Junker (✉)
Fakultät für Biologie, Lehrstuhl für Ethik in den Biowissenschaften,
Universität Tübingen, Wilhelmstraße 19, 72074 Tübingen, Deutschland
E-Mail: thomas.junker@uni-tuebingen.de

D. Graf (Hrsg.), *Evolutionstheorie – Akzeptanz und Vermittlung im europäischen Vergleich*,
DOI 10.1007/978-3-642-02228-9_6, © Springer-Verlag Berlin Heidelberg 2011

tischen Positionen rechnen muss. Im Weiteren sollen dann einige der wichtigsten
Strategien besprochen werden, die von religiöser Seite vorgebracht werden, um
die Widersprüche zwischen Schöpfungsglauben und Evolutionstheorie aufzulösen.
Eine Möglichkeit, mit dieser Konfliktsituation umzugehen, besteht darin, die Idee
der Evolution als Irrlehre zurückzuweisen. Dies ist der Kreationismus im engeren Sinn. Eine weitere Strategie versucht zu zeigen, dass Evolution und Schöpfung
sich nicht ausschließen, sondern nebeneinander bestehen können. Andere Autoren
wiederum sehen in der Evolutionstheorie und der Schöpfungslehre komplementäre
Sichtweisen, die sich ergänzen, aber nicht widersprechen müssen. Ich werde mich
dabei auf aktuelle Beispiele beziehen, mit denen die AG Evolutionsbiologie im
Verband Biologie, Biowissenschaften & Biomedizin (VBIO) in den letzten Jahren
konfrontiert wurde und die das breite Spektrum religiös motivierter Evolutions-
kritik dokumentieren (Jeßberger 1990; Kotthaus 2003; Kutschera 2004; Kutschera
2007).

6.1   Die Resolution des Europarates

Im Oktober 2007 verabschiedete der Europarat eine Resolution, in der vor den Gefahren des Kreationismus im Erziehungsbereich gewarnt wurde (Council of Europe
2007). In der Resolution wurde darauf hingewiesen, dass es in einer ganzen Reihe
von Ländern Europas Bestrebungen z. T. hochrangiger Politiker gegeben hat, kreationistische Ideen als wissenschaftlich zu präsentieren und in anderen Fächern als
dem Religionsunterricht zu lehren. Die Resolution wurde mit 48 gegen 25 Stimmen
bei drei Enthaltungen angenommen. Sehr aufschlussreich war das Abstimmungs-
verhalten der einzelnen Ländervertreter (Zustimmung, Ablehnung, Enthaltung).
Während die Vertreter Frankreichs (6:0:0), Großbritanniens (4:0:0), der Schweiz
(3:0:0), der Niederlande (3:1:0) und der Türkei (2:0:0) sich für die Resolution aus-
sprachen, stimmten diejenigen Italiens (1:3:0), Polens (1:3:0) und Deutschlands
(1:3:1) mehrheitlich dagegen. Die Resolution wurde also von katholischen Ländern
oder solchen, in denen die katholische Kirche großen politischen Einfluss hat, wie
in Deutschland, abgelehnt. Wie die Initiatorin Anne Brasseur auf der Internationalen Wissenschaftstagung *Einstellung und Wissen zu Evolution und Wissenschaft in
Europa* (*EWEWE*), die am 20. Februar 2009 in Dortmund stattfand, berichtete, gab
es eine direkte Intervention des Vatikans gegen die Resolution. Dies erscheint auf
den ersten Blick verwunderlich, denn die katholische Kirche lehnt in ihren offiziellen Stellungnahmen ihrerseits den Kreationismus ab. Warum aber wandte sie sich
dann gegen die Resolution des Europarates?
    In der Resolution wird Kreationismus definiert als „Verleugnung der Evolution
der Arten durch natürliche Auslese" („*Creationism, born of the denial of the evolution of species through natural selection*"). Das heißt, es geht nicht nur um die
Ablehnung der Evolution als solche, sondern um die Zurückweisung der spezifisch
Darwinschen Variante (Evolution durch natürliche Auslese). Warum sollte die katholische Kirche hier Einwände erheben? Ein Rückblick: Im Sommer 2005 hatte

sich der Wiener Kardinal Christoph Schönborn publikumswirksam gegen die moderne, auf Darwins Werken basierende Evolutionstheorie ausgesprochen („*Finding Design in Nature*", „Den Plan in der Natur entdecken"). Die moderne Evolutionstheorie sei keine Wissenschaft, sondern Ideologie und nicht mit dem christlichen Glauben vereinbar: „Seit Papst Johannes Paul II. 1996 erklärt hat, dass die Evolution […] ‚mehr' sei als nur eine ‚Hypothese', haben die Verteidiger des neo-darwinistischen Dogmas eine angebliche Akzeptanz oder Zustimmung der römisch-katholischen Kirche ins Treffen geführt, wenn sie ihre Theorie als mit dem christlichen Glauben in gewisser Weise vereinbar darstellen. Aber das stimmt nicht". Um die Tragweite dieser Äußerungen zu verstehen, muss man wissen, dass Schönborn als „neo-darwinistisches Dogma" die Auffassung bezeichnet, dass die Evolution „ein zielloser, ungeplanter Vorgang zufälliger Veränderung und natürlicher Selektion" ist, d. h. nichts anderes als den Kern der modernen Evolutionstheorie. Dieser aber spricht er pauschal die Wissenschaftlichkeit ab und bezeichnet sie als falsch: „Die Evolution im Sinn einer gemeinsamen Abstammung [aller Lebewesen] kann wahr sein, aber die Evolution im neodarwinistischen Sinn […] ist es nicht" (Schönborn 2005).

Wie repräsentativ ist Schönborn für die offizielle Haltung des Katholizismus zur Evolutionstheorie? Im Jahr 1996 hatte Papst Johannes Paul II. die vielgepriesene Botschaft „Christliches Menschenbild und moderne Evolutionstheorien" veröffentlicht. Sie war im Ton konzilianter als frühere Aussagen der katholischen Kirche zur Evolutionstheorie, was viele Zeitgenossen zu der Illusion verleitet hat, dass sich an der Haltung der katholischen Kirche Grundsätzliches geändert habe. Dies ist aber nicht der Fall. Meist wird übersehen, dass die Botschaft eine Aufspaltung in zwei Typen von Evolutionstheorien vornimmt, die sich in ihrer Weltanschauung und Kausalität unterscheiden. So soll es „materialistische, reduktionistische und spiritualistische Interpretationen" geben. Da in der modernen Evolutionstheorie „spiritualistische Interpretationen" nicht akzeptiert werden, sondern ausschließlich materielle Ursachen gelten, ist sie der päpstlichen Terminologie zufolge also materialistisch bzw. reduktionistisch. Auf der anderen Seite kann man der katholischen Kirche kaum Sympathien für die materialistische Variante unterstellen, umso mehr für die „spiritualistische". Obwohl also kein Zweifel besteht, welche Variante der Papst für richtig hält, bezieht er an diesem Punkt interessanterweise nicht ausdrücklich Stellung, sondern gibt vor, das Urteil „der Philosophie und darüber hinaus der Theologie" zu überlassen. Lediglich in Bezug auf den Geist der Menschen wird bekräftigt, dass die materialistische Erklärung „nicht mit der Wahrheit" vereinbar sei (Johannes Paul II. 1997).

Vor dem Hintergrund dieser Aussagen wird verständlich, warum die katholische Kirche die Resolution des Europarates ablehnte: Es ging dort nicht nur um die Frage unmittelbarer Schöpfungen einzelner Arten (den Kreationismus im engeren Sinn), sondern um die wissenschaftliche Grundannahme, dass es sich bei der Evolution um einen rein natürlichen Vorgang handelt. Neben der offiziellen katholischen Kritik an der modernen Evolutionstheorie gibt es aber noch eine ganze Reihe anderer Positionen, die ich im Folgenden an einigen aktuellen Beispielen beleuchten möchte.

6.2   Schöpfung statt Evolution

Darwins wichtigstes Anliegen, das machte er an vielen Stellen in *Origin of Species* unmissverständlich klar, war es, eine natürliche Erklärung für die biologischen Phänomene zu geben. Es ging ihm um die *natürliche* Selektion als Gegenpol zu religiösen Schöpfungsideen: Die „natürliche Auslese wird den Glauben an die fortgesetzte Schöpfung neuer Lebewesen verbannen" (Darwin 1859, S. 95 f.). Und er war erfolgreich. Darwin, so empfanden es schon die zeitgenössischen Wissenschaftler, hatte die Biologie in vielerlei Hinsicht erst zu einer echten Naturwissenschaft gemacht, indem er das religiöse Wunder („Schöpfung") aus ihr vertrieb. Die Art und Weise, *wie* er dies erreichte – Evolution durch natürliche Auslese – war wichtig, aber sie war Mittel zum Zweck. Viele religiöse Menschen haben Angst vor der Evolution, weil sie – nicht ganz zu Unrecht – vermuten, dass eine natürliche Erklärung der Lebewesen, vor allem der Menschen, ihre diesbezüglichen Glaubensüberzeugungen überflüssig macht und sehen sich deshalb gezwungen, die Evolutionstheorie als falsch zurückzuweisen. Stattdessen möchten sie die (als göttlich inspiriert gesehenen) Aussagen der Bibel wörtlich verstanden wissen und fordern, die Textabschnitte über die natürliche Welt für die Naturwissenschaften als verbindliche Wahrheit vorauszusetzen.

In Deutschland wird diese Position prominent von der christlich-fundamentalistischen Studiengemeinschaft Wort und Wissen vertreten. Unter den zahlreichen Publikationen der Studiengemeinschaft ist besonders das sich wissenschaftlich gebende Werk *Evolution: Ein kritisches Lehrbuch* (6. Aufl. 2006) zu erwähnen, das von Reinhard Junker und Siegfried Scherer verfasst wurde (Junker u. Scherer 2006). Siegfried Scherer war von 1997 bis 2006 erster Vorsitzender von Wort und Wissen. Reinhard Junker ist dienstältester hauptamtlicher Mitarbeiter (seit 1985). Wort und Wissen vertritt eine „biblische Schöpfungslehre", was ihrer Selbstdarstellung zufolge bedeutet: „Die biblischen Schilderungen der Urgeschichte im Buch Genesis werden als historisch zuverlässig betrachtet. […] Auf der Grundlage eines theologisch-heilsgeschichtlichen Verständnisses der gesamten Bibel wird versucht, naturwissenschaftliche Daten, welche die Herkunft der Welt und des Lebens betreffen, im Kurzzeitrahmen der biblischen Urgeschichte zu deuten" (Wort u. Wissen 2008). In einem kürzlich erschienen Statement hat sich Siegfried Scherer in dieser Frage teilweise von Wort und Wissen distanziert (Scherer 2008).

Reinhard Junker dagegen hält die „Kurzzeit-Schöpfungslehre" weiterhin für ein tragfähiges Konzept und entsprechend glaubt er, dass die Welt vor vielleicht 10.000 Jahren vom biblischen Gott erschaffen wurde, mit Organismen, die sich nur wenig von den heute lebenden unterscheiden. Die biblischen Legenden werden als „reale Menschheitsgeschichte verstanden und für das Verständnis der Geschichte des Lebens vorausgesetzt. Demzufolge werden Adam und Eva nicht nur als historische Personen, sondern auch als die Stammeltern der Menschheit aufgefasst. Ebenso werden Sündenfall und Sintflut als geschichtliche Ereignisse angesehen". Daraus wird u. a. weiter gefolgert, dass der „physische Tod […] eine Konsequenz der Sünde des Menschen, d. h. seiner Abkehr vom Schöpfer" sei. Bis dahin hätten sich auch die Raubtiere von rein pflanzlicher Kost ernährt. Da es aber „erdgeschichtlich gesehen" „zahlreiche unbestreitbare Zeugnisse des (gewaltsamen) Todes" (d. h. die Fossilien) gibt, müssen diese „aus theologischen Gründen nach Adam und Eva datiert werden, da deren Sünde den Tod verursachte" (Junker u. Scherer 2006, S. 291).

Nicht nur der Tod einzelner Tiere, sondern auch das Aussterben ganzer Tiergruppen, beispielsweise der Dinosaurier, kann also erst nach dem Sündenfall erfolgt sein. Dieses märchenhafte Szenario widerspricht allen Erkenntnissen der modernen Evolutionsbiologie, die – um das genannte Beispiel aufzugreifen – zeigen, dass die Dinosaurier bereits vor rund 65 Mio. Jahren ausstarben (und nur die Vögel als ihre Nachkommen überlebten). Das Aussterben der Dinosaurier wiederum war mit großer Wahrscheinlichkeit eine Voraussetzung für den evolutionären Erfolg der Säugetiere. Aus einer Gruppe von Säugetieren, den Primaten, die im Deutschen umgangssprachlich als „Affen" bezeichnet werden, entstanden dann vor rund 2 Mio. Jahren die ersten Menschen (Homo erectus). Da die Menschen schlecht für etwas verantwortlich gemacht werden können, das sich 63 Mio. Jahre vor ihrer Entstehung ereignete, sind R. Junker und Wort und Wissen gezwungen, die gesamte evolutionsbiologische Rekonstruktion der Stammesgeschichte der Organismen abzulehnen.

Die Tatsache, dass das Kritische Lehrbuch von R. Junker und S. Scherer mittlerweile in der sechsten Auflage vorliegt, zeigt, dass die Bekämpfung der modernen Naturwissenschaft in christlich-fundamentalistischen Kreisen als ein wichtiges Ziel erachtet wird. In dieser Hinsicht muss es von Evolutionsbiologen und jedem wissenschaftlich Interessierten sehr ernst genommen werden.

6.3 Übereinstimmungen zwischen Bibel und Evolutionstheorie

Dieser Versuchung können viele religiöse Menschen nicht widerstehen. In Anlehnung an den Bestseller *Und die Bibel hat doch recht …* von Werner Keller aus dem Jahr 1955 hoffen sie in den Berichten des Alten Testaments (oder des Korans) auch Wahrheiten über die Natur zu finden. Die biblischen Legenden sollen mehr sein als zeitgebundene Dokumente eines urtümlichen und in vielerlei Hinsicht irrigen Weltverständnisses und göttliche Inspiration verraten. Obwohl viele religiöse Menschen und auch die großen christlichen Kirchen in Deutschland die biblischen Legenden nicht mehr in dieser Weise wörtlich verstanden wissen wollen, wird der zugrunde liegende Gedanke in abgeschwächter Form noch erstaunlich häufig und prominent vertreten. Man hofft, dass sich die Widersprüche zwischen Bibel und Naturwissenschaft auflösen, wenn man die biblischen Texte richtig interpretiert, d. h. nicht wörtlich, sondern in bildlichem Sinn.

So ließ die frühere hessische Kultusministerin Karin Wolff, die als Theologin und ehemalige Religionslehrerin nicht nur sachkundig sein sollte, sondern sich zudem in vielfältiger Weise in und für die Evangelische Kirche Deutschlands engagiert hat, verlauten: „In der Debatte um die Schöpfungslehre geht es in den Augen der Ministerin darum, die Bibel ernst, aber nicht wörtlich zu nehmen. [...] Ist es in diesem Zusammenhang nicht eine erstaunliche Erkenntnis, wie sehr Biologie und die symbolhafte Erzählung von den sieben Schöpfungstagen auch übereinstimmen [...]?" (Junker 2008, S. 10).

Ein Einzelfall? Ein Missverständnis? Keineswegs, wie das aktuelle Buch *Was stimmt? Evolution: die wichtigsten Antworten* des Zoologen Josef H. Reichholf zeigt. Der Autor leitet die Wirbeltierabteilung der Zoologischen Staatssammlung in München, lehrt an beiden Münchner Universitäten und wird im Klappentext des Buches als „einer der führenden deutschsprachigen Evolutionsbiologen" vorgestellt. „Die Faszination des Schöpfungsberichts", so schreibt Reichholf, liege „in der so dicht gedrängten Darlegung des Ablaufs vom Anfang [...] bis hin zum Menschen". Man dürfe den Text zwar nicht „allzu wörtlich" nehmen, aber „die Grundidee" und „die Abfolge in sechs Hauptschritten trifft im Kern das Geschehen, so wie wir es gegenwärtig aus der naturwissenschaftlichen Forschung heraus verstehen" (Reichholf 2007, S. 120 f.).

Wenn es „erstaunliche" Übereinstimmungen zwischen den biblischen Legenden und der modernen Evolutionstheorie geben sollte, dann wäre dies in der Tat eine interessante Beobachtung. Was also sind die Grundideen der Evolutionstheorie? 1) Die allmähliche Veränderung und Aufspaltung von Arten über lange Zeiträume. Auf diese Weise entstanden beispielsweise im Laufe vieler Millionen Jahre die Vögel aus den Dinosauriern und Menschen aus (anderen) Affen. 2) Die gemeinsame Abstammung der großen Tier- und Pflanzengruppen und letztlich aller Organismen. Menschen sind also nicht nur mit Affen verwandt, sondern auch mit Fischen, Regenwürmern und Fruchtfliegen. 3) Diese Veränderungen werden durch einen ungeplanten Naturprozess bewirkt, durch die natürliche Auslese (Variation und Selektion).

Gibt es in dieser Hinsicht Übereinstimmungen? Abgesehen von der sehr allgemeinen Aussage, dass die Organismen nicht auf einmal, sondern nacheinander entstanden sind bzw. erschaffen wurden, findet sich keine der evolutionstheoretischen Grundideen im Bibeltext, sondern gerade das Gegenteil: Die Rede ist von der getrennten Schöpfung (unveränderlicher) Tier- und Pflanzengruppen in kurzer Zeit durch eine übernatürliche Macht. Auch die zeitlich gestaffelte Schöpfung der Organismen als solche entspricht ganz und gar nicht dem evolutionären Szenario, denn es ist ja nicht so, dass beispielsweise erst alle Pflanzen entstanden und dann verschiedene Tiergruppen, sondern die Evolution der Pflanzen- und Tierarten erfolgt parallel, in ökologischen Zusammenhängen. In Bezug auf die Grundideen gibt es also keine Übereinstimmung, sondern tiefgreifende Unvereinbarkeiten und Widersprüche.

Könnte es aber in anderer Hinsicht die behaupteten Übereinstimmungen geben? Leider hat Karin Wolff trotz mehrfacher Nachfragen davon Abstand genommen, ihre Aussagen zu präzisieren. Etwas konkreter äußerte sich Josef H. Reichholf: „Ersetzt man die ‚Tage der Schöpfung' durch Phasen (oder lange Zeiten) der Evolution, kommt in der Grundidee eine recht gute Übereinstimmung zustande" (Reichholf 2007, S. 121). Ist das der Fall?

Nach den biblischen Legenden beginnt die Erschaffung der Lebewesen am 3. Tag und zwar mit den Landpflanzen. Am 4. Tag folgt dann die Erschaffung von Sonne, Mond und Sternen. Abgesehen davon, dass einige Sterne um ein mehrfaches älter sind als die am ersten Tag erschaffene Erde und die chemische Verbindung von Sauerstoff und Wasserstoff (Wasser), sind grüne Pflanzen auf die Photosynthese damit auf Sonnenlicht angewiesen. Durch „lange Zeiten" der Evolution sollen sie also ohne ihre primäre Energiezufuhr ausgekommen sein – eine abwegige Vorstellung. Am 5. Tag folgen Wassertiere und Vögel. Hierzu ist zu sagen, dass sowohl die wasserlebenden Säugetiere (Wale) als auch die Vögel von bodenlebenden Landtieren abstammen, die zu diesem Zeitpunkt der Bibel gemäß noch nicht existieren. Weiter sollte beachtet werden, dass die ersten Wassertiere der Evolutionsbiologie zufolge deutlich früher entstanden als die Landpflanzen und nicht umgekehrt.

In der ersten Hälfte des 6. Tages werden dann die Landtiere erschaffen. Abgesehen davon, dass es domestizierte Tiere („Vieh") erst seit wenigen tausend Jahren gibt, ist hier zu bemerken, dass andere genannte Landtiere älter sind als einige „große Seetiere", die Vögel und fruchttragende Pflanzen, die sämtlich an früheren Tagen erschaffen worden sein sollen. In der zweiten Hälfte des 6. Tages folgen schließlich die Menschen. Hierzu ist Folgendes zu bemerken: Zum einen ist nicht klar, welche Menschen Gott erschaffen haben soll – die Gattung Homo (z. B. *Homo erectus*, ca. 2 Mio. Jahren) oder die Art *Homo sapiens* (ca. 200.000 Jahren)? In beiden Fällen aber sind Menschen nicht die zuletzt entstandene Tierart. Im afrikanischen Victoriasee beispielsweise sind innerhalb der letzten 100.000 Jahre 300 bis 500 neue Arten von Buntbarschen entstanden. Dass domestizierte Tiere („Vieh") ihren Haustierstatus den Menschen verdanken, wurde schon erwähnt.

Was also bleibt von den „recht guten" Übereinstimmungen zwischen Bibel und Biologie? Nichts! Es gibt keine Übereinstimmung, die über das hinausgeht, was ein Zufallsgenerator auch produzieren würde. Die Behauptungen von Karin Wolff und Josef H. Reichholf lassen sich nur aufrechterhalten, wenn man einige Punkte willkürlich herausgreift und andere ignoriert. Mit dieser Methode ließe sich aber auch beweisen, dass Astrologen die Zukunft voraussagen können.

6.4   Evolution als Schöpfung

In den Diskussionen um Evolution und Schöpfung wird immer wieder das Argument geäußert, dass es zwischen beiden Phänomenen keinen Widerspruch geben muss. Oberflächlich betrachtet ist dies richtig; die Aussage ist aber zugleich unvollständig, in zentraler Hinsicht falsch und zudem missverständlich. Das Problem entsteht, da das Wort „Evolution" unterschiedlich gebraucht wird. Zum einen versteht man darunter die zeitliche Veränderung der Arten von Lebewesen. Solange dabei keine Aussage über die kausalen Ursachen gemacht wird, kommt es auch nicht zu Widersprüchen mit Schöpfungsideen, die eine übernatürliche Ursache („Wunder") postulieren. Zum anderen versteht man unter „Evolution" die wissenschaftliche Interpretation dieser Phänomene, die moderne Evolutionstheorie. Hier aber gibt es einen schwer auflösbaren Widerspruch, da die Evolutionsbiologie wie die anderen modernen Naturwissenschaften aus guten Gründen nur natürliche Ursachen akzeptiert.

Die Vereinbarkeit von Schöpfung und Evolution wird beispielsweise im Katholizismus behauptet. 1986 schrieb der damalige Papst Johannes Paul II.: „Recht verstandener Schöpfungsglaube und recht verstandene Evolutionslehre [stehen sich] nicht im Wege: Evolution setzt Schöpfung voraus; Schöpfung stellt sich im Licht der Evolution als ein zeitlich erstrecktes Geschehen – als *creatio continua* – dar" (Spaemann et al. 1986, S. 146). Wie er weiter erläutert, versteht er unter einer „recht verstandenen Evolutionslehre" nicht die Evolutionstheorie im Sinne der heutigen Biologie. Letztere wird als „evolutionistisches Weltbild" ausdrücklich abgelehnt.

Die zugrunde liegende These ist also, dass Gott die Evolution in irgendeiner Weise kontrolliert. Dieser Gedanke liegt (unausgesprochen) auch der modernen *Intelligent Design*-Bewegung zugrunde, und sie wurde bereits zu Darwins Zeit von einem seiner religiösen Anhänger, dem amerikanischen Botaniker Asa Gray, formuliert (Junker u. Hoßfeld 2009, S. 147 f.). Was sagte Darwin zu dieser Idee? Er habe, wie er an Gray schrieb, zwar „keine Absicht, atheistisch zu schreiben", aber, so fährt er fort, er könne auch „nicht so deutlich Beweise für einen Plan und für Wohlwollen auf allen Seiten von uns sehen [...], wie andere das tun oder wie ich es wünschen sollte." Und er fährt fort:

„Es scheint mir zu viel Elend in der Welt zu geben. Ich kann mich nicht überzeugen, dass ein wohlwollender und allmächtiger Gott absichtlich die Schlupfwespen erschaffen haben würde, mit der ausdrücklichen Absicht ihrer Fütterung in den lebenden Körpern von Raupen oder dass Katzen mit Mäusen spielen sollten. Sicherlich stimme ich mit Ihnen überein, dass meine Ansichten ganz und gar nicht notwendigerweise atheistisch sind. Der Blitz tötet einen Menschen, ob es ein guter oder ein schlechter ist, gemäß der außerordentlich komplexen Wirkung natürlicher Gesetze" (Burkhardt et al. 1993, S. 223).

Die (Evolutions-)Biologie hat das Theodizee-Problem verschärft, da eine klassische religiöse Antwort – die Ursache für das Leid in der Welt soll die Sündhaftigkeit der Menschen sein – ihre Plausibilität verloren hat, insofern als dass die Menschen kaum für das Brutverhalten der Schlupfwespen oder das Aussterben der Dinosaurier verantwortlich gemacht werden können, das sich rund 63 Mio. Jahre vor dem Auftauchen der ersten Menschen ereignete.

Es gibt aber noch andere Bruchstellen, die die These „Evolution als Schöpfung" unbefriedigend erscheinen lassen. Eine erste ist die Unvollständigkeit der Harmonisierung. So schrieb beispielsweise Papst Johannes Paul II. in seiner Botschaft „Christliches Menschenbild und moderne Evolutionstheorien" von 1996, dass vielleicht der „menschliche Körper [...] seinen Ursprung in der belebten Materie [hat], die vor ihm existiert. Die Geistseele hingegen ist unmittelbar von Gott geschaffen" (Johannes Paul II. 1997, S. 382 f.). Es bleibt hier unklar, wie das plötzliche Auftreten der „Seele" mit dem kontinuierlichen Verlauf der Evolution zu verbinden ist. So kann der Papst meines Wissens keine Antwort darauf geben, wann genau die Geistseele erstmals auftrat. Bei Homo erectus vor 2 Mio. Jahren, beim frühen Homo sapiens vor 200.000 Jahren oder später? Was ist mit den Neandertalern? Besaßen sie schon eine Seele oder waren sie noch Tiere?

Ein zweites Problem ist die Vagheit der Aussagen über die Art der göttlichen Kontrolle. Erfolgt diese ständig, oder nur zu bestimmten Zeiten? Wie erfolgt die Kontrolle? Durch die Steuerung der Mutationen? Durch Einflussnahme auf die Selektion? Diese Beliebigkeit zeigt, dass die Idee einer göttlichen Lenkung der Evolution eine bloße Behauptung ohne Substanz ist. Schöpfungslehren, dies kritisierte schon Darwin, erklären nicht, ob sie nun die getrennte Schöpfung einzelner Arten oder eine allgemeine Lenkung der Evolution unterstellen:

„Aus der gewöhnlichen Sicht, nach der jede Art unabhängig erschaffen wurde, gewinnen wir keine wissenschaftliche Erklärung irgendeiner dieser Tatsachen [der Biologie]. Wir können nur sagen, dass es dem Schöpfer gefallen hat zu befehlen, dass die früheren und gegenwärtigen Bewohner der Welt in einer bestimmten Ordnung und in bestimmten Gebieten erscheinen sollten. Dass er ihnen die außerordentlichsten Ähnlichkeiten aufgeprägt hat und dass er sie in Gruppen eingeteilt hat, die anderen Gruppen untergeordnet sind."

„Aber", so fährt er fort, „durch solche Aussagen gewinnen wir kein neues Wissen, wir verbinden nicht Tatsachen und Gesetze miteinander; wir erklären nichts" (Darwin 1868, Bd. 1, S. 9). Darwin war, um mit Nietzsche zu sprechen, „zu neugierig", um sich „eine faustgrobe Antwort gefallen zu lassen. Gott ist eine faustgrobe Antwort, eine Undelikatesse gegen uns Denker –, im Grunde sogar bloß ein faustgrobes Verbot an uns: ihr sollt nicht denken!" (Nietzsche [1888] 1980, S. 278 f.).

Die Probleme der „Evolution als Schöpfung"-Hypothese sind offensichtlich, und so ist es interessant zu beobachten, dass dieser Harmonisierungsversuch selbst nach Ansicht seiner Vertreter scheitert, wenn man das wissenschaftliche Verständnis von Evolution akzeptiert. Wie der Wiener Kardinal Christoph Schönborn vor wenigen Jahren betont hat, sei die moderne Evolutionstheorie aus Sicht der katholischen Kirche keine Wissenschaft, sondern Ideologie und nicht mit dem christlichen Glauben vereinbar (Junker 2007).

Zwischen Schöpfung und Evolution kommt es also zum Konflikt, sobald man letztere wissenschaftlich versteht; es handelt sich also eigentlich um einen allgemeinen Widerspruch zwischen der wissenschaftlichen und der religiösen Denkweise, die sich an der (Nicht-) Existenz der Wunder entzündet. Der Konflikt lässt sich aus religiöser Sicht also nur lösen, wenn man sich vom wissenschaftlichen Verständnis der Evolution distanziert und ein eigenes Modell der Evolution entwirft. Das Vorhaben, Schöpfungslehren und die wissenschaftliche Evolutionstheorie zu verbinden, ist damit aber keinen Schritt vorangekommen.

6.5 Evolution und Schöpfung

Ein weiterer Vermittlungsversuch zwischen Evolution und Schöpfung will zeigen, dass beide Phänomene nebeneinander bestehen können, da sie zeitlich nacheinander erfolgen. Diese Vorstellung liegt dem oben genannten kreationistischen „Lehrbuch" der Evolution von Reinhard Junker und Siegfried Scherer zugrunde. Den Autoren geht es, wie ich oben gezeigt habe, in erster Linie um die Kritik an der

Evolutionstheorie. Zugleich versuchen sie sich aber an einer Vermittlung zwischen Schöpfung und Evolution, denn schließlich sei „,Evolvierbarkeit' […] eine fundamentale Eigenschaft des Lebens" (Junker u. Scherer 2006, S. 5).

R. Junker und S. Scherer sprechen in diesem Zusammenhang von „Mikro-" und „Makroevolution". Diese Worte sollen den Eindruck vermitteln, als gehe es hier um Evolution; tatsächlich aber dienen sie dazu, das vor-evolutionäre Weltbild von R. Junker und S. Scherer als eine Art Evolutionstheorie zu präsentieren. Dabei greifen sie (bewusst oder unbewusst) Vorstellungen aus dem 18. Jahrhundert auf. Die Naturforscher dieser Zeit waren davon überzeugt, dass die Vielfalt der „Sorten" von Lebewesen durch ihre jeweils getrennte Entstehung zu erklären ist (Mayr 1982; Junker 2004). Meist wurde angenommen, dass nur die zu einer Art gehörigen Individuen einen gemeinsamen Ursprung haben: „Wir zählen so viele Arten, wie verschiedene Formen im Anfang [*in principio*] geschaffen worden sind" (Linnaeus 1751, These 157). Ob zwei Individuen zur selben Ursprungseinheit gehören, sollte an ihrer Ähnlichkeit und an ihrer gemeinsamen Fortpflanzung erkennbar sein. Da sich teilweise Individuen kreuzen ließen – Pferde und Esel beispielsweise –, die man aufgrund ihrer Unterschiedlichkeit verschiedenen Arten zugeordnet hatte, gab es auch Überlegungen, ob nicht höhere Einheiten wie Gattungen oder Familien auf einen einheitlichen Ursprung zurückführbar sein könnten.

Da die Naturforscher des 18. Jahrhunderts die unabhängige Entstehung der „Sorten" (der Arten oder höherer Einheiten) als den mit Abstand wichtigsten Vorgang der Biologie bestimmten und den „Degenerationen" – wenn überhaupt – nur eine geringfügige, modifizierende Rolle zusprachen, handelt es gerade *nicht* um Evolutionstheorien, sondern um das klassische Gegenmodell: die „Konstanz der Arten". Aus demselben Grund werden Reinhard Junker und Siegfried Scherer nicht zu Vertretern der Evolutionstheorie, selbst wenn sie evolutionäre Veränderungen innerhalb begrenzter biologischer Einheiten für möglich halten würden („Degeneration" bzw. „Mikroevolution"). Ihre Idee ist, dass Gott Urformen (z. B. die Arten) erschaffen hat, die dann durch natürliche Prozesse in begrenztem Maße modifizierbar sind. Mit den Grundideen der modernen Evolutionsbiologie hat all dies nichts gemeinsam. Auch dieser Harmonisierungsversuch durch Aufspaltung der biologischen Phänomene leistet also nicht was er verspricht, sondern er lässt die Widersprüche zwischen Schöpfungsideen und der wissenschaftlichen Evolutionstheorie nur noch deutlicher hervortreten.

6.6 Deismus

Kurz erwähnt sei noch die Position des Deismus, die postuliert, dass Gott die Welt erschaffen habe, aber nicht weiter in ihren Verlauf eingreift. Darwin selbst hat mit dieser Lösung sympathisiert, und sie wird bis heute gerne als Ausweg aus dem Konflikt zwischen Schöpfung und Evolution angeboten. So schrieb Patrick Illinger, Ressortleiter Wissen der *Süddeutschen Zeitung*: „Anders als oft behauptet wird, ist die Evolutionslehre nicht geeignet, einen fundierten Schöpfungsglauben zu widerlegen. […] Die Evolution der Lebewesen auf dem Planeten Erde ähnelt einem gewaltigen Feuerwerk. Charles Darwin hat dabei erkannt, nach welchen Mechanismen die Funken fliegen. Ob die ganze Sache am Anfang von einem Schöpfer entzündet wurde oder lediglich eine Folge universaler Naturgesetze ist, ist eine andere, dem menschlichen Erkenntnisdrang grundsätzlich nicht zugängliche Frage. Gott steht als Verborgener jenseits unserer Fassungskraft" (Illinger 2009).

Mit dieser Idee werden die Konflikte zwischen Evolutionstheorie und Schöpfungsglauben tatsächlich umgangen, da alle in den Bereich der Biologie fallenden Phänomene auf natürliche Weise erklärt werden. Lediglich für den viele Milliarden Jahre früher erfolgten Ursprung unseres Universums soll dies anders sein. Diese Vorstellung kann aber bekanntermaßen weder die Vertreter der Naturwissenschaften noch diejenigen der Religionen zufrieden stellen. Aus wissenschaftlicher Sicht stellt sich die Frage, wie man eine Aussage über etwas treffen kann, das „jenseits unserer Fassungskraft" ist. Es handelt sich also um ein reines Gedankenspiel. Auf der anderen Seite werden sich die meisten religiösen Menschen mit einem Gott, der nach der Erschaffung der Welt nicht mehr in Erscheinung tritt, nicht zufrieden geben.

6.7 Zwiedenken

Ein weiterer Versuch der Harmonisierung durch Aufspaltung bewegt sich nicht auf der Ebene der Phänomene, sondern man nimmt eine Aufspaltung der menschlichen Erkenntnismöglichkeit in zwei getrennte „Dimensionen" vor, die sich ergänzen, aber nicht widersprechen sollen. Es soll keinen Gegensatz von Bibel und Naturwissenschaft geben, weil sie nicht dieselbe Sache behandeln, sondern verschiedene Domänen haben, z. B. moralische Fragen versus die physische Realität. So hat der amerikanische Paläontologe Stephen Jay Gould große Mühe darauf verwandt zu zeigen, dass es zwischen Wissenschaft und Religion keinen Konflikt geben kann, weil sich beide Wissens- und Lehrsysteme auf verschiedene Bereiche beziehen: Die Wissenschaft auf den empirischen Aufbau des Universums, die Religion auf ethische Werte und den geistigen Sinn unseres Lebens. Er persönlich glaubte „mit all seinem Herzen an ein respektvolles, sogar liebendes Einvernehmen" zwischen beiden Lehrsystemen (Gould 1997, S. 61).

Ähnliche Thesen findet man auch in offiziellen Texten der evangelischen Kirche. So heißt es in der Orientierungshilfe des Rates der Evangelischen Kirche in Deutschland zu *Weltentstehung, Evolutionstheorie und Schöpfungsglaube in der Schule*: „Umfassende und differenzierte Bildung wird erst möglich, wenn verschiedene Weltzugänge und Erkenntnisweisen voneinander unterschieden, aber eben auch aufeinander bezogen werden können. Das in den Naturwissenschaften gewonnene Verständnis von Komplementarität als der Notwendigkeit, einander widersprechende Erklärungsmöglichkeiten nebeneinander zu benutzen, ist auch bildungstheoretisch fruchtbar zu machen. In der Bildungsdiskussion der Gegenwart können dafür Unterscheidungen wie die zwischen Verfügungs- und Orientierungswissen stehen oder auch die Unterscheidung zwischen verschiedenen Formen der Weltbegegnung" (EKD 2008, S. 18).

Hierzu ist zu bemerken, dass die angemahnte „Unterscheidung der Erkenntnis-weisen" sogar innerhalb des EKD-Textes nicht konsequent durchgehalten wird und durchaus auch Informationswissen über die Welt reklamiert wird: „die Entstehung der Welt und die Entwicklung des Lebens [sollen] letztlich auf den schöpferischen Willen Gottes zurückgehen" (EKD 2008, S. 14). Das zweite Problem ist, dass die scharfe Spaltung der menschlichen Erkenntnisfähigkeit in zwei Dimensionen als künstlich und unverständlich empfunden wird. So bemerkte Hansjörg Hemminger in seinem EZW-Text *Mit der Bibel gegen die Evolution*: „Die Rede von verschie-denen Erkenntniskategorien, von Fragen und Antworten auf verschiedenen Ebenen, sei abstrakt und überfordere viele Menschen. Diese Schwierigkeit besteht und kann nicht übergangen werden" (Hemminger 2007, S. 67).

Könnte es sein, dass es sich hier nicht um eine (intellektuelle) „Überforderung" handelt, sondern dass das Argument selbst problematisch ist? Bei ihrer Unter-scheidung zwischen verschiedenen Wissensformen berufen sich die Vertreter der Evangelischen Kirche auf den Philosophen Jürgen Mittelstraß. Dieser hatte ge-schrieben: „Verfügungswissen ist ein positives Wissen, ein Wissen um Ursachen, Wirkungen und Mittel, Orientierungswissen ist ein regulatives Wissen, ein Wissen um Ziele und Maximen". Damit lässt es Mittelstraß aber nicht bewenden, sondern er fährt fort: „Also gehört auch beides, Verfügungswissen und Orientierungswis-sen, im Grunde zusammen. Reines Verfügungswissen und reines Orientierungs-wissen gibt es gar nicht – wer verfügt, weiß auch warum, und wer sich orien-tiert, verfügt über seine Orientierungen" (Mittelstraß 1989, S. 19). Wenn aber die „Rede von verschiedenen Erkenntniskategorien" sogar den als Kronzeugen für diese Sichtweise genannten Jürgen Mittelstraß „überfordert", so wäre es vielleicht angebracht, das Argument selbst noch einmal auf den Prüfstand zu stellen. An dieser Stelle lässt sich jedenfalls festhalten, dass die Aufspaltung der menschli-chen Erkenntnisfähigkeit nicht nur künstlich wirkt und schwierig zu verstehen ist, sondern auch von ihren Vertretern nicht durchgehalten wird. Alles in allem erin-nert die Forderung, „einander widersprechende Erklärungsmöglichkeiten neben-einander zu benutzen", an das Orwellsche Zwiedenken, an „die Gabe, gleichzeitig zwei einander widersprechende Ansichten zu hegen und beide gelten zu lassen" (Orwell 1950, S. 196).

6.8 Fazit

Die weit verbreitete Annahme, dass der Konflikt zwischen Evolutionstheorie und Schöpfungsglauben überwindbar sei, lässt sich nicht bestätigen, sondern die his-torischen und aktuellen Diskussionen zeigen das Gegenteil. Die Behauptung der Vereinbarkeit jedenfalls ist reines Wunschdenken solange nicht gezeigt wird, wie die ungelösten Widersprüche beseitigt werden können. Aus Sicht der Evolutions-biologie kann keiner der genannten Harmonisierungsversuche überzeugen, und weder die Strategien der Vermittlung noch jene der Aufspaltung führen zu einem befriedigenden Ergebnis.

Es gibt eine nahe liegende Lösung des Problems, die darin besteht, sich zu entscheiden und entweder nur das wissenschaftliche Weltbild und die Evolutionstheorie oder nur den Schöpfungsglauben gelten zu lassen. Ersteres überzeugt die Mehrzahl der Biologen, zu letzterem bekennen sich die Kreationisten. Beide konsequenten Positionen ersparen es ihren Vertretern, sich an der Vielzahl der Widersprüche und Probleme abarbeiten zu müssen, die auftreten, sobald man beiden Weltbildern gerecht zu werden versucht. Und, so kann man aus Sicht der Wissenschaft anfügen, schließlich gibt es genügend echte Rätsel, mit denen man sich auf lohnende Weise beschäftigen kann.

Sollte sich die These der Unvereinbarkeit bestätigen, dann stellt sich die Frage, welche gesellschaftspolitischen Konsequenzen und Handlungsoptionen dies nach sich zieht. 1) Es wäre möglich, die Existenz des Konflikts zu verleugnen. Dies scheint die gegenwärtig weithin bevorzugte Option zu sein. 2) Eine Weltanschauung – Wissenschaft oder Religion – verdrängt die jeweils andere vollständig. Dies ist im Moment auf der gesamtgesellschaftlichen Ebene keine realistische Option. Anders sieht es noch beim Unterricht an Schulen oder Universitäten aus. Die Minimalforderung aus Sicht der Wissenschaft ist hier, dass die Aufweichung der wissenschaftlichen Standards zugunsten religiöser Einflussnahme auf die Lehrinhalte unbedingt verhindert werden muss. 3) Als letzte Möglichkeit bleibt, den Konflikt zwischen Schöpfungsglauben und Evolutionstheorie ernst zu nehmen und die sich daraus ergebenden Auseinandersetzungen in sachlich angemessener Form und ohne falsche Kompromisse zu führen. Dies wiederum setzt gesellschaftliche Regeln voraus, die ein friedliches Zusammenleben trotz unvereinbarer Weltanschauungen gewährleisten. Dass diese letztgenannte Minimalforderung überhaupt erwähnt werden muss, zeigt, wie prekär die Situation für Wissenschaft und Vernunft mittlerweile durch die zunehmend aggressive Vorgehensweise religiös fundamentalistischer Gruppen ist und dass ein falsches Verständnis von Toleranz bei vielen Vertretern eines säkularen Weltbildes besteht.

Literatur

Burkhardt F et al. (Hrsg) (1993) The correspondence of Charles Darwin, Bd. 8. Cambridge University Press, Cambridge

Council of Europe (2007) Resolution 1580. The dangers of creationism in education. Strasbourg. http://assembly.coe.int/Main.asp?link=/Documents/AdoptedText/ta07/ERES1580.htm; http://assembly.coe.int/ASP/Votes/BDVotesParticipants_EN.asp?VoteID=674&DocID=12120. Zugegriffen 08. Mai 2009

Darwin C (1859) On the origin of species by means of natural selection, or the preservation of favoured races in the struggle for life. John Murray, London

Darwin C (1868) The variation of animals and plants under domestication, Bd. 2. John Murray, London

EKD (2008) Weltentstehung, Evolutionstheorie und Schöpfungsglaube in der Schule. Eine Orientierungshilfe des Rates der Evangelischen Kirche in Deutschland. Texte 94

Gould SJ (1997) Nonoverlapping magisteria: science and religion are not in conflict, for their teachings occupy different domains. Nat Hist 106 (März):16–22, 60–62

Hemminger HJ (2007) Mit der Bibel gegen die Evolution. Kreationismus und ,intelligentes Design' – kritisch betrachtet. Evangelische Zentralstelle für Weltanschauungsfragen Nr. 195, Berlin

Illinger P (2009) Der echte Darwin: Warum Evolution nicht im Widerspruch zur Religion steht. Süddeutsche Zeitung 31. Januar 2009. http://www.sueddeutsche.de/wissen/153/457809/text/. Zugegriffen 10. Mai 2009

Jeßberger R (1990) Kreationismus. Kritik des modernen Antievolutionismus. Parey, Berlin

Johannes Paul II. (1997) The Pope's message on evolution and four commentaries – message to the pontifical academy of sciences. Q Rev Biol 72:381–383

Junker R, Scherer S (2006) Evolution. Ein kritisches Lehrbuch, 6. Aufl. Weyel, Gießen

Junker T (2004) Geschichte der Biologie: Die Wissenschaft vom Leben. Beck, München

Junker T (2007) Schöpfung gegen Evolution – und kein Ende? Kardinal Schönborns Intelligent-Design-Kampagne und die katholische Kirche. In: Kutschera U (Hrsg) Kreationismus in Deutschland. Fakten und Analysen. LIT, Münster, S. 71–97

Junker T (2008) Die ,erstaunlichen Übereinstimmungen' zwischen Bibel und Evolutionstheorie: Was stimmt wirklich? Schönberger Hefte 1:10–11

Junker T, Hoßfeld U (2009) Die Entdeckung der Evolution – Eine revolutionäre Theorie und ihre Geschichte, 2. Aufl. Wissenschaftliche Buchgesellschaft, Darmstadt

Kotthaus J (2003) Propheten des Aberglaubens – Der deutsche Kreationismus zwischen Mystizismus und Pseudowissenschaft. LIT, Münster

Kutschera U (2004) Streitpunkt Evolution. Darwinismus und Intelligentes Design. LIT, Münster

Kutschera U (Hrsg) (2007) Kreationismus in Deutschland. Fakten und Analysen. LIT, Münster

Linnaeus C (1751) Philosophia botanica. Kiesewetter, Stockholm

Mayr E (1982) The growth of biological thought. Harvard University Press, Cambridge

Mittelstraß J (1989) Glanz und Elend der Geisteswissenschaften. BIS, Oldenburg

Nietzsche F (1980) Der Fall Wagner. Götzen-Dämmerung. Der Antichrist. Ecce homo. Dionysos-Dithyramben. Nietzsche contra Wagner. Sämtliche Werke. Kritische Studienausgabe, Bd 6. Deutscher Taschenbuch Verlag, München

Orwell G (1950) Neunzehnhundertvierundachtzig. Diana, Zürich

Reichholf JH (2007) Was stimmt? Evolution: die wichtigsten Antworten. Herder, Freiburg im Breisgau

Scherer S (2008) Evolution – Schöpfung: Unsere Erkenntnis ist bruchstückhaft. 24. März 2008. http://www.siegfriedscherer.de/. Zugegriffen 09. Mai 2009

Schönborn C (2005) Finding design in nature. New York Times, 7 Juli 2005

Spaemann R, Löw R, Koslowski P (Hrsg) (1986) Evolutionismus und Christentum. VCH, Weinheim

Wort und Wissen (2008) http://www.wort-und-wissen.de. Zugegriffen 09. Mai 2009

Kapitel 7
Zum Wissenschaftsverständnis der modernen Evolutionsbiologie

Ralf J. Sommer

*Darwin was an inveterate theorizer and became the author
of numerous evolutionary theories, some big, some small. He
usually referred to his theories in the singular as 'my theory'
and treated the non-constancy of species, common descent and
natural selection as a single, individual theory [...]. His failure
to recognize the independence of the various theories of his
evolutionary paradigm also caused Darwin difficulties in the
discussion of the principle of divergence.*

Ernst Mayr (2004)

7.1   Einleitung

Die moderne Evolutionsbiologie hat ihren Ursprung in den Arbeiten von Charles
Darwin und Alfred Wallace (Darwin 1963). Der gemeinsame Ausgangspunkt des
Evolutionsgedankens ist dabei die Beobachtung, dass die biologische Welt nicht
konstant ist. Biologische Systeme und alle darin lebenden Organismen unterliegen
über längere Zeiträume hinweg einer stetigen Veränderung. Diese grundlegende
Eigenschaft biologischer Systeme macht die Biologie zu einer historischen Wissenschaft und stellt einen wichtigen Gegensatz zu großen Teilen der Physik dar.
Obwohl die Aussage von der Veränderlichkeit der Arten heute trivial klingt, war sie
im 19. Jahrhundert eine Revolution, da die Konstanz der Arten und der Welt eine
vorherrschende Stellung im damaligen Weltbild hatte (Amundson 2005).

Die Akzeptanz des Evolutionsgedankens – so wie von Darwin und Wallace vorgetragen – begründet sich im vorgeschlagenen Mechanismus. Basierend auf den
Naturbeobachtungen der vererbbaren individuellen Variabilität und der Überpro-
duktion von Nachkommen unter gleichzeitiger Konstanz der Populationsdichten,
schlugen Darwin und Wallace die natürliche Selektion als entscheidenden Mecha-

R. J. Sommer (✉)
Abt. Evolutionsbiologie, Max-Planck Institut für Entwicklungsbiologie,
Spemannstraße 37/IV, 72076 Tübingen, Deutschland
E-Mail: ralf.sommer@tuebingen.mpg.de

D. Graf (Hrsg.), *Evolutionstheorie – Akzeptanz und Vermittlung im europäischen Vergleich*,   91
DOI 10.1007/978-3-642-02228-9_7, © Springer-Verlag Berlin Heidelberg 2011

nismus für Evolutionsprozesse vor. Danach führt unterschiedlicher Fortpflanzungserfolg dazu, dass Individuen einer Art unterschiedlich viele Nachkommen produzieren. Herbert Spencer hat dafür den nicht ganz zutreffenden Begriff des „*survival
of the fittest*" eingeführt.

150 Jahre nach der Publikation des *Origin of species* ist die Rezeption von Darwin
dahingehend unglücklich und unzutreffend, dass selbst von vielen Biologen Darwins
Argumentationskette häufig auf die natürliche Selektion reduziert wird. Dabei wird
man seinem Gedankengebäude nicht im Geringsten gerecht. Darwin hat vier Haupt-
theorien der Evolution aufgestellt, die sich wie folgt zusammenfassen lassen:

1. *Die Selektionstheorie*: basierend auf den weiter oben bereits beschriebenen
   empirischen Naturbeobachtungen.
2. *Die gemeinsame Abstammung aller Organismen*: Darwin formulierte aufgrund der Annahme der gemeinsamen Abstammung der Arten die Theorie vom
   gemeinsamen Vorfahren. Demnach stammen alle heutigen Organismen von
   einem gemeinsamen Vorfahren, der Urform des Lebens, ab. Interessanterweise
   wurde die historische Verwandtschaft aller Lebewesen in der Zeit Darwins zur
   am schnellst akzeptiertesten Evolutionstheorie, obwohl dies in krassem Widerspruch zur damaligen Weltanschauung stand.
3. *Der Gradualismus*: Darwin hat, basierend auf seinen eigenen Beobachtungen
   der Tier- und Pflanzenwelt, die Theorie des Gradualismus aufgestellt. Demnach
   entwickeln sich neue Strukturen kontinuierlich über längere evolutionäre Zeiträume hinweg.
4. *Die Theorie der Speziation*: Durch Isolation können Populationen einer Art
   dauerhaft so getrennt werden, dass es schließlich zur Aufspaltung und damit zu
   einer Vervielfachung der Arten kommt.

Die Unterscheidung dieser vier Evolutionstheorien im Werk von Charles Darwin
sind auch für die moderne Evolutionsbiologie von entscheidender Bedeutung, da
wichtige Aspekte dieser Theorien in der aktuellen Evolutionsforschung von verschiedenen Disziplinen mit jeweils unterschiedlichen Forschungsansätzen und
Schwerpunkten untersucht werden. Unglücklicherweise arbeiten die verschiedenen
Zweige der modernen Evolutionsforschung in einem jeweils eng begrenzten Gedankengebäude, das zum Teil unabhängig von den Erkenntnissen in anderen Gebieten agiert und fortgeführt wird. Im Folgenden sollen drei dieser Forschungsgebiete
– die evolutionäre Entwicklungsbiologie, die Populationsgenetik und die evolutionäre Ökologie – kurz dargestellt werden. Dabei handelt es sich natürlich nur um
eine Auswahl an aktuellen Forschungsgebieten der Evolutionsbiologie.

7.2 Evolutionäre Entwicklungsbiologie

Die Theorie der gemeinsamen Abstammung und historischen Verwandtschaft der
Organismen wirft die Frage auf, wie über evolutionäre Zeiträume hinweg Unterschiede in den morphologischen Strukturen entstehen. Diese Frage kann nur durch

einen vergleichenden (evolutionären) Ansatz der Entwicklungsbiologie analysiert werden, da alle morphologischen Strukturen das Endprodukt von Entwicklungsprozessen darstellen. Die Entwicklungsbiologie beschäftigt sich mit der Ausbildung von morphologischen Strukturen im einzelnen Individuum, von der befruchteten Eizelle bis zum erwachsenen Individuum. Große Durchbrüche sind in der Entwicklungsbiologie vor allem in den letzten Jahrzehnten durch den systematischen Einsatz genetischer Methoden erzielt worden. Dabei waren Arbeiten an zwei wirbellosen Tieren von entscheidender Bedeutung, der Fruchtfliege *Drosophila melanogaster* und dem Fadenwurm *Caenorhabditis elegans*. Beide Systeme zeichnen sich durch eine besonders einfache, schnelle und billige Zucht der Tiere unter Laborbedingungen aus.

Zahlreiche Entwicklungsprozesse wurden und werden in diesen beiden und mittlerweile auch weiteren Modellorganismen genetisch und molekularbiologisch untersucht. Ohne hier auf Detailergebnisse moderner entwicklungsbiologischer Forschungen einzugehen, besteht die überraschendste Erkenntnis der Entwicklungsbiologie darin, dass Entwicklungskontrollgene im Tierreich hoch konserviert sind. Die Gene, die die Frühentwicklung von *Drosophila* steuern, sind bei Fadenwürmern, Seeigeln, Wirbeltieren und allen anderen bisher analysierten Tiergruppen in den meisten Fällen ebenfalls vorhanden. Ähnliche Gene steuern also die Entwicklung ganz unterschiedlicher Organismen. Selbst innerhalb einer Art werden die gleichen Gene zur Bildung unterschiedlicher Strukturen herangezogen. Der Siegeszug der modernen Entwicklungsbiologie führt zu immer detaillierteren Kenntnissen über die Vorgänge der tierischen und pflanzlichen Entwicklung (Westhoff 1996). Aus evolutionsbiologischer Sicht stellt diese Konservierung der Entwicklungskontrollgene einen weiteren wichtigen Beweis für die Evolution und die gemeinsame Abstammung der Organismen dar.

7.3   Populationsgenetik

Obwohl die Konservierung der Entwicklungskontrollgene zwar eines der überraschendsten und wichtigsten Ergebnisse der biologischen Grundlagenforschung der letzten Jahrzehnte darstellt, so wirft sie doch zahlreiche neue Fragen auf. Warum sind die Organismen morphologisch so unterschiedlich, wenn die Gene, die die Entwicklung steuern, hoch konserviert sind? Unterliegen Entwicklungskontrollgene auch der natürlichen Variation, so wie dies aus allen anderen Bereichen der Populationsgenetik bekannt ist? Um derartigen Fragen nachgehen zu können, müssen die Forschungsansätze der Entwicklungsbiologie und der Populationsgenetik kombiniert werden. Bislang ist dies nur in geringem Umfang geschehen, sodass es zwischen beiden Forschungsrichtungen nur wenig interdisziplinäre Ansätze gibt.

Die Populationsgenetik selbst hat in den vergangenen Jahrzehnten bedeutende Veränderungen durchlaufen. Im Zuge des Neo-Darwinismus in den 1930er und 1940er Jahren haben Populationsgenetiker begonnen, die Selektionstheorie Darwins mit mathematischen und später molekularen Daten zu belegen (Rensch 1954).

Heute messen die Populationsgenetiker die Frequenzen von Allelen, d. h. Unterschiede zwischen verschiedenen Individuen einer Art. Dabei versuchen sie herauszufinden, welche Form und wie viel natürliche Variation in Populationen vorhanden sind und wie diese Variation im Laufe der Zeit in Populationen fixiert wird.

Das ursprüngliche Modell geht davon aus, dass Veränderungen im Erbgut sich dann in einer Population durchsetzen, wenn sie zu einem höheren Fortpflanzungserfolg führen (Abb. 7.1a). Dieser Prozess der *positiven Selektion*, ganz im Sinne von Darwin und Wallace, wurde für lange Zeit als einziger Selektionsmodus betrachtet. Darüber hinaus gibt es aber auch die Form der *negativen Selektion*. Eine

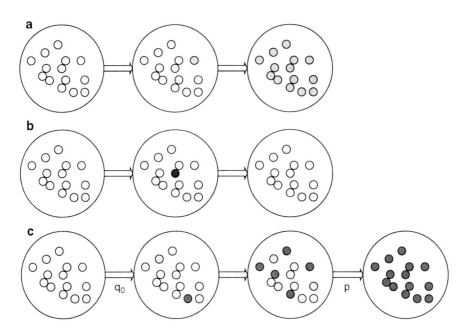

Abb. 7.1 a–c Drei verschiedene Mechanismen der Fixierung von genetischen Veränderungen (Mutationen) in einer Population. Diese Graphik stellt eine Simplifizierung des Evolutionsgeschehens dar. Die einzelnen Kreise unterschiedlicher Schattierung symbolisieren die Individuen einer Population; die Darstellung der Kreise in verschiedenen Schattierungen (*weiß, grau, schwarz*) soll die Unterschiede in der Erbsubstanz darstellen. Zur Vereinfachung sei hier nur eine Position der Erbinformation betrachtet. **a** Positive Selektion: In einer Population von Individuen mit einer homogenen Erbinformation (*weißer* Kreis) kommt es zu einer Mutation in einem Individuum (*grauer* Kreis). Wenn diese Mutation für seinen Träger vorteilhaft ist und dieser dadurch einen erhöhten Fortpflanzungserfolg hat, wird sich diese graue Mutation im Laufe der Zeit in der Population durchsetzen, d. h. diese Mutation wird fixiert. **b** Negative Selektion: Eine Mutation (*schwarzer* Kreis), die in seinem Träger zu einem Nachteil, d. h. zu einem geringeren Fortpflanzungserfolg führt, kann sich in der Population nicht durchsetzen und wird eliminiert. **c** Neutrale Evolution: Mutationen können auch für ihre Träger neutral sein (*graue* und *schwarze* Kreise), so dass sich derartige Veränderungen der Erbsubstanz nicht auf den Fortpflanzungserfolg auswirken. Kimura hat mit mathematischen Modellen zeigen können, dass auch neutrale Mutationen in Populationen fixiert werden können. Viele moderne Arbeiten der Populationsgenetik weisen darauf hin, dass die neutrale Evolution auf molekularer Ebene einen dominierenden Einfluss auf Evolutionsprozesse hat

Veränderung im Erbgut kann auch zum Nachteil des Individuums führen, welches sich unter Umständen nicht oder nur mit wesentlich geringerem Erfolg fortpflanzen kann. Negative Selektion wird dafür sorgen, dass sich derartige Mutationen nicht durchsetzen (Abb. 7.1b). Mittlerweile ist deutlich geworden, dass negative Selektion von entscheidender Bedeutung für die Evolution ist. So ist z. B. die weiter oben beschriebene Konservierung der Entwicklungskontrollgene zum größten Teil auf negative Selektion in diesen Genen zurückzuführen.

Ein drittes, ursprünglich vollkommen unterschätztes Szenario, hat der japanische Populationsgenetiker Matoo Kimura in den 1970er und 1980er Jahren beschrieben. Seine neutrale Theorie der molekularen Evolution geht davon aus, dass der Großteil der natürlichen Variation auf molekularer Ebene selektiv neutral ist und damit weder zu Vorteilen noch zu Nachteilen für seine Träger führt (Kimura 1987). Kimura hat mathematisch belegt, dass es trotzdem zur Fixierung derartiger neutraler Mutationen in natürlichen Populationen kommen kann. Tatsächlich ist der Großteil der sich in den Populationen durchsetzenden Veränderungen neutral (Abb. 7.1c).

In den letzten zehn Jahren haben unheimlich große technische Fortschritte zur Sequenzierung der Erbsubstanz zahlreicher Tier- und Pflanzenarten geführt. Die genomischen Sequenzierungsprojekte von Fadenwürmern über Insekten bis hin zu zahlreichen Wirbeltieren, Säugern und dem Erbgut des Menschen haben dabei zu einer überzeugenden Bestätigung der Theorie von Kimura geführt. Ein Blick auf die genomischen Kennziffern (Genomgröße, Anzahl der Gene und Gemeinsamkeiten bzw. Unterschiede zwischen den Genomen) macht dies deutlich (Tab. 7.1). Das Genom des Menschen z. B. hat etwa 3.000.000.000 Positionen und kodiert dabei schätzungsweise für 25.000 bis 30.000 Gene. Diese Zahlen sind für den Schimpansen und die Maus sehr ähnlich. Über das Genom hinweg unterscheiden sich Mensch und Schimpanse nur in etwa 1 % der Sequenz, d. h. die Übereinstimmung liegt bei etwa 99 % (Tab. 7.1). Neuere Studien haben nun gezeigt, dass einzelne menschliche Individuen sich bis zu 0,1 % oder gar 1 % voneinander unterscheiden können. Die meisten dieser Unterschiede liegen in nicht-kodierenden Regionen, und viele von ihnen sind wohl selektiv neutral.

Derartige innerartliche Variabilität ist von großer Bedeutung, da sie das „Rohmaterial" für morphologische Veränderungen und sonstige Neuerungen in der Evolu-

Tab. 7.1 Vergleich der Erbsubstanz zwischen Mensch, Schimpanse, Maus und Vertretern der Insekten und Fadenwürmer. Die Genom-Größe, d. h. die Gesamtlänge der Erbinformation ist bei den Säugetieren am Größten, allerdings schlägt sich das nicht proportional in der Anzahl der Gene nieder. Innerartliche Variabilität wurde bisher bevorzugt beim Menschen analysiert; hier liegt sie bei bis zu 0,1 bis 1 % der gesamten Erbinformation

Spezies	Genom-Größe	Anzahl der Gene	Unterschied zum Menschen
Mensch	3.000.000.000	25.000	0.1–1 %
Schimpanse	3.000.000.000	25.000	1 %
Maus	3.000.000.000	25.000	10 %
Fliege (*Drosophila*) Ähnlichkeit	122.000.000	14.000	Zu geringe
Wurm (*C. elegans*) Ähnlichkeit	100.000.000	20.000	Zu geringe

tion darstellt. Deshalb beschäftigt sich die Populationsgenetik seit jeher mit der innerartlichen natürlichen Variabilität. Dem weiter oben beschriebenen entwicklungsbiologischen Ansatz ist eine solche Arbeits- und Denkweise allerdings größtenteils fremd, sodass es bisher nur wenige Arbeiten zur populationsgenetischen Analyse von Entwicklungsprozessen und deren Bedeutung für die Ausbildung neuartiger Strukturen gibt. Dies verdeutlicht die unterschiedliche Methodik zweier wichtiger evolutionsbiologischer Forschungsrichtungen, die aus verschiedenen Evolutionstheorien Darwins hervorgegangen sind: der Selektionstheorie und der Theorie der gemeinsamen Abstammung. Dennoch ist eine Synthese zwischen diesen Forschungsrichtungen sinnvoll und angebracht und könnte neue wichtige Einblicke zur Evolution liefern (Sommer 2009).

7.4 Evolutionäre Ökologie

Ein weiterer wichtiger Aspekt biologischer Systeme und ihrer Veränderungen über historische Zeiträume ist der potentielle Einfluss der Umwelt. Alle Organismen sind einem ständigen Wandel sowohl ihrer abiotischen, wie auch ihrer biotischen Umwelt ausgesetzt. Die evolutionäre Ökologie untersucht die verschiedenen Facetten dieser Prozesse. Dabei ergeben sich auch zahlreiche Überlappungen mit anderen Teildisziplinen der Evolutionsbiologie, insbesondere der evolutionären Entwicklungsbiologie. Es ist seit langem bekannt, dass die Ausbildung bestimmter Strukturen in Organismen von den Umweltbedingungen abhängig ist, denen die jeweiligen Individuen ausgesetzt sind. In Abhängigkeit der Temperatur oder der Nahrungsbedingungen können Organismen dabei in unterschiedlichen Gestalten auftreten. Ein Beispiel dafür ist der unterschiedliche Lebenszyklus von frei lebenden Fadenwürmern in Abhängigkeit der jeweiligen Außenbedingungen (Abb. 7.2).

Die Fadenwürmer *Caenorhabditis elegans* und *Pristionchus pacificus* können im Labor unter optimalen Futterbedingungen in einem direkten Zyklus gehalten werden. Dabei durchlaufen die Tiere eine relativ kurze Embryonalentwicklung und vier Larvenstadien bevor sie erwachsen werden. Dieser direkte Zyklus kann in etwa drei bis vier Tagen erfolgen (bei 20 °C). Unter schlechten Umweltbedingungen – beispielsweise bei zu hoher Temperatur, Futtermangel oder einer hohen Individuendichte – treten die Tiere in einen alternativen Lebenszyklus ein und bilden eine so genannte Dauerlarve. Diese Dauerlarven sind sehr langlebig und können unter extremen Bedingungen überleben. Interessanterweise findet man in der Natur bevorzugt diese Dauerstadien, bei *Caenorhabditis elegans* im Boden und bei *Pristionchus pacificus* meist gebunden an Blatthornkäfern (Hong u. Sommer 2006).

Dieses Phänomen, die umweltabhängige Ausbildung unterschiedlicher Morphotypen, ist seit langem als phänotypische Plastizität bekannt und wurde in den letzten Jahren als wichtiger Bestandteil für die evolutionäre Herausbildung neuer Strukturen diskutiert (West-Eberhard 2003). Mittlerweile untersuchen Wissenschaftler intensiv, wie wechselnde Umweltbedingungen auf die Kontrolle von Entwicklungsprozessen wirken und dabei zur Bildung von unterschiedlichen Gestalten führen.

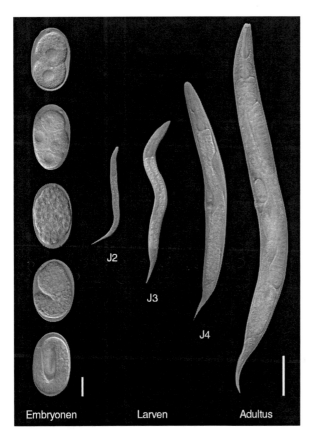

Abb. 7.2 Lebenszyklus des Fadenwurmes *Pristionchus pacificus*. Lichtmikroskopische Aufnahmen verschiedener Embryonalstadien und einer frühen Larve kurz vor dem Schlüpfen (*linke Spalte, Balken* = 20 μm) sowie der frei lebenden Larvenstadien (*J2–J4*) und eines erwachsenen Zwitters (Adultus) mit gut erkennbarem Ei (*Balken* = 100 μm). Der Kopf ist jeweils *oben*, die Bauchseite *links*. Unter optimalen Kulturbedingungen durchlaufen die Tiere diesen direkten Lebenszyklus. Im Labor mit dem Darmbakterium *Escherichia coli* als Futterquelle können die Tiere eine Generation in nur vier Tagen (bei 20 °C) durchlaufen. Unter Stressbedingungen dagegen treten die Tiere in einen indirekten Lebenszyklus ein und bilden eine Dauerlarve. Diese Dauerlarve hat einen geschlossenen Mund, kann nicht fressen, dafür aber suboptimale Bedingungen lange überdauern. Die Bildung von Dauerlarven wird bei erhöhter Temperatur, Futtermangel oder hoher Individuendichte gefördert und zeigt die bei vielen Tieren vorhandene umweltabhängige Plastizität in der Merkmalsausprägung

Im Sinne einer interdisziplinären Erforschung evolutionsbiologischer Phänomene sollte also neben der entwicklungsbiologischen und der populationsbiologischen Betrachtungsweise auch eine ökologische, auf die potentielle Bedeutung der Umwelt ausgerichtete Arbeitsweise angestrebt werden. In der Vergangenheit wurden diese Aspekte allerdings meist an verschiedenen Objekten untersucht, und es kam nur selten zu einer gegenseitigen Befruchtung der Teildisziplinen oder gar zu interdisziplinären Ansätzen. Dies beginnt sich gegenwärtig grundlegend zu verändern, sodass einige zukunftsweisende Forschungsansätze auf eine interdisziplinäre Analyse der Evolutionsprozesse abzielen (Sommer 2009).

7.5 Die Rezeption der Evolutionsforschung in den modernen Lebenswissenschaften

Die Komplexität der Evolutionsbiologie, so wie sie auf die unterschiedlichen Evolutionstheorien von Darwin und Wallace zurückzuführen ist, führte zu zahlreichen parallelen Ansätzen in der Evolutionsforschung. Darauf hat auch Ernst Mayr vor kurzem noch einmal deutlich hingewiesen (Mayr 2004). Es ist daher kaum verwunderlich, dass die Rezeption der Evolutionsforschung in der Gesellschaft, aber auch in anderen Bereichen der Lebenswissenschaften, in ihrer Perspektive oft verengt ist. So lässt sich die Reduktion der Evolution auf die Theorie der natürlichen Selektion auch unter vielen Biologen finden (Lynch 2007). Dies hat zum Teil weit reichende intellektuelle und philosophische Konsequenzen.

Die weiter oben beschriebene Vielfalt der populationsgenetischen Prozesse (positive Selektion, negative Selektion, neutrale Evolution) zeigt aber eindeutig, dass diese verengte Betrachtungsweise keine wissenschaftliche Grundlage hat.

Um dieser Fehlentwicklung entgegenzutreten, muss die evolutionsbiologische Ausbildung nicht nur an Schulen, sondern auch an Universitäten viel breiter gefasst werden. Denn es stimmt weiterhin, dass alle biologischen Phänomene nur im Lichte der Evolution verstanden werden können, allerdings können sowohl adaptive als auch nicht-adaptive Kräfte dabei eine Rolle spielen. Eine breite evolutionsbiologische Ausbildung ist deshalb an Schulen und an Universitäten notwendig und sollte im Hinblick auf die Bedeutung der Evolution für das gesamte philosophische Gedankengebäude auch Nicht-Biologen und Nicht-Naturwissenschaftler einbeziehen.

Literatur

Amundson R (2005) The changing role of the embryo in evolutionary thought. Cambridge University Press, Cambridge

Darwin C (1963) Die Entstehung der Arten durch natürliche Zuchtwahl. Reclam, Stuttgart

Hong R, Sommer RJ (2006) *Pristionchus pacificus*: a well rounded nematode. Bioessays 28:651–659

Kimura M (1987) Die Neutralitätstheorie der molekularen Evolution. Parey, Hamburg

Lynch M (2007) The origins of genome architecture. Sinauer, Sunderland

Mayr E (2004) What makes biology unique? Cambridge University Press, Cambridge

Rensch B (1954) Neuere Probleme der Abstammungslehre. Enke, Stuttgart

West-Eberhard M (2003) Developmental plasticity and evolution. Oxford University Press, Oxford

Westhoff P (1996) Molekulare Entwicklungsbiologie. Thieme, Stuttgart

Sommer RJ (2009) The future of evo-devo: model systems and evolutionary theory. Nature Revolution Genetics 10:416–422.

Kapitel 8
Evolution und Kreationismus im Schulunterricht aus Sicht Großbritanniens. Ist Evolution eine Sache der Akzeptanz oder des Glaubens?

James D. Williams

Science is proof without certainty; faith is certainty without proof.
Anonymus

8.1 Einleitung

Ist Kreationismus eine Weltanschauung oder eine falsche Vorstellung? Ausgehend vom Standpunkt der Naturwissenschaft ist der Unterschied wichtig. Falsche Vorstellungen können herausgefordert und durch gründliche wissenschaftliche Lehre korrigiert werden. Weltanschauungen sind Teil eines etablierten Glaubenssystems, und diese Überzeugungen sind von Natur aus schwer zu verändern (Cohen 1992).

Die Frage, ob Naturwissenschaft eine Weltanschauung oder eine falsche Vorstellung ist, ging 2008 durch die Medien, als fälschlicherweise berichtet wurde, dass Rev. Professor Michael Reiss, damals Leiter der Pädagogik an der *Royal Society*, eine Rede auf dem *British Association Festival of Science* gehalten hat, die die Lehre des Kreationismus im schulischen Naturwissenschaftsunterricht befürwortete (Randerson 2008; Reiss 2008a, b). Die Zeitungsnachricht hatte Zitate aus Reiss' Rede aus dem Zusammenhang gerissen und ihnen eine neue Bedeutung zugeschrieben. Diese war nicht übereinstimmend mit seiner eigentlichen Forderung: auf die Ansichten der Kinder Rücksicht zu nehmen, die gegen Evolution und für Kreationismus eintreten und dafür von ihren Lehrern zwar respektiert, aber auch tendenziell kritisch betrachtet werden. Dieser Zwischenfall erregte viel Aufmerksamkeit in den Medien und endete in dem Rücktritt von Reiss von seinem Amt an der *Royal Society* (Smith u. Henderson 2008). Paradoxerweise entspricht die Art, wie Reiss von den Medien behandelt wurde, genau der Art, wie Kreationisten Aussagen von Wissenschaftlern verwenden, um ihre Argumente zu stützen und dabei die Wissenschaft missbrauchen.

J. D. Williams (✉)
Sussex School of Education, University of Sussex, Falmer, BN1 9QQ Brighton, Großbritannien
E-Mail: james.williams@sussex.ac.uk

D. Graf (Hrsg.), *Evolutionstheorie – Akzeptanz und Vermittlung im europäischen Vergleich*,
DOI 10.1007/978-3-642-02228-9_8, © Springer-Verlag Berlin Heidelberg 2011

Dokumentierte Fälle kreationistischer Lehre in naturwissenschaftlichen Schulstunden an staatlichen Schulen in Großbritannien sind selten, und die Lehre des
Kreationismus wird ausdrücklich von der britischen Regierung abgelehnt (DCSF
2007). Die staatlichen Schulen können nicht frei bestimmen, ob sie Kreationismus
lehren und Evolution ablehnen. Jede Schule, deren Schüler an den staatlichen Prü-
fungen teilnehmen, muss den vorgeschriebenen naturwissenschaftlichen Lehrplan
unterrichten, welcher Evolution enthält und Kreationismus ablehnt. Nach einer
kurzen Betrachtung der Situation in Großbritannien, den *Glauben an* Evolution/
Kreationismus betreffend, werde ich auf Kreationismus als falsche Vorstellung in
Form einer Weltanschauung eingehen und anschließend einen Lösungsvorschlag
vorstellen, wie mit kreationistischen Schülervorstellungen im naturwissenschaftlichen Unterricht umgegangen werden kann, indem Akzeptanz von Evolution gefördert wird.

8.2   Alltagsglaube an Evolution

Umfragen in einer Reihe von Ländern zeigen, dass eine große Anzahl von Personen nicht an Evolution *glaubt*. Obwohl die Glaubensalternative – Kreationismus – oft als amerikanisches Problem angesehen wird, gibt es Anzeichen dafür,
dass Kreationismus in anderen Ländern bzw. Kontinenten zunimmt, vor allem in
der Türkei, in Großbritannien und in Australien (Shermer 2009; Williams 2008a).
Kreationismus tritt in größerem oder kleinerem Ausmaß in vielen weiteren Ländern
auf, einschließlich Russland und Polen (Hameed 2008; Koenig 2007; Levit et al.
2006).

Auf die simple Frage, warum Menschen nicht von Evolution überzeugt sind, gibt
es keine einfache Antwort. Tatsächlich geht durch die neue Taktik der Kreationisten
– *Intelligent Design* Kreationismus als wissenschaftliche Alternative zur Evolution
zu fördern, gepaart mit der Forderung nach Diskussion von *Stärken und Schwächen*
der Evolution – eine versteckte Möglichkeit einher, *Intelligent Design* Kreationismus in die Schullehrpläne einzuschleusen. Herausforderungen an die Evolution
brechen in eine neue Ära auf. Kreationismus versucht eine Unterscheidung zu erzeugen zwischen denen, die in der Öffentlichkeit den wissenschaftlichen Kreationismus (*creation science*) durchsetzen wollten und denen, die behaupten, Evolution
ausschließlich mit wissenschaftlichen Methoden anzugehen und gleichzeitig versuchen, sich von jeglichen religiösen Motivationen zu distanzieren (Forrest u. Gross
2007).

Umfragen, die auf die Einstellung der Öffentlichkeit zur Evolution eingehen, sind
selten in Großbritannien. Anders als in den USA, wo während der letzten 27 Jahre
regelmäßige Umfragen zu dieser Fragestellung durchgeführt wurden (s. Abb. 8.1),
wurden diese Daten in Großbritannien nicht regelmäßig erhoben.

Das macht jährliche Vergleiche schwierig. Kürzlich durchgeführte Umfragen
stellen besonders interessante Ansichten der Öffentlichkeit über Evolution und

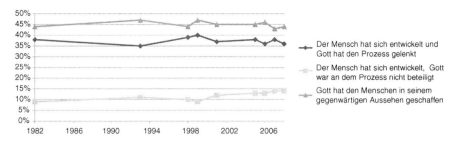

Abb. 8.1 Repräsentative Befragung in den USA zur Entstehung des Menschen. (http://www.gallup.com/poll/21814/evolution-creationism-intelligent-design.aspx)

Kreationismus dar. So wurde zum Beispiel in einer 2006 durchgeführten Umfrage die Bevölkerung befragt, welche *Theorie* am besten ihre Ansichten zu der Entstehung und Entwicklung von Leben auf der Erde beschreibt. 22 % wählten die *Kreationismus-Theorie*, 27 % die *Intelligent Design Theorie*, während 12 % keine Meinung abgaben (BBC 2006). Daraufhin sollte in der Umfrage beantwortet werden, welche dieser Theorien im naturwissenschaftlichen Schulunterricht gelehrt werden sollte. Die Antworten sind in Tab. 8.1 zusammengefasst.

Im Jahre 2008 deckte eine Nachrichtensendung am 1. Juli, dem Jahrestag der ersten Lesung von Darwins und Wallaces *Theorie der Evolution durch natürliche Auslese*, einige religiös ausgerichtete Privatschulen auf, die Kreationismus entweder zusammen mit oder sogar an Stelle von Evolution in naturwissenschaftlichen Schulstunden unterrichtete (Teggarty 2008).

Der Bericht, der auf einer Telefonumfrage an britischen religiös ausgerichteten Schulen basierte, zeigte, dass Kreationismus wie folgt unterrichtet wurde:

• an 14 der 19 antwortenden jüdischen Schulen;
• an allen der 21 antwortenden evangelischen Schulen, die den *Accelerated Christian Education (ACE)* Lehrplan befolgen und
• an 5 der 10 antwortenden islamischen Schulen.

Tab. 8.1 Repräsentative Befragung der BBC zur Entstehung des Lebens (2006). (http://www.ipsos-mori.com/content/bbc-survey-on-the-origins-of-life.ashx)

	Evolutionstheorie	Kreationis-mustheorie	Intelligent Design Theorie
Ja, sollte im naturwissenschaftlichen Unterricht durchgenommen werden	69 %	44 %	41 %
Nein, sollte im naturwissenschaftlichen Unterricht nicht durchgenommen werden	15 %	39 %	40 %
Bin unsicher	17 %	17 %	20 %

Während diese Meinungsumfrage nur eine kleine Anzahl von Privatschulen umfasst, wurde geschätzt, dass an diesen Schulen in offiziellen Schulstunden allein fast 6.000 Schülern ein unwissenschaftliches Konzept gelehrt wird. Es muss allerdings noch mehr Aufwand betrieben werden, um ein vollständigeres, robusteres Bild der aktuellen Situation der Lehre des Kreationismus an britischen Schulen zu bekommen.

Die aktuellste Umfrage in Großbritannien wurde im Auftrag der religiösen Expertenkommission *Theos* durchgeführt. Die Hauptaussagen des Berichts lauten, dass:

- nur 54 % wissen, dass Charles Darwin *The Origin of Species* geschrieben hat;
- 42 % der Befragten glauben, dass Evolution zwar Herausforderungen an den christlichen Glauben stellt, aber dass es trotzdem möglich ist, an beides zu glauben.

Die Untersuchung beschäftigte sich außerdem mit der Meinung der Befragten zu der Beziehung zwischen Menschen und anderen Lebewesen und fand Folgendes heraus:

- 14 % der Befragten denken, dass der Mensch nur eine weitere Tierart ist, ohne herausgehobenen Wert oder Bedeutung.
- 43 % glauben, dass der Mensch wie jedes andere Tier ist, jedoch besonders komplex, wodurch der Mensch einen anderen Wert und eine andere Bedeutung erhält.
- 40 % glauben, dass der Mensch sich grundsätzlich von anderen Lebewesen unterscheidet und deshalb besonderen Wert und Bedeutung hat.

Es ist beunruhigend, dass nur 37 % der befragten Personen in der *Theos*-Umfrage zustimmten, dass die Evolution laut Darwin eine Theorie ist, die so gut etabliert ist, dass sie keinen berechtigten Zweifel aufkommen lässt, aber fast ein Fünftel (19 %) daran glaubt, dass es für die Darwinische Theorie nur wenige oder keine stützenden Belege gibt. 36 % sagten aus, dass die Theorie noch bewiesen oder widerlegt werden müsse. Diese Statistiken zeigen, dass das Verständnis der Öffentlichkeit von Wissenschaft, der Stellung von Theorien und was einen wissenschaftlichen Beleg ausmacht, nicht sehr gut entwickelt ist (Lawes 2009).

Es bestehen deutliche regionale Unterschiede in Großbritannien. Nordirland, welches die größte konfessionsgebundene Kluft in Großbritannien hat, ist bevölkert von Katholiken und Protestanten, was im 20. Jahrhundert zu vielen Jahren der Gewalt und zahlreichen Terroranschlägen geführt hat. In jüngsten Arbeiten wurden die Ansichten angehender naturwissenschaftlicher Lehrer in Bezug auf das Kreationismus-/Evolutions-Problem untersucht (McCrory u. Murphy 2009). Während die Zustimmung unter diesen Befragten zum Kreationismus oder *Intelligent Design* nicht so hoch war wie bei der allgemeinen Öffentlichkeit (s. Tab. 8.2), gab es doch eine überraschend große Anzahl von Lehrern, die das Lehren verschiedener Sichtweisen zur Entstehung und Entwicklung von Leben im naturwissenschaftlichen Unterricht bevorzugen (s. Abb. 8.2).

Tab. 8.2 Befragung von Lehramtskandidaten in Nordirland. (McCrory u. Murphy 2009, S. 379)

	Stimme sehr überein	Stimme überein	Neutral	Lehne ab	Lehne sehr ab	Weiß nicht
Ein höheres Wesen (z. B. Gott) erschuf den Menschen in seinem heutigen Aussehen	17 %	13 %	21 %	17 %	30 %	4 %
Es gibt Belege dafür, dass der Mensch sich aus anderen Tieren entwickelt hat	21 %	41 %	13 %	12 %	9 %	3 %
Über Milliarden von Jahren sind alle Pflanzen und Tiere aus einem gemeinsamen Vorfahren entstanden	15 %	24 %	26 %	12 %	14 %	9 %

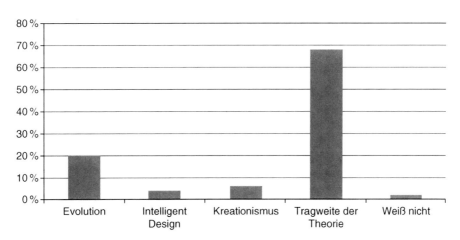

Abb. 8.2 Was nach Sichtweise von Lehramtskandidaten im Biologieunterricht gelehrt werden sollte. (McCrory u. Murphy 2009, S. 378)

8.3 Wie oft wird Kreationismus in Schulstunden von den Schülern angesprochen?

Kreationismus kann zwar formal vom naturwissenschaftlichen Unterricht ausgeschlossen werden, aber wie jeder Naturwissenschaftslehrer bestätigen kann, verhindert dies nicht, dass das Thema in der Klasse angesprochen wird. Das Ausmaß, in dem Schüler aktiv das Thema Kreationismus mit ihrem Lehrer diskutieren möchten, ist in Großbritannien noch nicht ausführlich untersucht worden (Cleaves u. Toplis 2007). Einige Untersuchungen, die in England mit Lehramtsstudenten und erfahrenen Lehrern der Naturwissenschaft durchgeführt wurden, zeigen, dass ein Anzweifeln der Evolution bei denjenigen Kindern, die Kreationismus im naturwissenschaftlichen Unterricht ansprechen wollen, nicht ungewöhnlich ist. Diese Infragestellung

der Evolutionstheorie erfuhren 20 % der Lehramtskandidaten in den ersten sechs
bis sieben Monaten ihres Referendariates. 45 % der erfahreneren Lehrer hatten
während ihrer Arbeit als Lehrer Anzweifelungen der Evolutionstheorie erlebt.

Diese Zweifel entstehen aus einer Vielzahl von Gründen. Die Zweifel könnten
darauf beruhen, dass das, was ein Schüler akzeptiert und glaubt, ein Ergebnis seiner
Erziehung und Indoktrinierung der kirchlichen Gemeinde ist, die Kreationismus als
die einzige rechtmäßige Antwort auf die Frage der Herkunft und Entwicklung von
Leben sieht. Das Anzweifeln könnte auch durch eine zufällige Bekanntschaft mit
Literatur zu Kreationismus und Evolution entstehen. Es könnte auch sein, dass der
Schüler versucht, eine Diskussion oder eine Debatte zu entfachen, um zu prüfen,
durch welche Aussagen sich der Lehrer provozieren lässt. Es gibt Hinweise darauf,
dass fundamentalistische evangelikale Kirchen gezielt junge Schüler vom siebten
Lebensjahr an mit kreationistischen Comicbüchern und Literatur versorgen, um fal-
sche wissenschaftliche Vorstellungen zu etablieren (Williams 2009).

8.4 Ansichten von Studenten zu Kreationismus

Es gibt nur wenige empirische Studien, die die Ansichten britischer Studenten zu
Kreationismus und Evolution dokumentieren. Fulljames und seine Mitarbeiter führten einige Befragungen zu Einstellungen von Studenten in den späten 1980er und
1990er Jahren durch (Egan u. Francis 1992; Francis et al. 1990; Fulljames 1996;
Fulljames et al. 1991; Fulljames u. Francis 1987). Fulljames betrachtete dabei Beziehungen von Einstellungen zu Wissenschaft und Religion. Er bezeichnete Vorstellungen, die behaupten, durch wissenschaftliches Vorgehen die absolute Wahrheit
erkennen zu können, als *szientistisch*, und solche, die literarische Beschreibungen
der Entstehung des Lebens – wie in der Schöpfungsgeschichte beschrieben – als
wahr und die Evolutionstheorie als falsch ansehen, als *kreationistisch* (Fulljames u.
Francis 1987). Er argumentiert, dass „Kreationismus" unterschieden werden sollte
von dem Glauben an Gott als Erschaffer, da „viele Christen, mit unterschiedlichen
theologischen Standpunkten, in Anspruch nehmen, dass der Glaube an Gott als Erschaffer vereinbar mit der evolutionären Theorie der Entstehung ist" (Fulljames
et al. 1991, S. 173).

In einer Studie mit 729 schottischen Studenten im Alter von 16 bis 18 Jahren beschreibt Fulljames die folgenden zwei Formen positiver christlicher Einstellungen:
1) christlicher Glaube umfasst unbedingt Kreationismus; und 2) christlicher Glaube umfasst nicht unbedingt Kreationismus (Fulljames et al. 1991). Studenten, die
den ersten Standpunkt vertraten, zeigten bei positiver Einstellung zum christlichen
Glauben eine negative Haltung gegenüber der Wissenschaft. Eine größere Studie an
6.000 schottischen Schülern im Alter von 11 bis 15 Jahren bestätigte die Schwierigkeiten, die Schüler mit einer positiven Einstellung gegenüber Wissenschaft und
christlichem Glauben hatten, wenn Kreationismus ein unbedingter Teil des Glaubens darstellte, wobei ältere Schüler (15 bis 16 Jahre) eine negativere Haltung zum
christlichen Glauben entwickelten (Francis et al. 1990).

Der Hauptkritikpunkt an Fulljames Ansatz, der von Francis und Greer vorgebracht wurde, war die mangelnde Gründlichkeit beim Ermitteln der Schüleransichten zur Wissenschaft (Francis u. Greer 2001). Sie nutzten die Befragungen, um Einstellungen zu Wissenschaft und Religion bei heranwachsenden Jugendlichen zu untersuchen. Die Ergebnisse dieser Untersuchung, die in Nordirland durchgeführt wurde, zeigen, dass Differenzen in Einstellungen zu Kreationismus je nach Geschlecht, Schultyp, Alter, Gebet und Kirchenbesuch vorhergesagt werden konnten. Sie folgerten, dass die Attribute jung, weiblich, streng gläubig und Kirchengänger an einer protestantischen Schule mit einem höheren Level des Glaubens an Kreationismus verbunden sind. Sie sprachen eine Warnung an Naturwissenschaftsdidaktiker aus: „Aus der Sicht der evangelischen Kirchen geht klar hervor, dass wissenschaftliche Lehre nicht den konservativen evangelischen Glauben untergräbt. Aus Sicht vieler Naturwissenschaftsdidaktiker ist es ebenso klar, dass die wissenschaftliche Lehre nichts dazu tut, die Glaubwürdigkeit der Evolutionstheorie unter konservativen christlichen Gläubigen zu steigern" (Francis u. Greer 2001).

Die beschriebenen Studien wurden eher aus der Perspektive von Einstellungen zu Religion initiiert als aus denen zur Wissenschaft. Jedoch decken sie interessante Informationen über Einstellungen zu Wissenschaft und Kreationismus auf, die bei britischen Schülern vorherrschen. Lehrer müssen einen Weg finden, sich mit den Schülern auseinanderzusetzen, die den Streitfall Kreationismus in der Klasse ansprechen, denn dort bekommt das Problem *Weltanschauung* versus *Fehlvorstellung* eine große Bedeutung.

8.5 Weltanschauung oder falsche Vorstellung?

Ist Kreationismus eine falsche Vorstellung, die angefochten werden kann oder eine Weltanschauung, die akzeptiert werden muss? Reiss argumentiert, dass statt den Kreationismus als falsche Vorstellung zu verstehen, welche durch vernünftige Lehre verändert werden kann, wir ihn eher als Weltanschauung betrachten sollten (Reiss 2008a). Indem er diese Haltung einnimmt, gesteht der Autor jedoch ein, dass ein Überzeugungswechsel von Kreationismus zu Evolution möglicherweise nicht passieren könnte: „Die weltanschauliche Perspektive zu akzeptieren muss nicht bedeuten, dass der Biologielehrer davor zurückschrecken sollte, die Belege der Evolution vorzustellen. Jedoch hilft es uns zu verstehen, warum solches Vorgehen nicht so erfolgreich ist, wie man hoffen könnte" (Reiss 2009, S. 6).

Diese Ansicht könnte tatsächlich die Situation wiedergeben, die eintritt, wenn man das Thema Evolution erst spät in der schulischen Ausbildung angeht. Nach britischem Lehrplan geschieht dies nicht vor dem 14. Lebensjahr. Einige Aspekte der wissenschaftlichen Kernkonzepte, die die Evolutionstheorie untermauern, kommen allerdings früher im Curriculum vor, z. B. Variation, Adaption, Vererbung und Lebensräume. Aber die Vorstellung einer Theorie der Evolution durch natürliche Selektion als gut belegte Erklärung für die Entwicklung und Diversität von Leben auf der Erde wird zu spät behandelt, um frühe falsche Vorstellungen zu verhindern.

Bis dahin werden Ansichten, die auf fundamentalistisch-religiösen Vorstellungen
und Idealen begründet sind und dadurch eine verzerrte Interpretation der existierenden Belege liefern, gelehrt. Verbreitete wenn auch unkorrekte wissenschaftliche
Ansichten, wie z. B. die gleichzeitige Existenz von Dinosauriern und Menschen,
können jahrelang in den Gedanken eines Kindes vorhanden sein, bevor schulische
Anforderungen diese falschen Vorstellungen zu korrigieren versuchen.

Ich stimme nicht mit den Ideen von Reiss überein, die besagen, dass Kreationismus als *Weltanschauung* (s. Abb. 8.3) und nicht wie eine falsche Vorstellung
behandelt werden sollte. Falsche Vorstellungen entstehen durch Weltanschauungen
und können verändert werden. Ich würde dagegen sagen, dass Kreationismus Teil
einer religiösen Weltanschauung ist. Es ist keine Weltanschauung an sich. Cobern
argumentiert in einer Reihe von Artikeln über seine Weltanschauungs-Theorie und
die Entwicklung einer wissenschaftlichen Weltanschauung, dass Kinder im naturwissenschaftlichen Unterricht keine homogene Weltanschauung haben. In einer
Gruppe von Schülern aus unterschiedlichen sozialen Klassen, ethnischen Hinter-

Abb. 8.3 Zusammenhang zwischen Fehlvorstellungen und Weltanschauungen. (Nach Cobern
1989)

gründen usw. wird es eine Vielzahl von verschiedenen Weltanschauungen geben. Was ihre Herangehensweise und Akzeptanz von Wissenschaft beeinflusst, ist durch ihre Weltanschauung bestimmt. Es ist nicht das Missverstehen von etwas, sondern dass die Schüler nicht an das glauben, was gelehrt wird. Es ist der Glaube, der in naturwissenschaftlichem Unterricht behandelt werden muss (Cobern 1993). Es muss eine Lösung dafür gefunden werden, wie kreationistische Vorstellungen behandelt werden können, ohne dass Glaubenseinstellungen in dem Prozess zerstört werden. Dieses Problem wird im weiteren Verlauf dieses Textes noch eingehender behandelt. Wie Cobern darlegt: „Eine Weltanschauung kann nicht reduziert werden auf ein Bündel wissenschaftlicher und alternativer Vorstellungen zu einem physikalischen Phänomen [...]. Bei Weltanschauungen geht es um metaphysische Ebenen, die spezifischen Haltungen, die eine Person zu Naturphänomenen hat. Dies ist unabhängig davon, ob eine Person diese Ansichten gesunden Menschenverstand, alternative Rahmenbedingung, Fehlvorstellung oder valide Wissenschaft nennt. Eine Weltanschauung ist eine Gruppe fundamentaler, nicht rationaler Annahmen, auf welchen sich die Realitätsvorstellungen gründen", (Cobern 1994).

Weltanschauungen können als Schemata verstanden werden, die konstruiert werden, um Glaubensrichtungen und Beobachtungen der natürlichen Welt einen Sinn zu verleihen, wo übernatürliche Erklärungen für Phänomene nicht ausgeschlossen werden können. Es ist die Art und Weise, in welcher eine Person die Welt sehen und interpretieren könnte. So würde in der geozentrischen Weltanschauung die Erde als Zentrum des Universums gesehen werden. Alternativ wäre in einer heliozentrischen Weltanschauung die Sonne im Zentrum eines bestimmten Punktes im Universum (Kuhn 1957). Eine religiöse Weltanschauung würde sich nicht aus dem Glauben eines Individuums entwickeln, sondern aus der Akzeptanz eines kulturellen Glaubenssystems der Gesellschaft, zu der dieses Individuum gehört. Kulturgeschichte und Traditionen dienen also der Erstellung solcher Weltanschauungen. Kreationismus ist nicht eine spezifische Ansicht des Ursprungs von Leben auf der Erde; tatsächlich haben viele verschiedene Kulturen unterschiedliche Geschichten und Mythologien zur Entstehung entwickelt: von dem vedischen Denken, das Universum entstamme einem Ei, über die aztekische Muttererde zu dem Raben der Inuit, der die Welt erschaffen hat.

Sogar innerhalb der christlichen Weltanschauung ist Kreationismus nicht nur die Akzeptanz der Schöpfungsgeschichte – wortwörtlich der Bibel entnommen. Scott beschreibt ein Kreationisten-Kontinuum von Befürwortern einer flachen Erde zu theistischen Evolutionisten (Scott 2000). Jeder dieser Ausprägungen kann eine religiöse Weltanschauung nachgesagt werden, jedoch entwickeln nicht alle eine Fehlvorstellung vom Konzept der Evolution. Daher wäre es falsch, diejenigen Gottgläubigen, die sowohl Evolution als Fakt akzeptieren als auch die Theorie der Evolution durch natürliche Selektion als eine gut belegte Erklärung der Entwicklung und Diversität des Lebens auf der Erde, als Menschen mit kreationistischer Weltanschauung zu betiteln. Sie mögen wohl akzeptieren, dass ein ursprünglicher Akt der *Erschaffung* oder des Erscheinens von Leben auf der Erde als Resultat des Wirkens eines übernatürlichen Wesens, welches sie als Gott bezeichnen, zu sehen ist. Kreationismus per se ist keine Weltanschauung, kann aber aus verschiedenen Weltanschauungen wie dem Christentum, dem Hinduismus, dem Sikhismus oder dem Islam hervorgehen. Auf dieser Basis kann argumentiert werden, dass Kreationismus eher als Fehlvorstellung und nicht als Weltanschauung gesehen werden sollte.

8.6 Ausprägungen von Fehlvorstellungen in der Wissenschaft

Der konstruktivistische Ansatz des Lernens impliziert, dass man herausfindet, was Kinder über ein Konzept wissen oder denken – und dann einen *kognitiven* Konflikt einführt, um sie zu einem besseren Verständnis des Konzeptes zu führen, welches das aktuelle wissenschaftliche Verständnis repräsentiert. Das Mantra des Konstruktivisten heißt „*das Kind abholen, wo es steht*" und ihm helfen, ein besseres Verständnis aufzubauen.

Fehlvorstellungen sind bei Kindern schwerlich zu verändern – von Erwachsenen ganz zu schweigen. Die Herangehensweise von Konstruktivisten ans Lehren wird bestimmt von der Idee, dass Lernende ein Verständnis auf der Basis ihrer Erfahrungen entwickeln. Der Lernende generiert Regeln und mentale Modelle, um seinen Erfahrungen Sinn zu geben. Oft handelt es sich dabei allerdings um Fehlvorstellungen. Lehrer müssen sich darum dieser Regeln und Modelle bewusst sein und – statt gegen diese Konstrukte anzugehen und dem Lernenden die *korrekte* Antwort aufzudrängen – sollten den Lernenden mit kognitiven Konflikten konfrontieren, die seinen Erfahrungen widersprechen und ihn zu einer wissenschaftlich akzeptableren Erklärung bewegen. Einfach zu behaupten, dass eine Fehlvorstellung falsch ist, korrigiert sie nicht.

Fehlvorstellungen sind beständig, und das Verständnis der Bevölkerung zu wissenschaftliche Ideen ist gesättigt mit Fehlvorstellungen zu wie z. B.: dass Pflanzen ihre Nahrung dem Boden entnehmen; über: *wir sehen mit unseren Augen*; bis hin zur Co-Existenz von Menschen und Dinosauriern – dem Favoriten der Kreationisten (Brumby 1984; Rudolph u. Stewart 1998). Eine Fehlvorstellung liegt dann vor, wenn das, was eine Person weiß oder glaubt, nicht mit dem übereinstimmt, was als wissenschaftlich korrekt gilt.

Die meisten Menschen, die Fehlvorstellungen besitzen, sind sich dessen nicht bewusst. Auch wenn ihnen gesagt wird, dass sie etwas Falsches Denken, kommen sie nur schwer von diesem falschen Denken ab. Oft akzeptieren sie nicht, dass sie falsch liegen, besonders wenn sie eine Fehlvorstellungen bereits über einen langen Zeitraum haben. Menschen, insbesondere Kinder, können ihre Fehlvorstellung besitzen und trotzdem in einer formellen Prüfungssituation die wissenschaftlich *korrekte* Antwort geben.

Fehlvorstellungen können einen erheblichen Einfluss auf das Lernen einer Person haben. Wenn z. B. die Fehlvorstellung in der Auffassung besteht, dass die *Natur Indizien für Design zeigt* oder das Leben einen *Designer* voraussetzt, ungeachtet dessen, ob dieser Designer benannt werden kann oder nicht, wird damit eine Verständnisbasis geschaffen. Die Person mit der Fehlvorstellung baut auf diese Basis auf und bringt neu erworbenes Wissen mit dieser Fehlvorstellung in Einklang. Folgendes ist somit für Kinder, die kreationistische Vorstellungen unterrichtet bekommen klar: Je eher und intensiver sie diese Fehlvorstellung beigebracht bekommen, desto einfacher ist es, solche Konzepte zu etablieren, die auf derartigen Fehlvorstellungen aufbauen. Es ist zudem einfacher, solche Interpretationen der Belege zu liefern, die mit der Fehlvorstellung konform gehen.

8.7 Fehlvorstellungen als Herausforderung

Lehrer führen einen kognitiven Konflikt, der zeigt, dass eine Vorstellung inkorrekt ist, in konstruktivistischer Sprache ein. Das Kind wird gebeten, selbständig Belege zu untersuchen und zu erforschen, die den Konflikt unterstützen und die Fehlvorstellung widerlegen. Mit der Bestätigung der neuen Erkenntnisse durch das eigene Forschen bewegt sich das Kind mental von der fehlerhaften zu einer wissenschaftlich akzeptablen Position. Der Grund dafür, dass solches Anzweifeln bei älteren Schülern fehlschlägt, liegt nicht daran, dass es eine *Weltanschauung* ist, sondern höchstwahrscheinlich an der frühen Etablierung der Fehlvorstellung durch Eltern und Klerus. Sie sorgen dafür, dass sich solche Fehlvorstellungen bei sehr jungen Kindern verfestigen. Mit der Zeit wird das Kind sich ein mentales Gerüst aus fehlinterpretierten Belegen gebaut haben, die vielleicht von den Eltern oder der Kirche geliefert wurden. Es ist das Fehlen einer frühen kognitiven Anfechtung der Idee des Kreationismus durch Lehrer, welches es so schwierig macht, die Fehlvorstellung zu verändern.

Evolution als wissenschaftliches Konzept muss nicht eine *Weltanschauung* in Zweifel ziehen. Die Tatsache, dass es viele theistische Evolutionisten gibt, zeigt, dass eine religiöse Weltanschauung nicht unbedingt inkompatibel mit der Akzeptanz von Evolution ist. Wenn Evolution vom Standpunkt der Akzeptanz von Belegen unterrichtet wird, so wie andere wissenschaftliche Theorien auch, dann verhindert es die Auffassung, dass Evolution ein Glaubenssystem ist. Evolution sowie Wissenschaft im Generellen erbringen momentan nur wenige Belege für die Art und Weise der Entstehung des Lebens. Somit könnte man argumentieren, dass eine Weltanschauung oder der Glaube an eine übernatürliche Entstehung von Leben nicht angezweifelt werden kann. Diese Einstellung schließt nicht aus, dass die Wissenschaft eines Tages die Entstehung von Leben im Detail aufdeckt und die Arbeit an diesem Problem fortsetzt.

8.8 Akzeptanz kontra Glauben

Eine einfache Frage, die oft von Kreationisten gestellt wird, ist, ob man an Evolution *glaubt* oder nicht. Einige kreationistische Texte bezeichnen Evolution als *Evolutionismus*. Dies hat den Effekt, dass ein wissenschaftliches Konzept oder Prinzip als glaubensbasierte oder religiöse Position umdefiniert wird.

Eine bekannte kreationistische Organisation in Amerika erläutert es einfach: „Evolution ist die Theorie der Verzweiflung für jene, die das Offensichtliche nicht akzeptieren wollen – wir wurden mit einer Bestimmung erschaffen. An Evolution zu glauben erfordert Glauben, da die Entstehung von Leben und die Erzeugung von neuer Information durch Mutation unter keinen vorstellbaren Umständen nachgewiesen werden kann. Ist Evolution dann eine Wissenschaft oder Religion? Viele behaupten letzteres. Evolution wurde ohne Frage von der atheistischen Philosophie hervorgebracht und ist das wichtigste Argument, welches vom säkularen Humanismus verwendet wird, um die Existenz des Menschen unabhängig von Gott zu erklären."[1]

Ein anderer kreationistischer Autor, Ken Ham, widmet ein Kapitel seines Buches der Vorstellung von Evolution als Religion und Glaubensangelegenheit und nicht als Wissenschaft. „Das Problem besteht darin, dass die meisten Wissenschaftler nicht realisieren, dass der Glaube an (oder die Religion von) Evolution die Basis für wissenschaftliche Modelle (die Interpretationen oder Geschichten) bildet, die benutzt werden, um das Vorliegende zu erklären. Evolutionisten sind nicht bereit, ihren Glauben aufzugeben, dass alles Leben durch natürliche Prozesse erklärt werden kann, und dass kein Gott involviert ist (oder überhaupt gebraucht wird). Evolution ist die Religion, der wir verpflichtet sind. Christen müssen sich dessen bewusst werden. Evolution ist eine Religion, es ist keine Wissenschaft!" (Ham 1987). Die Kennzeichnung von Evolution als Glaubenssystem hat einen doppelten Effekt. Sie wird vorsätzlich genutzt, um mit der Wissenschaft der Evolution direkt die etablierten Religionen anzugreifen (in Hams Fall das Christentum), und es liefert stattdessen Argumente auf der Basis der Kennzeichnung von Evolution als Religion, dass es richtig und angemessen ist, Kreationismus im Unterricht als Gegenposition zur Evolution zu lehren. In der Wissenschaft geht es nicht um Glauben, sondern um die Akzeptanz von Daten, Belegen und Beobachtungen, welche eine aufgestellte Hypothese bestätigen oder ihr widersprechen. Demzufolge können wir sicher sein, dass Evolution eine Wissenschaft ist und nicht ein Glaube oder gar eine Religion. Weshalb Menschen diese befremdlichen Vorstellungen behalten, kann verstanden werden, wenn man sich mit den psychologischen Aspekten von Glauben befasst.

8.9   Seltsame und unplausible Glaubensüberzeugungen

Obwohl wir einige Glaubensüberzeugungen als seltsam oder unglaubwürdig bezeichnen können – zum Beispiel UFOs, Entführungen durch Außerirdische oder eben Kreationismus – wird es Menschen geben, die sie akzeptieren, unabhängig von ihrem Intelligenzniveau. Alan Mazur behauptet, dass soziale Einflüsse, Persönlichkeit und Überzeugungen, auch wenn diese irrational sind, der Schlüssel zu dem Verständnis von unglaubwürdigen Glaubensüberzeugungen ist. D. h. die Zugehörigkeit zu einer

---

[1]   http://www.nwcreation.net/evolutionism.html (Zugriff 09.06.2009).

Religion ist eher ein Ausfluss des Glaubens der Familie als ein ursprünglicher eigener Glaube. Er sagt, die Wahl einer Religion „ist zufällig festgelegt durch die Geburt oder Anpassungsprozesse. Ist die religiöse Identität erstmal festgelegt, verbinden wir uns mit Gleichgesinnten und sehen die Welt aus dem Blickwinkel unserer Religion" (Mazur 2008). Glaubensüberzeugungen entspringen fast sicher den normalen sozialen Prozessen, wie der religiösen Erziehung oder einer Konvertierung im späteren Leben. Mazur behauptet, dass Persönlichkeitsmerkmale bei manchen Menschen eine Veranlagung zu unplausiblen Glaubensüberzeugungen schaffen können, was jedoch nicht notwendigerweise vom IQ abhängig ist. Durchaus intelligente Menschen Menschen glauben an Kreationismus. Ihr Glaube ist aufrichtig. Mazur bezieht dies sowohl auf soziale Bindungen aus der Kindheit als auch auf die Bindungen zu Ehepartnern, Angehörigen, Freunden und Kollegen.

Michael Shermers Analyse der Gründe, warum Menschen „der Wahrheit über Evolution Widerstand leisten" (Shermer 2009, S. 30) und an Kreationismus glauben, kann in fünf Kategorien eingeteilt werden:

1. Allgemeiner Widerstand gegen Wissenschaft.
2. Der Glaube, dass Evolution eine Gefahr für spezifische religiöse Grundsätze ist.
3. Die Befürchtung, dass Evolution die Menschheit degradiert.
4. Evolution gleichsetzen mit moralischer Degeneration.
5. Die Befürchtung, dass Evolution unterstellt, dass wir als Mensch durch die Natur festgelegt sind.

Der Autor bietet eine einfache Antwort darauf, warum intelligente Menschen an seltsame Dinge wie Kreationismus glauben: „Intelligente Menschen glauben seltsame Dinge, weil sie darin geübt sind, eigene Glaubensüberzeugungen aus nicht intelligenten Gründen zu verteidigen" (Shermer 2007, S. 283). Die Eigenschaft auf die Shermer hinweist, wäre ein natürliches Produkt ihrer Erziehung.

8.10 Glaube und Akzeptanz – Ähnlichkeiten und Unterschiede

Der Philosoph Cohen sagt, dass es einen fundamentalen Unterschied zwischen Glauben und Akzeptanz gibt. Er führt aus: „Der fundamentale Unterschied, welcher beschrieben werden muss, ist nicht nur eine sozio-geschichtliche Tatsache – ein Unterschied der Bedeutung der Wörter ‚glauben‘ und ‚akzeptieren‘. Es ist nicht nur ein Merkmal der englischen (oder französischen oder deutschen) Spracheigentümlichkeit oder der so genannten ‚gewöhnlichen‘ oder ‚volkspsychologischen‘ Alltagssprache. Es ist eher ein konzeptioneller Unterschied, der irgendwie bezeichnet werden muss" (Cohen 1992). Indem er diesen Unterschied zwischen Glauben und Akzeptanz definiert, liefert Cohen eine prägnante Erklärung der Begriffe und ihrer echten Bedeutung. „‚Glaube‘ hat keine konzeptionellen Implikationen durch logisches Denken, ‚Akzeptanz‘ hat keine Gefühle" (Cohen 1992). Wenn wir diese Einstellung überprüfen, sollten wir ein Gericht in Betracht ziehen, das über Schuld oder Unschuld des Angeklagten entscheidet. Ein Gericht muss anhand der Beweise, die ihm vorgelegt werden, entscheiden, ob eine Person bezüglich des Anklagepunktes schuldig oder unschuldig ist. Es könnte der Fall eintreten, dass zu wenige Beweise für eine Verurteilung vorliegen. Sollte dies der Fall sein, so müsste die Person für unschuldig befunden werden – auch wenn das Gericht glaubt, dass die Person schuldig ist. Hier erkennt man die Unterscheidung zwischen Glaube und Akzeptanz. Glaube an die Schuld reicht nicht aus für eine Verurteilung. Man müsste die Beweise oder das Fehlen von Beweisen akzeptieren und die Person freisprechen. In diesem Fall wäre Cohens Definition, dass Akzeptanz keine *Gefühle* beinhaltet, korrekt.

Ein brauchbarer und valider Weg, um mit Kreationismus im Klassenzimmer umzugehen, wäre durch die Unterscheidung zwischen der Akzeptanz von Belegen – dem wissenschaftlichen Standpunkt – und dem Glauben – an dem ohne Belege festgehalten werden kann – realisierbar. Kreationismus würde als Glaubensüberzeugung kategorisiert werden. Evolution, mit dem Gewicht der Belege ist ganz einfach eine Sache der Akzeptanz. Ein Naturwissenschaftslehrer kann durch Einnahme dieser Position die Schüler darin bestärken dass die Akzeptanz von Evolution nicht eine Zurückweisung der Weltanschauung bedeutet, die dem Kreationismus in der Annahme eines anfänglichen Schaffungsakts zugrunde liegt.

8.11   Wie gut wird Evolution unterrichtet?

Wenn das Konzept und die Theorie der Evolution in den letzten zwei Schuljahren in Großbritannien eingeführt werden, wird das Thema nicht notwendigerweise im naturwissenschaftlichen Unterricht gut und inhaltlich umfassend abgedeckt. So werden immer noch im Grunde ungeeignete *Beispiele für Evolution* unterrichtet, z. B. die Evolution des Pferdes, die in einer klassischen linearen Abfolge präsentiert wird, sowie das Vorstellen des Konzeptes der natürlichen Selektion anhand des Birkenspanners. Wenn Evolution und die Geschichte der Entwicklung der Theorie in britischen Schulbüchern behandelt werden, enthalten sie oft falsche Informationen (Breithaupt et al. 2006; Sherry 2005). Es gibt Fälle, in denen Charles Darwin als *Bord-Biologe* der Beagle bezeichnet wird oder der Mitentdecker der Evolutionstheorie Alfred Russel Wallace nicht erwähnt wird (Gadd 2005). Tatsächlich war Darwin ein Begleiter des Kapitäns der Beagle, Robert FitzRoy, und war als solcher vornehmlich in geologische Beobachtungen involviert, statt in das Sammeln biologischer Objekte. In einem weiteren naturwissenschaftlichen Schulbuch wird eine Abbildung des Godzilla-Filmposters gezeigt: eine Feuer spuckende, einem Dinosaurier ähnelnde, fiktionale Filmfigur. Die Bildunterschrift besagt: „Dinosaurier beherrschten einst den Planeten." (Arnold 2005). Die Filmkreation Godzilla war nicht real, kein Dinosaurier, sondern eine Mischung aus Landlebewesen und aquatischem Fantasiemonster. Jedoch gibt die Anmerkung, dass Dinosaurier Feuer spucken konnten, lediglich den Kreationisten Recht, die behaupten, dass Dinosaurier die Quelle der Geschichten von Feuer spuckenden Drachen in der Mythologie wären. Es gibt außerdem noch eine Beschreibung von gefrorenen Mammuts als *Eisfossilien*, obwohl die korrekte Bezeichnung mumifiziert wäre. Angesichts solcher fehlerbehafteten Informationen verwundert die Verwirrung wenig, die Schüler in Bezug auf Evolution als Theorie und Konzept haben (Breithaupt et al. 2006).

Die Art, in welcher Evolution unterrichtet wird, und der Zeitpunkt, an dem es den Schülern nahe gebracht wird, bedürfen der Überprüfung. Um Fehlvorstellungen und deren Etablierung zu verhindern, sollte ein grundlegender Evolutionsunterricht bei Grundschülern (im Alter von sieben bis elf Jahren) durchgeführt werden. Dies und zusätzlich eine Aktualisierung von Schulbüchern und didaktischen Materialien würden für die Akzeptanz von Evolution anstelle des Glaubens an Kreationismus viel bringen. Es ist außerdem beunruhigend, dass es Lehrer gibt, die falsche Darstellung der Evolution in den Schulbüchern zu akzeptieren scheinen.

8.12 Wissenschaftliche Theorien und Lehrer der Naturwissenschaft im Referendariat

Oft lehnt die Gemeinschaft der Kreationisten Evolution als *nicht bewiesen* oder nicht faktisch ab. Eine übliche Aussage besteht darin, dass Evolution *nur eine Theorie* sei. Man kann vermuten, dass diejenigen, die Naturwissenschaften unterrichten, sich der Natur der Wissenschaften bewusst sind und wissen, was eine wissenschaftliche Theorie ausmacht. Der Autor hat sich entschieden, in einem einfachen, klein skalierten Forschungsvorhaben zu testen, ob Referendare dazu fähig sind zu artikulieren, was unter einer wissenschaftlichen Theorie verstanden wird und was der Unterschied zwischen einer Hypothese und einer Theorie ist. Die Ergebnisse zeigen, dass Verwirrung bei diesen Begriffen besteht und das Konzept der *wissenschaftlichen Methode* nicht verstanden wurde. 23 % der für diese Untersuchung befragten Referendare der Naturwissenschaft (n=74) zeigten ein fehlerhaftes Verständnis von wissenschaftlichen Theorien, indem sie dazu neigten, den Begriff Theorie eher einer spekulativen Vorstellung zuzuordnen als einem allgemeinen erklärenden Prinzip. So definierte z. B. ein Befragter eine Theorie als „eine Vorstellung, die nicht auf Fakten, sondern wenigen Belegen beruht". Ein Weiterer beschrieb eine Theorie als „eine Vorstellung von etwas, was nicht unbedingt wahr sein muss", ein Anderer als „unbewiesenes Konzept", zwei Weitere einfach nur als „Vorstellung". Keiner der Antwortenden definierte eine Theorie als Darstellung eines Naturgesetzes, die robust und grundsätzlich von der wissenschaftlichen Gemeinschaft anerkannt ist.

Bei der Definition von Theorie setzten einige ausdrücklich die zwei Begriffe Theorie und Hypothese gleich, wie z. B. der Befragte, der folgende Definition äußerte: Eine Theorie ist „nicht ausdrücklich als korrekt bewiesen. Eine hypothetische Beschreibung, welche etwas erklärt". Ein Weiterer definiert Hypothese als „[eine] Theorie, die weiter untersucht werden muss", ein Anderer als „[eine] Theorie, die auf Wissen basiert", noch ein Weiterer als eine „Theorie, welche durch ein Experiment bewiesen wird". Umgekehrt erklärt ein Antwortender eine Theorie als „eine umfangreiche Hypothese".

Hypothese und Theorie waren nicht die einzigen Begriffe, die miteinander vertauscht wurden; zwei Befragte definierten *Gesetz* als (durch ein Experiment) bewiesene Theorie. Es gab außerdem Anzeichen dafür, dass Gesetze in der Wissenschaft allgemein *wichtiger* als Theorien angesehen werden, wobei eine Definition besagte, dass ein Gesetz „eine Theorie ist, die durch ihre Wichtigkeit zum Gesetz geworden ist" (Williams 2007; Williams 2008b).

Eine gemeinsame Taktik der Kreationisten besteht darin, die Definition der wissenschaftlichen Theorie als *Vermutung* oder bloße *Ahnung* zu kategorisieren. Diese Definition zu befördern ist äußerst wichtig für Kreationisten, die fest entschlossen sind, die Arbeit der Wissenschaftler zu diskreditieren. „Zuerst legen sie es auf ein sprachliches Missverständnis des Wortes ‚Theorie' an, um den falschen Eindruck zu vermitteln, dass wir Evolutionisten den morschen Kern unseres Bauwerks vertuschen […]." Im amerikanischen Sprachgebrauch bedeutet ‚Theorie' oft ‚unvollkommene Tatsache' – als Teil der Hierarchie, die von Tatsache über Theorie und Hypothese zu Vermutung hinab reicht. Daher können Kreationisten wie folgt argumentieren: „Evolution ist ‚nur' eine Theorie, und intensive Auseinandersetzungen beziehen sich nur auf Aspekte der Theorie. Wenn Evolution weniger als eine Tatsache ist und Wissenschaftler sich nicht über die Theorie einigen können, welches Vertrauen können wir dann darin haben?" (Gould 1981).

8.13   Tatsachen und Wissenschaft

Die oben beschriebene Umfrage deckte auch auf, dass die Vorstellungen zur *Tatsache* in der Wissenschaft Subjekt für Fehlinterpretation ist. 76 % der Antwortenden setzte eine Tatsache mit etwas gleich, dass *wahr, real* oder *bewiesen* ist und zeigten damit ein mangelndes Verständnis von Tatsachen in Bezug auf Wissenschaft und wissenschaftliche Beweisführung. In den Fachgebieten Philosophie, Mathematik und Recht wäre es tatsächlich richtig, Tatsachen mit Beweis und Wahrheit gleichzusetzen. In der Naturwissenschaft hat Tatsache eine andere Bedeutung. Eine naturwissenschaftliche Tatsache kann als wiederholbare und überprüfbare Beobachtung gesehen werden, insoweit es unlogisch wäre, diese Beobachtung nicht eine Tatsache zu nennen. Goulds Definition einer naturwissenschaftlichen Tatsache ist sehr ähnlich: „In der Naturwissenschaft kann ‚Tatsache' nur als ‚bestätigt zu einem Ausmaß, dass es abwegig wäre, vorläufige Zustimmung zurückzuhalten' verstanden werden" (Gould 1981). In der Naturwissenschaft ist es grundlegend, dass abhängig davon, dass unser Wissen zunimmt, sich auch die Theorien entwickeln und verändern werden. Obwohl Tatsachen sich normalerweise nicht verändern, schließt die Naturwissenschaft Tatsachen nicht aus, die dem entgegenstehen, was wir bisher wissen. Zum Beispiel besagt die Schwerkraft, dass wir mit nahezu unfehlbarer Sicherheit sagen können, dass ein fallengelassener Gegenstand auf die Erdoberfläche fallen würde. Dennoch können wir nicht sicher sein, dass sie sich in allen bekannten und unbekannten Teilen des Universums so verhalten würde. Die Wahrscheinlichkeit, dass die Schwerkraft sich entgegen der Erwartung verhält, d. h. dass sich ein Objekt von der Oberfläche eines Planeten weg bewegt, ist so gering, dass wir dies verwerfen und Schwerkraft eine Tatsache nennen. An keinem Punkt versichern wir uns, dass die Gesetze der Schwerkraft, die von uns als *wahr* definiert sind, auch in allen Situationen *wahr* sein müssen. Obwohl es eine bekannte *Tatsache* im frühen 20. Jahrhundert war, dass sich Kontinente nicht auf der Erdoberfläche bewegen können, verursachte die Akzeptanz der Plattentektonik in den 1960er Jahren, dass sich diese *Tatsache* geändert hat. Es wird nicht mehr bezweifelt, dass sich die Platten über die Erdoberfläche bewegen, obwohl der Mechanismus noch nicht gänzlich verstanden ist. Die allgemeine Schlussfolgerung, die aus der Analyse dieser Befragung gezogen werden kann, ist, dass bei Lehramtsstudenten der Universität Sussex kein allgemeines Verständnis der Schlüsselbegriffe der naturwissenschaftlichen Methoden vorhanden ist, wie sie von der Wissenschaftstheorie sowie -geschichte verstanden wird. Diese Hochschulabsolventen kamen von verschiedenen britischen Universitäten und unterschiedlichen Fachbereichen. Dies weist darauf hin, dass es sich um ein generelles Problem handeln könnte.

Die Unterschiede in den Definitionen allgemein gebrauchter Termini in der Naturwissenschaft – wie Theorie, Gesetz usw. – ist von Interesse, da sie Teil des alltäglichen wissenschaftlichen Sprachgebrauchs und daher konsistent und akkurat sind. Es gibt Verwirrung in den Auffassungen von Naturwissenschaftsstudenten über den Status von Gesetzen und Theorien. Ebenfalls ist eine Hauptsorge, dass eine Theorie durch einen bedeutenden Anteil von Studierenden als *unbewiesen* oder *spekulativ* verstanden wird. Eine simple Strategie, um sicherzustellen, dass Studenten die Wissenschaft als spezifisches System von Schlüsseldefinitionen erlernen, könnte der Gebrauch des *wissenschaftlichen* Präfixes sein; d. h. wissenschaftliche Tatsache; wissenschaftliches Gesetz; wissenschaftliche Theorie; wissenschaftliche Hypothese. Das würde helfen, sie von allgemeinen oder umgangssprachlichen Definitionen derselben Wörter zu unterscheiden, die nur dazu dienen, ihre wahre wissenschaftliche Bedeutung zu verschleiern und folglich das angewandte Verstehen auf Wissenschaftsideen und Konzepte zu behindern. Offensichtlich ist Arbeit erforderlich, um konsequente und verwendbare Definitionen der Schlüsselbegriffe festzulegen, die mit der Natur der Wissenschaft zusammenhängen um sie im Unterricht zu gebrauchen.

8.14 Fazit

Es ist klar, dass Kreationismus nicht dabei ist, als Idee verloren zu gehen. Die Beliebtheit von Ideen, die den Ursprung des Lebens auf der Erde auf ein höchstes Wesen oder einer Gottheit zurückführen, befriedigt das Bedürfnis vieler Menschen nach einer Bedeutungszuschreibung des Lebens. Der wissenschaftliche Konsens scheint dem zuwiderzulaufen, doch viele Wissenschaftler bekennen sich zu religiösem Glauben und dem Glauben an Gottheiten. Solange das Wissen um die Entstehung des Lebens unvollständig ist, bleibt viel Arbeit, Belege und Daten zu sammeln, um eine gut belegte und allgemein akzeptierte Theorie der Abiogenese

zu entwickeln. Die Belege für die Entwicklung des Lebens sind im Prinzip wissenschaftlich gültig und nicht das Thema von Auseinandersetzungen innerhalb der
wissenschaftlichen Gemeinschaft. Innerhalb der Kreationisten gibt es den Wunsch,
eine solche Diskussion auszulösen und in Gang zu halten, um das Unterrichten
alternativer Ansichten zur Evolution zu ermöglichen. Die naturwissenschaftliche
Ausbildung von Schülern darf jedoch aus Prinzip nicht offen sein für das Eindrin-
gen ungeprüfter und nicht belegter unwissenschaftlicher Ideen. Während es zu-
lässig ist, echte Kontroversen in der Wissenschaft – wie Gentechnologie, Klonen,
Stammzellen-Biologie in der Gesundheitsfürsorge und viele andere – zu unterrichten, umfassen diese Auseinandersetzungen nicht, ob Gentechnologie wahr ist oder
ob Stammzellen existieren.

Es handelt sich um moralische und ethische Meinungsverschiedenheiten, die
legitime Themen im Biologieunterricht sind, um wissenschaftliche Grundbildung
zu fördern. Die absichtliche Einführung einer falschen Debatte, die sich bemüht,
eine akzeptierte wissenschaftliche Tatsache als falsch abzuweisen, ist kein legitimer
Ansatz.

Es gibt viel, was innerhalb der wissenschaftlichen Gemeinschaft getan wurde,
um sicherzustellen, dass die Belege für die Evolution und ihre Robustheit allgemein verstanden werden. Eine frühe Einführung in die Evolutionstheorie in unseren
Schulen ist eine Notwendigkeit.

Sobald sich falsche Auffassungen zur Evolution gebildet haben – entweder absichtsvoll oder zufällig – und Schüler beginnen, ihre eigene fehlerhafte Grundlage aufzubauen, um ihre Fehlvorstellungen zu stützen, kann es sich als schwierig,
wenn nicht sogar als unmöglich erweisen, sich der Herausforderung zu stellen und
die Fehlvorstellungen zu beseitigen. Hier kann der Ursprung des hohen Prozent-
satzes derjenigen Menschen liegen, die die Evolution nicht akzeptieren (bzw. nicht
daran glauben).

Literatur

Arnold B (2005) Edexcel 360 science. Collins, London, S 295
BBC (2006) Survey on the origins of life. Ipsos MORI. http://www.ipsos-mori.com/content/bbc-
    survey-on-the-origins-of-life.ashx. Zugegriffen: 12. Juni 2006
Breithaupt J, Fullick A, Fullick P (2006) AQA Science. Nelson Thornes, Cheltenham
Brumby MN (1984) Misconceptions about the concept of natural selection by medical biology
    students. Sci Educ 68(4):493–503
Cleaves A, Toplis R (2007) In the shadow of intelligent design: the teaching of evolution. J Biol
    Educ 42(1):30–35
Cobern WW (1989) Worldview theory and science education research: fundamental epistemologi-
    cal structure as a critical factor in science learning and attitude. Paper presented at the annual
    meeting of the National Association for Research in Science Teaching, Richardson (Sid W.)
    Foundation, Fort Worth, 1989
Cobern WW (1993) World view, metaphysics, and epistemology. Scientific literacy and cultural
    studies project. Working paper no. 106. Paper presented at the annual meeting of the National
    Association for Research in Science Teaching, Atlanta, April 1993

Cobern WW (1994) Worldview theory and conceptual change in science education. A paper presented at the 1994 annual meeting of the National Association for Research in Science Teaching, 26–29 März 1994, Anaheim, CA, S 5–6

Cohen LJ (1992) An essay on belief and acceptance. Oxford University Press, Oxford

DCSF (2007) Guidance on the place of creationism and intelligent design in science lessons. http://www.teachernet.gov.uk/docbank/index.cfm?id=11890. Zugegriffen: 2. Juni 2009

Egan J, Francis L (1992) Does creationism commend the gospel? A developmental study among 11–17 year olds. Relig Educ 87:19–27

Forrest B, Gross PR (2007) Creationism's Trojan horse: the wedge of intelligent design. Oxford University Press, Oxford

Francis LJ, Gibson HM, Fulljames P (1990) Attitude towards Christianity, creationism, scientism and interest among 11–15 year olds. Br J Relig Educ 13:4–17

Francis LJ, Greer JE (2001) Shaping adolescents' attitudes towards science and religion in Northern Ireland: the role of scientism, creationism and denominational schools. Res Sci Technol Educ 19:39–53

Fulljames P (1996) Science creation and christianity: a further look. In: Francis LJ, Kay WK, Campbell WS (Hrsg) Research in religious education. Gracewing, Leominster, S 257–266

Fulljames P, Francis LJ (1987) Creationism and student attitudes towards science and Christianity. J Christ Educ 90:51–55

Fulljames P, Gibson HM, Francis LJ (1991) Creation, scientism, Christianity and science: a study in adolescent attitudes. Br Educ Res J 17:171–190

Gadd K (2005) AQA GCSE Science A+B. Collins, London, S 312

Gould SJ (1981) Evolution as fact and theory. Discov Mag 2:34–37

Ham K (1987) The lie: evolution, 1. Aufl. Master Books, Green Forest, S 23

Hameed S (2008) Bracing for Islamic creationism. Science 322(5908):1637–1638

Koenig R (2007) Creationism takes root where Europe, Asia meet. Sci 315(5812):579

Kuhn TS (1957) The Copernican revolution: planetary astronomy in the development of Western thought. Harvard University Press, Cambridge

Lawes C (2009) Faith and Darwin: harmony, conflict or confusion. Theos, London, S 113

Levit GS, Hoszfeld U, Olsson L (2006) Creationists attack secular education in Russia. Nature 444(7117):265–265

Mazur A (2008) Implausible beliefs. Transaction Publishers, London, S 192

McCrory C, Murphy C (2009) The growing visibility of creationism in Northern Ireland: are new science teachers equipped to deal with the issues? Evol Educ Outreach 2:372–385

Randerson J (2008) Teachers should tackle creationism says science education expert. http://www.guardian.co.uk/science/2008/sep/11/creationism.education. Zugegriffen: 2. Juni 2008

Reiss MJ (2008a) Students must be allowed to raise doubts about evolution. http://www.guardian.co.uk/science/blog/2008/sep/11/michael.reiss.creationism. Zugegriffen: 2. Juni 2008

Reiss MJ (2008b) Should science educators deal with the science/religion issue? Stud Sci Educ 44(2):157–186

Reiss MJ (2009) The relationship between evolutionary biology and religion. Evolution 63(7):1934–1941

Rudolph JL, Stewart J (1998) Evolution and the nature of science: on the historical discord and its implications for education. J Res Sci Teach 35(10):1069–1089

Scott EC (2000) The creation/evolution continuum NCSE. http://ncseweb.org/creationism/general/creationevolution-continuum. Zugegriffen: 12. Juni 2009

Shermer M (2007) Why people believe weird things: pseudoscience, superstition, and other confusions of our time. Souvenir, London, S 283

Shermer M (2009) Why Darwin matters. Henry Holt, New York, S 30

Sherry C (2005) OCR Gateway science B. In: Sherry C (Hrsg) OCR Gateway science. Collins, London, S 267

Smith L, Henderson M (2008) Royal Societies Michael Reiss resigns over creationism row. http://www.timesonline.co.uk/tol/news/uk/science/article4768820.ece. Zugegriffen: 2. Mai 2008

Teggarty N (2008) Fighting the evolution war. http://www.channel4.com/news/articles/society/
    education/fighting+the+evolution+war/2309707. Zugegriffen: 2. Juni 2008
Williams J (2007) The vocabulary of how science works: trainee teachers' understanding of key
    terminology and ideas on the nature of science. Paper presented at British Educational Re-
    search Association annual conference, Institute of Education, Sept 2007
Williams JD (2008a) Creationist teaching in school science: a UK perspective. Evol Educ Outre-
    ach 1(1):87–95
Williams JD (2008b) The scientific method and school science. J Coll Sci Teach 38(1):14–16
Williams JD (2009) Insidious creationism: the intellectual abuse of children through creationist
    books, comics and literature. Darwin, humanism and science. International conference, British
    Humanist Association, London

Kapitel 9
Zu einer inhaltsorientierten Theorie des Lernens und Lehrens der biologischen Evolution

Anita Wallin

Der Zweck dieser Studie (zwecks Überblick siehe dazu Abb. 9.1) war zu untersuchen, wie die Schüler der Sekundarstufe II ein Verständnis von der Theorie der biologischen Evolution entwickeln. Vom Ausgangspunkt „Vorurteile der Schüler" ausgehend wurden Unterrichtssequenzen entwickelt und drei verschiedene Lernexperimente in einem zyklischen Prozess durchgeführt. Das Wissen der Schüler wurde vor, während und nach den Unterrichtssequenzen mit Hilfe von schriftlichen Tests, Interviews und Diskussionsrunden in kleinen Gruppen abgefragt. Etwa 80 % der Schüler hatten vor dem Unterricht alternative Vorstellungen von Evolution, und in dem Nachfolgetest erreichten circa 75 % ein wissenschaftliches Niveau. Die Argumentation der Schüler in den verschiedenen Tests wurde sorgfältig unter Rücksichtnahme auf Vorurteile, der konzeptionellen Struktur der Theorie der Evolution und den Zielen des Unterrichts analysiert. Daraus konnten Einsichten in solche Anforderungen an Lehren und Lernen gewonnen werden, die Herausforderungen an Schüler und Lehrer darstellen, wenn sie anfangen, evolutionäre Biologie zu lernen oder zu lehren. Ein wichtiges Ergebnis war, dass das Verständnis existierender Variation in einer Population der Schlüssel zum Verständnis von natürlicher Selektion ist. Die Ergebnisse sind in einer inhaltsorientierten Theorie zusammengefasst, welche aus drei verschiedenen Aspekten besteht: 1) den inhaltsspezifischen Aspekten, die einzigartig für jedes wissenschaftliche Feld sind; 2) den Aspekten, die die Natur der Wissenschaft betreffen; und 3) den allgemeinen Aspekten. Diese Theorie kann in neuen Experimenten getestet und weiter entwickelt werden.

Dieser Bericht besteht im Original aus einer englischen Zusammenfassung der schwedischen Promotionsarbeit (Wallin 2004). Ergebnisse, die sich auf die inhaltsorientierte Theorie der biologischen Evolutionslehre und des Evolutionslernens beziehen, wurden weiter entwickelt und in Englisch publiziert (Andersson u. Wallin 2006).

A. Wallin (✉)
Institutionen för Pedagogik och Didaktik IPD, Enheten för Ämnesdidaktik/NaT,
Göteborgs universitet, Box 300, SE 405 30 Göteborg, Schweden
E-Mail: anita.wallin@ped.gu.se

D. Graf (Hrsg.), *Evolutionstheorie – Akzeptanz und Vermittlung im europäischen Vergleich*, 119
DOI 10.1007/978-3-642-02228-9_9, © Springer-Verlag Berlin Heidelberg 2011

Abb. 9.1 Überblick über
die Arbeit

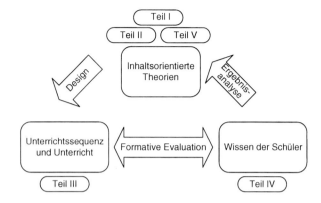

9.1 Theoretischer Hintergrund

Dieser Teil beginnt mit einer Beschreibung der theoretischen Rahmenkonstruktion
des Lernens, gefolgt von einem Abschnitt über verschiedene Vorstellungen von
Evolution – sowohl aus studentischem Verständnis als auch aus der wissenschaftlichen Ansicht. Der Abschnitt endet mit dem Thema *Entwicklung von Unterrichts-
einheiten im wissenschaftlichen Unterricht.*

9.1.1 Theoretische Rahmenkonstruktion

Die theoretische Rahmenkonstruktion ist konstruktivistisch und baut auf Piagets genetischer Epistemologie auf, wie sie von Furth beschrieben wird (Furth 1969). Karmiloff-
Smith arbeitete mit Piaget zusammen und behauptet, dass Menschen mit noch höher
entwickelten Strukturen fürs Lernen geboren werden als Piaget bekennt (Karmiloff-
Smith 1992). Demzufolge haben Kinder ein persönliches Verständnis von unterschiedlichen weltlichen Phänomenen aufgebaut, noch bevor eine formelle Schulbildung
beginnt. In den Genen jedes Individuums liegt ein Startpunkt fürs Lernen, und diese
Charakteristik hat sich in der Geschichte einer Spezies gemäß seiner Umgebung entwickelt sowie angepasst. In dieser Hinsicht sind die Gene und die Umgebung Grund-
voraussetzungen für die Ausprägung eines jeden Merkmals eines Individuums.

Für einige Jahrzehnte wurde die Forschung zum Lehren und Lernen von Untersuchungen zu Vorstellungen von Studenten dominiert – zuerst auf inhaltlicher Ebene und später auch auf Meta-Ebenen, z. B. von der Auffassung von Lernen und
der Natur der Wissenschaft. Studien zu alternativen Vorstellungen bezogen sich zu
einem großen Teil auf individuelles Lernen. Aus diesem Blickwinkel wurde das
„*conceptual change* Lernmodel" entwickelt (Posner et al. 1982). Jedoch wurde das
klassische „*conceptual change* Model" dafür kritisiert, nicht genug Aufmerksamkeit z. B. den sozialen Einflüssen sowie affektiven und motivationalen Aspekten
des Lernens zu schenken (Duit u. Treagust 2003; Pintrich et al. 1993) und den
konzeptuellen Austausch zu postulieren statt andere Möglichkeiten (Caravita u.

Halldén 1994; Helldén u. Solomon 2004) ins Auge zu fassen. Eine Antwort auf diese Kritik war die Entwicklung hin zur Verbindung individueller und soziokultureller Perspektiven im wissenschaftlichen Lernen und Lehren (Duit u. Treagust 2003; Hewson et al. 1998). Duit und Treagust reagieren auf die Kritik wie folgt: „Es sollte daran gedacht werden, dass die ersetzte Vorstellung nicht vergessen wird und der Lernende sie später ganz oder in Teilen wieder gebrauchen kann." (Duit u. Treagust 2003).

„Die meisten Ergebnisse dieser Studie zeigten, dass ein *Conceptual Change*, welcher die Kriterien der Unzufriedenheit, Verständlichkeit, Plausibilität und Fruchtbarkeit beinhaltet, nicht notwendigerweise ein Austausch eines Konzepts durch ein anderes ist, sondern eher in einem zunehmenden Gebrauch eines Konzeptes besteht, das für den Schüler mehr Sinn ergibt." (Duit u. Treagust 2003, S. 677).

Wissenschaftliches Wissen besteht aus abstrakten Ideen, auf die sich gesellschaftlich geeinigt wurde. Die wissenschaftlichen Ideen stimmen nicht direkt mit den Phänomenen überein. Es verhält sich eher so, dass diese Konzepte, Modelle und Theorien hinrcichen, um Phänomene zu beschreiben, zu verstehen und zu erklären, und um Voraussagen zu den Phänomenen zu treffen (Driver et. al 1994; Millar 1989). Diese Konzepte, Modelle und Theorien erscheinen manchmal als einfach, sind jedoch in harter intellektueller Arbeit entwickelt worden. Die Anschauung von Wissenschaft als konstruiert und abgestimmt, impliziert jedoch keinen Relativismus. Das wissenschaftliche Wissen ist durch die Eigenschaften der Welt eingeschränkt und hat eine empirische Grundlage. Lijnse drückt dies in einer klugen Weise aus: „Trotz allem konzeptionellen Relativismus, welcher diese Tage so in Mode ist, sehe ich trotzdem die Physik als eine Menge größtenteils verlässlichen Wissens, mit dem sowohl erfolgreich erklärt und vorhergesagt werden kann, als auch neue Technologien entwickelt werden können. Vor allem ist es ein Feld, auf dem wir heutzutage wesentlich mehr wissen als z. B. vor 30 Jahren, d. h. ein echter Fortschritt scheint möglich zu sein" (Lijnse 2000).

9.1.2 Vorstellungen von Evolution

Ich werde mich in diesem Abschnitt auf die verschiedenen Vorstellungen von Evolution konzentrieren, auf die Schülervorstellungen und auf die wissenschaftlichen Konzepte. Die Lücke zwischen Schülervorstellung und wissenschaftlicher Vorstellung legt sowohl Lern- als auch Lehransprüche fest. Dies ist eine Herausforderung an Schüler als auch an die Lehrer, wenn sie beginnen, einen spezifischen Inhalt zu lernen bzw. zu lehren.

9.1.2.1 Alternative Vorstellungen der Schüler

Kinder haben eine Vorstellung von Evolution, bevor sie irgendeine Art von formeller Lehre erfahren (Deadman u. Kelly 1978; Engel u. Wood-Robinson 1985). Diese Vorstellungen sind in den meisten Fällen nicht übereinstimmend mit dem biologischen Wissen, und darum nenne ich sie „alternative" Vorstellungen. Einige Studien haben gezeigt, dass sich das Verständnis der Schüler nicht sehr verbessert hat, nicht einmal nach relevantem Unterricht (Bishop u. Anderson 1990; Bizzo 1994;

Demastes 1995a; Halldén 1988). So bemerkten z. B. Bishop und Anderson bei den meisten Schülern eine Vorstellung von Evolution als einem Prozess, bei dem sich alle Individuen einer Art durch graduelle Veränderungen an ihre Umwelt anpassen (Bishop u. Anderson 1990).

Eine verbreitete alternative Vorstellung ist die Meinung, dass der Prozess der Evolution von Bedürfnissen bestimmt wird (Bishop u. Anderson 1990; Demastes et al. 1995a; Engel u. Wood-Robinson 1985; Settlage 1994). Erkennen Schüler nicht die intraspezifische Variation, so erklären sie sie mit Bedürfnissen. Viele Schüler sehen Anpassung als die treibende Kraft der Evolution (Bishop u. Anderson 1990; Brumby 1984; Halldén 1988; Settlage 1994). Andere alternative Vorstellungen beziehen sich darauf, dass evolutionäre Veränderungen durch Benutzung oder Nicht-Benutzung eines Organs oder einer Struktur entstehen (Bishop u. Anderson 1990; Brumby 1984; Ferrari u. Chi 1998; Settlage 1994) oder durch Vererbung von erworbenen Eigenschaften (Bishop u. Anderson 1990; Kargbo et al. 1980; Ramorogo u. Wood-Robinson 1995; Wood-Robinson 1994; Thomas 2000).

9.1.3 Wissenschaftliche Vorstellungen

Die Evolutionstheorie wird heutzutage als Meilenstein der Biowissenschaften angesehen und verschafft dem biologischen Wissen ein vereinigendes Gerüst. Daher ist die Evolutionstheorie für ein grundlegendes Verständnis von Biologie unabdingbar und sollte einen zentralen Platz im Biologieunterricht einnehmen. Wie einige Studien zeigen, haben viele Schüler Probleme mit dem Verständnis der Theorie. Ein Hauptgrund für dieses Problem könnte darin begründet sein, dass die zugrunde liegenden Prinzipien kontraintuitiv sind – sowohl in Beziehung zu Schülererfahrungen zu biologischen Phänomenen als auch zur Alltagssprache, die für die Erklärung dieser Phänomene angewendet wird. Ein weiterer Grund könnte darin liegen, dass die Theorie die Entwicklung des Lebens selbst erklärt und dabei mit Weltanschauungen wechselwirkt.

Die Theorie der Evolution kann relativ leicht anhand von folgenden drei Konzepten erklärt werden: Vorkommen von Variation, Vererbung und natürlicher Auslese. Wenn sich Individuen einer Population in einigen Merkmalen unterscheiden, die genetisch determiniert und vererbbar sind, dann werden einige Individuen erfolgreicher im Überleben und in der Fortpflanzung sein als andere. Dies führt zu Veränderungen in der Zusammensetzung einer Population. Der Prozess wird natürliche Auslese genannt. Wenn der Prozess in Veränderungen resultiert, die über einen Zeitraum beständig sind, ist Evolution die Folge.

9.1.4 Die Ansprüche an Lernen und Lehren

Schüler haben alternative Vorstellungen von Evolution, ob sie nun zu dem Thema unterrichtet wurden oder nicht. Der Unterschied zwischen den alternativen Ideen

der Schüler und den wissenschaftlichen Ansichten bildet die Basis für die Herausforderung an die Lehre. Dies ist einer der Schwerpunkte meines Interesses. Für
Schüler und Lehrer besteht eine gemeinsame Herausforderung an Lernen und Lehren. Leach und Scott beschreiben dies als *Lernanspruch* (*learning demand*). „Das
Konzept des *Lernanspruchs* bietet eine Möglichkeit, die Unterschiede zwischen der
Unterrichtssprache und der Alltagssprache, die die Lernenden in den Unterricht einbringen, zu beurteilen. Der Zweck der Identifikation eines Lernanspruchs ist es, die
intellektuellen Herausforderungen, denen die Lernenden gegenüber stehen, wenn
sie sich mit einem bestimmten Aspekt des naturwissenschaftlichen Unterrichts befassen, zu schärfen. Unterricht kann so gestaltet sein, dass der Schwerpunkt auf
diesen Lernansprüchen liegt" (Leach u. Scott 2002).

Ich werde diese These mit einer inhaltorientierten Theorie des Lernens und Lehrens
der Evolutionsbiologie beschließen und behaupte, dass damit eine Möglichkeit dargestellt wird, wie die Ansprüche des Lernens und der Lehre erfüllt werden können.

9.1.5   Gestaltung von Unterrichtseinheiten

Der Prozess der Unterrichtsgestaltung an sich hat die Erforschung von Unterrichts-
einheiten zur Folge (Méheut u. Psillos 2004; Tiberghien 1996). Insofern ist seine
Brauchbarkeit empirisch testbar und vergleichbar mit z. B. Forschungsliteratur und
Ergebnissen nationaler und internationaler Vergleichsstudien. Die detaillierte Ana-
lyse des Wissens der Schüler ergibt einen weiteren Typ von Ergebnissen, die für die
Entwicklung inhaltsorientierter Lern-Theorien förderlich sein können.

Heutzutage gibt es mehr und mehr Belege dafür, dass die Durchführung von
Unterricht, der auf Forschungsergebnissen beruht, das Lernvermögen der Schüler
steigern kann (Leach u. Scott 2002). Forschung über die Gestaltung von Unterricht
hat das Potential, die Lücke zwischen der theoretischen Erforschung von Lehre und
Lernen und der praktischen Durchführung zu schließen (Hiebert et al. 2002; Lijnse
1995; The Design-Based Research Collective 2003). Forschung kann dazu beitragen, diese Lücken auf drei Ebenen zu schließen:

1. allgemeine Empfehlungen aussprechen;
2. inhaltsorientierte Theorien entwickeln;
3. Erstellen von Materialien für Lehrer, die auf den inhaltsorientierten Theorien
   aufbauen (Andersson et al. 2005).

9.2   Ziele und Datensammlungen

Wie in der Einleitung erwähnt, hat diese Promotionsarbeit zwei umfangreiche Ziele: eine inhaltsorientierte Theorie des Lehrens und Lernens der Evolutionsbiologie
zu entwickeln und die Erstellung einer Unterrichtseinheit. Auf diese Art entwickelt
sich die Promotionsarbeit in zwei Richtungen, die viele Autoren vorgeschlagen

haben – namentlich in die *Entwicklung allgemeiner Lerntheorien* und in die *Verbesserung der Durchführung von Unterricht in der Praxis* (Andersson et al. 2005; Bassey 1981; Brown 1992; Cobb et al. 2003; Hiebert et al. 2002; Lijnse 1995; Méheut u. Psillos 2004; The Design-Based Research Collective 2003). Die folgenden Fragen werden angesprochen:

1. Wie kann eine auf Forschung basierende Unterrichtssequenz charakterisiert werden?
2. Wie kann das Wissen der Schüler von der Evolutionstheorie vor, während und nach dem Unterricht beschrieben werden, in Bezug auf den Inhalt von Vorstellungen und die Beständigkeit dieser Vorstellungen?
3. Wie kann die Entwicklung des Verständnisses der Schüler der Evolution als Resultat des Unterrichts beschrieben werden?
4. Wie kann eine inhaltsorientierte Theorie des Lehrens und Lernens der biologischen Evolution beschrieben werden?

9.2.1 Datensammlungen

Tabelle 9.1 gibt einen Überblick über Datenstichproben, welche die Basis der Ergebnisse dieser Arbeit bilden. Die Daten wurden in drei verschiedenen Experimenten gesammelt (exp1, exp2 und exp3). Die drei Experimente waren unterschiedlich aufgebaut, wobei die Erfahrungen der frühen Experimente bei den späteren mit einbezogen wurden. Daher kann diese Studie als ein zyklischer Prozess angesehen werden, bei dem drei Zyklen aus Gestaltung von Unterricht, Evaluation des Unterrichts und Erfassung des Lernvermögens der Schüler durchlaufen werden, die jeweils zu einem neuen Gestaltungsprozess führen. Die Experimente wurden in zwei verschiedenen

Tab. 9.1 Eine Übersicht über Datensammlungen von drei Experimenten (exp1, exp2 und exp3) und die Anzahl der teilnehmenden Schüler

Datensammlung	Exp1	Exp2	Exp3
Vor dem Unterricht			
Pre-test	43 Schüler	23 Schüler	24 Schüler
Interviews über die Entstehung der Variation und über natürliche Selektion		12 bzw. 10 Schüler	
Die Unterrichtssequenz beginnt			
Der Unterricht wird beobachtet	Nein	Ja	Ja
Interviews über die Entstehung der Variation und über natürliche Selektion	12 bzw. 35 Schüler	10 bzw. 12 Schüler	
Diskussion über natürliche Auslese in kleinen Gruppen			18 Schüler
Individuelles Internet Problem mit der Datenbasis			18 Schüler
Post-test wird in der Schule durchgeführt (exp1 und exp3) oder zuhause (exp2)	46 Schüler	22 Schüler	18 Schüler
Die Unterrichtssequenz endet			
Follow-up-test	47 Schüler	20 Schüler	18 Schüler

Oberstufen mit zwei verschiedenen Lehrern durchgeführt. Die Schüler waren während der Studie zwischen 17 und 19 Jahre alt. Die Unterrichtseinheit war Teil eines obligatorischen Biologiekurses im naturwissenschaftlichen Unterricht.

9.3 Unterrichtseinheit und Unterrichten

In diesem Teil behandele ich die folgende Frage: „Wie kann eine auf Forschung basierende Unterrichtseinheit beschrieben werden?"

Abbildung 9.2 zeigt den ganzen Prozess (Andersson et al. 2005). Das Hauptlernziel der Schüler war während der drei Versuche unverändert, und der Schwerpunkt

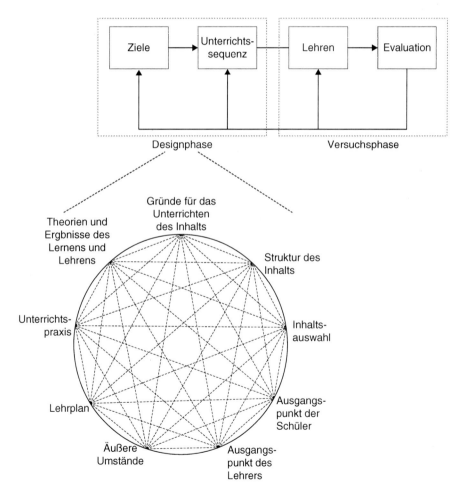

Abb. 9.2 Planung des Unterrichts. Die unterschiedlichen ins Auge gefassten Aspekte und wie sie interagieren sind an der Peripherie des Kreises dargestellt

Tab. 9.2 Inhalt und Dauer der Unterrichtsstunde

Stunde	Kurze Beschreibung	Dauer (min)
1	Historische Perspektive über Evolutionskonzepte (Vorlesung)	120
	Grundlegende Genetik; DNA, Vererbung und Mutationen (Vorlesung)	
	Ursprung von Variation (Gruppendiskussion)	
2	Zeit; Analogien (Vorlesung)	80
	Zeitachse im Schulflur (Aktivität der Schüler)	
3	Gemeinsamer Vorfahr, Artbildung, Aussterben (Vorlesung)	90
	Entstehung von Leben (Gruppendiskussion und Aktivität am Computer)	
	Der lange Hals der Giraffe (Gruppendiskussion)	
4	Rollenspiel mit historischen Texten (Aktivität der Schüler)	80
	Peppered moth (Vorlesung)	
	Natural selection game (Aktivität der Schüler)	
5	Natur der Wissenschaft: besonders Glaube und Wissenschaft (Vorlesung)	80
	Hauptstränge der Evolutionstheorie (Vorlesung)	
	Chance: Yatzy (Aktivität der Schüler) und „Das Auge" (Vorlesung)	
	Co-Evolution (Vorlesung und Gruppendiskussion)	
6	Levels der Organisation, Beispiel: Sichelzellenanämie (Vorlesung)	90
	Antibiotikaresistenz (Gruppendiskussion), Beine des Rentiers (Aktivität am Computer)	
7	Beweise für Evolution (Vorlesung)	80
	Fossile Rekonstruktion (Aktivität der Schüler)	
8	Artbildung: allopatrische und sympatrische (Vorlesung)	90
	Artbildung des Salamanders, Ensatina (Aktivität der Schüler)	
9	Signifikanz von tierischem Verhalten für Überleben und Fortpflanzungserfolg: Fitness, tierisches Verhalten und sexuelle Selektion (Vorlesung)	80
	Auf welchem Level der Organisation funktioniert Evolution? (Gruppendiskussion)	

war die Evolutionstheorie. Von den Schülern wird erwartet, dass sie diese Theorie erlernen, so dass sie in einer Reihe unterschiedlicher Kontexte als intellektuelles Werkzeug brauchbar ist.

In der Gestaltungsphase wird eine Unterrichtseinheit entwickelt (Tab. 9.2). In unserem Fall besteht diese aus neun Schulstunden von variabler Länge, Gelegenheiten für einen Test sowie für Reaktionen auf diesen Test, und schließlich der Evaluation der ganzen Sequenz. Die neun Schulstunden bilden eine zusammenhängende Einheit, die ungefähr 13 h benötigt. Der Unterricht wird auf unterschiedliche Weise evaluiert. Die Erfahrungen der Schüler und eines Beobachters wurden im Zusammenhang mit den Ergebnissen des Lernvermögens der Schüler, ihrem Wissen über die Evolutionstheorie und der Entwicklung dieses Wissens untersucht. Der Lehrer hat in dieser Unterrichtsreihe eine zentrale und wichtige Position. Er muss nicht nur eine offene und freundliche Atmosphäre im Klassenzimmer schaffen, welche die Schüler dazu einlädt, verschiedene Ideen auszudrücken und zu diskutieren, sondern muss außerdem wissenschaftliche Ideen ins Klassenzimmer bringen und belegen. Um den Schülern zu zeigen, dass ihre Beiträge ernst genommen werden, wurden besondere Bemühungen unternommen. Den Schülern wurde beispielsweise viel Autorität übertragen, in der Entscheidung, welche Vorstellungen auf Grundlage ihrer Aussagekraft als gültig anerkannt wurden. Alle Diskussionen, sowohl die in der ganzen Klasse als auch die in Gruppen, hatten genaue Vorgaben und Rahmenbedingungen in Bezug auf Zeit, Anzahl der Schüler und Material. Der Lehrer ist sehr wichtig, um Lernmöglichkeiten für die Schüler zu entwickeln (Viennot u. Rainson 1999; Leach u. Scott 2002).

9.4 Vorwissen der Schüler

Um das Wissen und die Entwicklung der Schüler zu untersuchen, wurden in der Schule oder zu Hause schriftliche Tests in Form eines Vortests (Pretest), eines Nachtests (Posttest) sowie eines annähernd ein Jahr später stattgefundenen Nachfolgetests („*Follow up Test*") durchgeführt. Darüber hinaus wurde das Wissen der Schüler zur biologischen Evolution durch strukturierte Interviews, kleine Gruppendiskussionen und datenbankgestützte Internet-Aufgaben ermittelt. Dabei sollten zwei bestimmte Fragen beantwortet werden: „Wie kann das Wissen der Schüler über Evolution vor, während und nach dem Unterricht bezüglich der Inhalte der Vorstellungen und der Beständigkeit des Konzeptgebrauchs charakterisiert werden?" und „Wie kann die Entwicklung des Schülerverständnisses der Evolution als Ergebnis des Unterrichts charakterisiert werden?"

9.4.1 Kategorisierung der Schülervorstellungen

Die Schülervorstellungen wurden kategorisiert und in eine Rangfolge gebracht. Die Antworten zu den offenen Items wurden zuerst in zwei Hauptgruppen eingeteilt:

A: Alternative Konzepte zur Evolution
S: Wissenschaftliche Konzepte zur Evolution.

Zu A: Die Antworten, die alternative Konzepte enthalten, wurden auf Basis der Schülerargumentation in folgende Kategorien eingeteilt:

1. Vage Vorstellung über Entwicklung, Evolution oder Anpassung;
2. Bedürfnisgetriebene Evolution;
3. Organe, die nicht benutzt werden, verschwinden;
4. Erlernte und erworbene Eigenschaften evolvieren;
5. Andere

Tab. 9.3 Ranking der Antworten auf offene Fragen im Vor-, Nach- und verzögerten Nach-Test

Komponenten/Konzepte	Kategorie	Rang
Variation Überleben Fortpflanzung Vererbung Akkumulation	Wissensch. IV	8
Variation Überleben + 2 zusätzliche Komponenten	Wissensch. III	7
Variation Überleben + 1 zusätzliche Komponente	Wissensch. II	6
Variation Überleben	Wissensch. I	5
Alternative Konzepte von Evolution + zusätzliche Komponente oder wissenschaftlicher Begriff	Alternativ II	4
Alternative Konzepte von Evolution	Alternativ I	3
Nicht gewusst/irrelevant	Nicht gewusst/ irrelevant	2
Keine Antwort	Keine Antwort	1

Zu S: Die Antworten, die wissenschaftliche Konzepte enthalten, wurden in die folgenden Elemente kategorisiert:

1. Individuelle Variation, *Variation*;
2. Unterschiedliche Überlebensrate, *Überleben*;
3. Unterschiedliche Reproduktionsrate, *Reproduktion*;
4. Genetisch determinierte Erblichkeit, *Vererbung*;
5. Anhäufung von Veränderungen, *Akkumulation*.

Jeder Antwort wurde ein Rang zwischen 1 und 8 zugeordnet. Rang 1 ist überhaupt keine Antwort. Die Rangfolgen werden in Tab. 9.3 dargestellt.

9.4.2 Beispiele aus den Ergebnissen der schriftlichen Tests

Es werden Ergebnisse aus einem Multiple-Choice-Item und einem offenen Item vorgestellt, die im Vor- und im Nachtest verwendet wurden. Zudem wird ein Vergleich der Schülerleistungen in den offenen Items zwischen dem Vor- und dem Nachtest sowie dem Nachfolgetest angestellt. Dieser Abschnitt wird mit den Ergebnissen enden, wie konsequent die Schüler alternative und wissenschaftliche Konzepte im Vor- und im Nachfolgetest verwenden.

9.4.3 Das „Vorhandene-Variation"-Item

Dieses Mutiple-Choice-Item findet sich sowohl im Vor- als auch im Nachtest:
Einige Stechmückenpopulationen sind heute resistent gegen DDT (eine Chemikalie, die benutzt wird, um Insekten zu töten), weswegen mittlerweile eine Behandlung mit DDT weniger effektiv ist als früher. Biologen glauben, dass sich die DDT-Resistenz entwickelt hat, weil:

1. einzelne Stechmücken eine Resistenz gegenüber DDT entwickelt haben, nachdem sie ihm ausgesetzt waren, *individuelle Anpassung*;

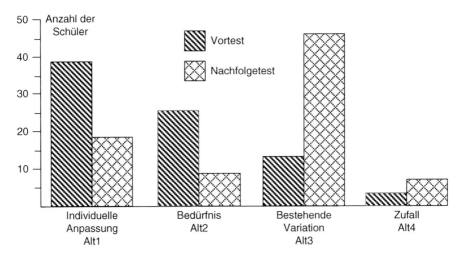

Abb. 9.3 Anzahl der Schüler, die unterschiedliche Alternativen wählen zum Problem „existie-rende Variation" – Vor- und im Nachfolgetest (n = 79)

2. die Stechmückenpopulationen die Resistenz gegenüber dem DDT gebraucht haben, um zu überleben, *Bedürfnis*;
3. einige wenige Stechmücken wahrscheinlich schon resistent gegenüber DDT waren, bevor es überhaupt jemals benutzt wurde, *vorhandene Variation*;
4. die Stechmückenpopulationen zufällig resistent wurden, *Zufall*.

In Abb. 9.3 sind die Schülerantworten aus der Multiple-Choice-Frage dargestellt. Da keine signifikanten Unterschiede der Schülerantworten in den drei Gruppen ge-funden wurden[1], wurden die Daten zusammengefasst. Andererseits unterscheiden sich die Schülerantworten zwischen dem Vortest und dem Nachfolgetest signi-fikant.[2] Aber es bestehen keine signifikanten Unterschiede zwischen Jungen und Mädchen.[3] Die Anzahl der Schüler, die die wissenschaftliche Alternative *vorhande-ne Variation* gewählt hat, steigt von 13 auf 46.

9.4.4   Das „Geparden"-Item

Dieses Item ist offen und wurde sowohl im Vor- als auch im Nachfolgetest ver-wendet; außerdem wurde es in vielen Befragungen eingesetzt (Bishop u. Anderson 1990; Bizzo 1994; Demastes et al. 1995b; Jensen u. Finley 1995; Settlage 1994).

---

[1] Chi^2-test; 2×2 Tabelle; pretest p(exp1 vs exp2) = 0,283; p(exp1 vs exp3) = 0,735; 2×4 Tabelle p(exp2 vs exp3) = 0,421; posttest p(exp1 vs exp2) = 0,457; 2×2 Tabelle p(exp1 vs exp3) = 0,592; p(exp2 vs exp3) = 0,095.

[2] Chi^2-test; 2×4 Tabelle; p $\ll 0,001$**.

[3] Chi^2-test; 2×4 Tabelle; p(Vortest) = 0,361; p(posttest) = 0,566.

Tab. 9.4 Die Anzahl der Schüler im dritten Experiment (exp3) verteilt über die verschiedenen Ränge des „Geparden"-Items im Vor- und Nachfolgetest (n = 18)

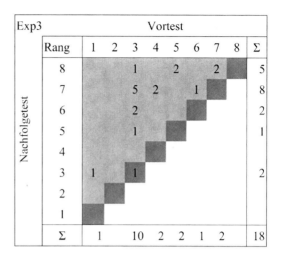

Exp3				Vortest						
Rang	1	2	3	4	5	6	7	8	Σ	
8			1		2		2		5	
7			5	2		1			8	
6			2						2	
5			1						1	
4										
3	1		1						2	
2										
1										
Σ	1		10	2	2	1	2		18	

(Nachfolgetest – linke Achse)

„Geparden können sehr schnell laufen, ungefähr 100 km/h wenn sie Beute jagen. Wie würde ein Biologe die Entwicklung der Fähigkeit der Geparden, schnell zu laufen, erklären, wenn man annimmt, dass ihre Vorfahren nur 30 km/h schnell laufen konnten?"

Die Ergebnisse des dritten Experiments (exp3) sind in Tab. 9.4 dargestellt. Schüler mit gleichen Ergebnissen im Vor- und Nachfolgetest erscheinen auf der Diagonalen. Es gibt einen Schüler, der den gleichen Rang in beiden Tests hat. Die anderen Schüler (17 von 18), deren Ergebnisse über der Diagonalen liegen, zeigen höhere Ränge im Nachfolgetest im Vergleich zum Vortest. Kein Schüler liegt unterhalb der Diagonalen.

9.4.5 Offene Items

Den Schülern wurde auch eine dem „Geparden"-Item ähnliche Aufgabe im Nachtest gestellt. Ein Vergleich zwischen den Leistungen der drei Gruppen wird in Abb. 9.4 gezeigt. Hierbei werden jeweils die durchschnittlichen Gruppenränge im Vortest, Nachtest und Nachfolgetest dargestellt. Im Vortest unterscheiden sich die durchschnittlichen Ränge signifikant[4] zwischen den Experimenten, im Nachtest[5] und im Nachfolgetest[6] jedoch nicht. Es zeigt sich kein signifikanter Einfluss des Geschlechts.[7] Die Durchschnittsränge im Nachtest sind in allen Experimenten si-

[4] Kruskal–Wallis one-way test; p(pre-test) = 0,004**.

[5] Kruskal–Wallis one-way test; p(written examination) = 0,080.

[6] Kruskal–Wallis one-way test; p(post-test) = 0,051.

[7] Kruskal–Wallis one-way test; p(pre-test) = 0,263; p(written examination) = 0,348; p(post-test) = 0,609.

Abb. 9.4 Vergleich der mittleren Ränge der drei Gruppen bei den offenen Aufgaben

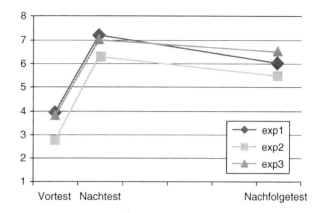

gnifikant höher als im Vortest (Abb. 9.4).[8] Nur in der Gruppe exp1 ist der Durchschnittsrang im Nachfolgetest signifikant niedriger als im Nachtest.[9]

9.4.6   Beständigkeit der Vorstellungen im Vor- und Nachfolgetest

Alle Antworten aus dem Vortest und dem Nachfolgetest werden auf Beständigkeit der Benutzung alternativer und wissenschaftlicher Vorstellungen analysiert. Jede Antwort aus sieben (Vortest) bzw. acht (Nachfolgetest) möglichen, wird entweder als alternativ (A) oder wissenschaftlich (W) kategorisiert. Gemäß dieser Einteilung werden die folgenden vier Kategorien für den gesamten Vortest sowie den Nachfolgetest gebildet:

AA: das Testergebnis ist durchgehend alternativ und enthält nicht mehr als eine Antwort mit wissenschaftlicher Vorstellung.
AW: das Testergebnis beinhaltet zwei bis drei Antworten mit wissenschaftlichen Vorstellungen.
WA: das Testergebnis beinhaltet vier bis sechs Antworten mit wissenschaftlichen Vorstellungen.
WW: das Testergebnis ist durchgehend wissenschaftlich und enthält mindestens sieben Antworten mit wissenschaftlichen Vorstellungen.

Die Ergebnisse dieser Kategorisierung werden in Tab. 9.5 dargestellt. Die Schüler, deren Ergebnisse im Vortest und im Nachfolgetest der gleichen Kategorie zuzuordnen sind, stehen auf der Diagonalen. Diese Schüler (23 %) haben keinen, durch eine höhere Anzahl wissenschaftlicher Antworten indizierten, Wissenszuwachs in Bezug auf die Evolutionstheorie. Ein Schüler befindet sich unterhalb der Diagonalen, was

---

[8] Wilcoxons matched-pairs signed-ranks test; $p \ll 0,001^{***}$.
[9] Wilcoxons matched-pairs signed-ranks test; $p\,(exp1) \ll 0,001^{***}$; $p\,(exp2) = 0,096$; $p\,(exp3) = 0,117$.

Tab. 9.5 Veränderung der Konsistenz der Schülerantworten im Vor- und Nachfolgetest in alternativer oder wissenschaftlicher Art (n = 79)

		Vortest				
		AA	A W	W A	W W	Σ
Nachfolgetest	W W	20	3	7	4	34
	W A	13	7	3	1	24
	A W	10	7			17
	AA	4				4
	Σ	47	17	10	5	79

bedeutet, dass er im Vortest besser abgeschlossen hat als im Nachfolgetest. Die große Mehrheit der Schüler, 76 % (60 Schüler), zeigt im Nachfolgetest verbesserte Leistungen.

9.4.7 Individuelle Entwicklung des Wissens über Evolution

Die Entwicklung der Schüler wird, ausgehend vom Vortest und des Interviews vor dem Unterricht, während der Unterrichtssequenz bis hin zum Nachfolgetest beschrieben. Während der Unterrichtssequenz wurden Schüler aus exp1 und exp2 interviewt. Die Schüler in exp3 führten kleine Gruppendiskussionen durch und bearbeiteten eine individuelle datenbankgestützte Internetaufgabe. Die allgemeinen Leistungen der Schüler zusammen genommen zeigen das unterschiedliche Vorwissen, mit dem die Schüler in die Unterrichtssequenz kamen und auch den Wissensbestand zu Evolution während und nach dem Unterricht. In Tab. 9.5 finden nur die Ergebnisse des Vortests und des Nachfolgetests Beachtung. Bezieht man die Schülerergebnisse aus allen Datenerhebungen mit ein, verändert sich das Bild. Es erreichen fünf weitere Schüler die WW-Kategorie, wenn man alle verschiedenen Testarten berücksichtigt.

Viele Schüler bringen alternative Konzepte zur Evolution, die nicht mit den wissenschaftlichen im Einklang stehen, mit in die Unterrichtssequenz. Sie sehen die Evolution als einen graduellen Prozess, bei dem sich jedes Mitglied einer Population an die Umwelt anpasst. Sie betrachten die Anpassung als Triebkraft, die z. B. durch ein Bedürfnis, eine Bemühung oder einen Zweck gelenkt wird. Ausgehend von diesem Verständnisniveau erreicht die Mehrheit der Schüler ein wissenschaftliches Niveau und verbessert ihr wissenschaftliches Verständnis der Evolutionstheorie; einigen Schülern gelingt dies allerdings nicht.

In der Analyse konnten einige mögliche Hindernisse für die Verständnisentwicklung zur Evolutionstheorie identifiziert werden:

1. Mangelnde Akzeptanz zufälliger Ereignisse;
2. Religiöser Glaube;

3. Das Routine-Lernen einer „Standard-"Antwort;
4. Alternative Konzepte.

9.4.8 Diskussion

Der Anteil der Schüler, die das „*Geparden*"-Item ausschließlich mit wissenschaftlichen Konzepten beantworten, vergrößerte sich zwischen dem Vortest und dem Nachfolgetest in den drei Experimentalgruppen von 27 %, 0 % und 28 % auf 78 %, 75 % und 89 %. Die Ergebnisse können aus verschiedenen Gründen als gut angesehen werden: der Nachfolgetest wird ein Jahr nach der Unterrichtseinheit durchgeführt; die Schüler wissen, dass ihre Ergebnisse sich nicht auf die Biologienote auswirken; und die Ergebnisse sind im Vergleich zu anderen Studien gut. Dieses „Geparden"-Item wurde, wie bereits erwähnt, in vielen Befragungen benutzt. Bishop und Anderson finden zwischen Vor- und Nachtest einen Anstieg wissenschaftlicher Antworten von 25 % auf 50 % zu diesem Item (Bishop u. Anderson 1990). Demastes, Settlage und Good wiederholten die Studie von Bishop und Anderson, doch ihre Schüler waren weniger erfolgreich darin, wissenschaftliche Antworten zu geben (Demastes et al. 1995b). Bizzo und Vincenzo benutzen dasselbe Item mit Schülern zwischen 15 und 17 Jahren, nachdem sie Evolutionsunterricht hatten und 28 % der Schülerantworten beinhalten Zufall und Selektion (Bizzo 1994). Jensen und Finley verwenden ähnliche Items für Universitätsstudenten und berichten von einem Anstieg wissenschaftlicher Antworten von 23 % im Vortest auf 45 % im Nachtest, der nach zwei Wochen durchgeführt wurde (Jensen u. Finley 1995). Es finden sich in der Literatur nur wenige gute Beispiele für Langzeitwirkungen von Interventionsmaßnahmen. Eines ist eine Studie von Jiménez-Aleixandre, die einen Nachfolgetest ein Jahr nach dem Unterricht durchgeführt hat. Aus ihrer Experimentalgruppe beantworteten durchschnittlich 60 % der 14jährigen Schüler die Items wissenschaftlich (Jimenez-Aleixandre 1992).

Die Antworten der Schüler in der WA-Kategorie sind vorwiegend wissenschaftlich, daher können sie zusammen mit den Schülern der WW-Kategorie als Schüler mit wissenschaftlichen Denkstrukturen erachtet werden (Tab. 9.5). Das bedeutet, dass fast Dreiviertel der Schüler, bzw. 58 von 79 Schülern, wissenschaftlich antworten. Die Mehrheit der Schüler hat vor dem Unterricht alternative Vorstellungen über Evolution (Kategorie AA und AW, 64 von 79 Schülern, Tab. 9.5). Einige Schüler haben uns im Vortest bzw. in den Interviews vor dem Unterricht berichtet, dass sie zufällige Prozesse nicht akzeptieren. Diese Schüler finden es absurd, dass die Diversität und die Komplexität des Lebens ein Ergebnis eines solchen Prozesses sein soll. In den Interviews während der Unterrichtssequenz, genauso wie im Nachtest und im Nachfolgetest, akzeptieren fast alle Schüler zufällige Mutationen. In der Unterrichtssequenz folgten wir dem Rat von Bishop und Anderson und unterteilten den evolutionären Prozess explizit in zwei Teile: den Ursprung der Variation und die natürliche Selektion (Bishop u. Anderson 1990). Wert auf die Tatsache zu legen, dass nicht der gesamte evolutionäre Prozess dem Zufall unterliegt, scheint einer der Gründe zu sein, warum unsere Schüler die Evolutionstheorie erfolgreich verstehen und anwenden können.

In den offenen Items wird deutlich, dass Schüler, sofern sie Gründe für die existierende Variation in einer Population angeben, auch Unterschiede in der Überlebensrate zwischen den Individuen dafür heranziehen. Das Begründen vorhandener Variation ist nicht immer sehr ausgeprägt und manchmal mehr oder weniger implizit. Aber sich der Existenz unterschiedlicher Ausprägung eines bestimmten Merkmals bei Individuen bewusst zu sein, scheint ein Schlüsselkonzept für ein wissenschaftliches Denken über Evolution zu sein. Einige Autoren schreiben, dass ihre Schüler und Studenten, sowohl in den Sekundarstufen als auch an den Universitäten, z. B. die innerartliche Variation nicht beachten (Bishop u. Anderson 1990; Brumby 1984; Deadman u. Kelly 1978; Demastes et al. 1995b; Greene 1990). Wie viele Forscher gezeigt haben, ist das Konzept der innerartlichen Variation selbst nach dem Unterricht problematisch (Jensen u. Finley 1995; Smith et al. 1995). In der hier vorgestellten Studie wird deutlich, wie wichtig es ist, die innerartliche Variation in Populationen während der Unterrichtssequenz detailliert zu besprechen. Zetterqvist hat 26 Lehrer über ihren Evolutionsunterricht befragt. Sie forderte die Lehrpersonen auf, die verschiedenen Evolutionsaspekte, die sie behandeln, zu beschreiben, und nur zwei dieser Lehrer erwähnten spontan die Variation innerhalb von Populationen. Auf direkte Nachfrage hin sagte die Mehrheit, dass sie Variation unterrichtet, und sechs dieser Lehrer erwähnten, dass sie Variation in Verbindung mit natürlicher Selektion im Unterricht ansprechen (Zetterqvist 2003).

Die Ergebnisse der schriftlichen Tests werden durch die Analyse der individuellen Interviews und der Gruppendiskussionen gestützt. Die folgenden zusammengefassten Ergebnisse gehen aus den verschiedenen Analysen hervor:

1. Nicht alle Schüler akzeptieren vor dem Unterricht die Bedeutung zufälliger Prozesse.
2. Vorhandene Variation ist ein Schlüsselkonzept, um die Evolutionstheorie zu verstehen.
3. Einige Schüler erkennen die Wichtigkeit der Reproduktionsrate für die Evolution von Merkmalen nicht.
4. Viele Schüler nutzen den Terminus *Bedürfnis* ohne allerdings zu meinen, dass Evolution von Bedürfnissen angetrieben wird.
5. Das Verstehen der evolutionären Bedeutung von Adaptation ist schwierig.
6. Viele Schüler nutzen die gleichen alternativen Konzepte.
7. Die Schüler interpretieren die Items auf verschiedenen Ebenen der biologischen Organisation.

Viele Autoren beachten, wie schon besprochen, die Unerfahrenheit der Schüler in Bezug auf die innerartliche Variation, weisen aber nicht direkt auf ihre grundsätzliche Bedeutung hin. Ich sehe die existierende Variation als ein Schlüsselkonzept zum Verständnis der Evolutionstheorie an. Mit Hilfe der existierenden Variation scheinen die Schüler wissenschaftlich begründen zu können. Dieses Ergebnis zeigt sich durchgehend bei den Analysen der offenen Items in den schriftlichen Tests, der Interviews, der Gruppendiskussionen und der datenbankbasierten Internetaufgabe. Sowohl in den Interviews über natürliche Selektion als auch in den Gruppendiskussionen und in der Internetaufgabe wurde den Schülern die vorhandene Variation explizit gezeigt, und alle Schüler bzw. Schülergruppen mussten über die unterschiedliche Überlebensrate von Individuen nachdenken. Alle Schüler, die in den Test-Items über die vorhandene Variation schreiben, beachten auch die Bedeutung der Unterschiede in der Überlebensrate.

Die kombinierten Analyseergebnisse der drei Experimente können in einer inhaltsorientierten Lehr- und Lerntheorie der Evolutionsbiologie zusammengefasst werden.

9.5 Eine inhaltsorientierte Theorie

Ich habe die oben genannten Ergebnisse benutzt, um eine neue Theorie zu formulieren, die in neu gestalteten Experimenten getestet und weiterentwickelt werden kann. Bevor wir den Unterricht für die drei Experimente entwickelten, stellten wir eine Hypothese auf. Mit der Durchführung von exp1 und exp2 wurde die Ausgangshypothese getestet. Wir nutzten die Ergebnisse, um sie umzuformulieren, bevor wir exp3 unterrichteten. Die Hypothese wurde dann durch die Ergebnisse und die Analyse in dieser Arbeit getestet und weiter entwickelt.

In der inhaltsorientierten Theorie werden Aspekte dieser Arbeit und die anderer Forschungen sowie Erkenntnisse berücksichtigt, die ich für das Verständnis der biologischen Evolution im Allgemeinen und der Evolutionstheorie im Speziellen für wichtig halte. Es besteht die Absicht, die Bedingungen zu spezifizieren, die das verständnisfördernde Lernen über Evolution vereinfachen. Diese Theorie zu verstehen bedeutet, sie nutzen zu können, um biologische Phänomene zu beschreiben, zu verstehen, zu erklären und zum Teil vorherzusagen.

9.5.1 Eine inhaltsorientierte Theorie zum Lehren und Lernen der Evolution

Die gegenwärtige Theorie zum Lehren und Lernen der biologischen Evolution beinhaltet drei verschiedene Aspekte:

A. Inhaltsspezifische Aspekte
B. Wissenschaftstheoretische Aspekte
C. Grundsätzliche Aspekte

Werden die folgenden Aufführungen beim Unterrichten beachtet, verbessert sich die Möglichkeit der Schüler, die Evolutionstheorie zu lernen und zu verstehen:

A. Inhaltsspezifische Aspekte:
1. Das Unterrichten beginnt mit der Evolution als einem wissenschaftlichen Phänomen, der Ursprung des Lebens wird diskutiert, und der evolutionäre Zeitrahmen (*deep time*) wird konkretisiert.

2. Die Evolutionstheorie wird in zwei Prozesse unterteilt – der Ursprung der erblichen Variation und die natürliche Selektion.
3. Es wird betont, dass nur der erst genannte Prozess (der Ursprung der erblichen Variation) auf Zufall beruht, und dass die natürliche Selektion eine zwingende Konsequenz aus dem Aufeinandertreffen von Variation und der Umwelt ist.
4. Verbreitete alternative Konzepte zur biologischen Evolution – z. B. die von Bedürfnissen angetriebene Anpassung aller Individuen einer Spezies an die Umwelt – werden in passender Weise in das Unterrichtsgeschehen eingebunden.
5. Die Evolutionstheorie wird durch die Einführung, Diskussion und Anwendung von fünf zentralen Komponenten gelernt: *Variation*, *Vererbung*, *Überleben*, *Fortpflanzung* und *Akkumulation*.

   a. Bestehende Variation wird im Detail diskutiert. Dabei wird so viel Genetik mit einbezogen wie nötig, um eine Vorstellung zu entwickeln, wie Ähnlichkeiten und Unterschiede entstehen.
   b. Es wird diskutiert, dass es Unterschiede in der Überlebens- und Fortpflanzungsrate zwischen den Individuen einer Population gibt und wie diese im Bezug zur natürlichen Selektion stehen.
   c. Die Anpassung spezifischer Merkmale durch Akkumulationsprozesse wird diskutiert.

6. Die vorhandene Variation erblicher Eigenschaften ist ein notwendiges Schlüsselkonzept, um ein Verständnis der natürlichen Selektion zu erwerben. Es schafft eine Alternative zu Konzepten, nach denen Evolution durch Bedürfnisse, Bemühungen, Wünsche usw. verursacht wird.
7. Die verschiedenen Organisationsebenen, auf denen man sich bewegt, wenn man über Evolution diskutiert, werden ausdrücklich unterschieden.
8. Das Konzept „Evolution auf Grund natürlicher Selektion" wird benutzt, um die Entwicklung des Lebens, die biologische Vielfalt, sexuelle Selektion, Koevolution, Artbildung, Verhaltensökologie, Ethologie usw. zu erklären.

B. Wissenschaftstheoretische Aspekte

1. Wenn es sich bei dem Unterrichtsgegenstand um eine wissenschaftliche Theorie handelt, werden die Eigenschaften einer solchen explizit gemacht (z. B.: die Theorie ist hypothetischer Natur, kann benutzt werden, um zu erklären und Vorhersagen zu machen, kann durch Experimente und Beobachtungen geprüft werden, kann nicht vollständig verifiziert werden, liefert ein widerspruchsfreies Verständnis vieler Phänomene usw.).
2. Die Unterschiede zwischen einer wissenschaftlichen Theorie und Glauben werden besprochen. Die Weltanschauung der Schüler wird respektiert.
3. Den Schülern werden viele Gelegenheiten geboten, die Theorie als ein intellektuelles Werkzeug zu benutzen.
4. Der Unterricht wird so geplant und durchgeführt, dass die Theorie gleichsam ein vereinigendes Band darstellt.

C. Grundsätzliche Aspekte

1. Der Lehrer sieht sich selbst als ein aktiver Repräsentant der Wissenschaftskultur, der Konzepte vorstellt, wissenschaftliche Erklärungen gibt und Situationen für die Anwendung dieser Konzepte schafft, usw.
2. Der Lehrer kennt sich mit verbreiteten alternativen Vorstellungen zum Thema gut aus und weiß um deren Bedeutung für den Lehr- und Lernprozess bescheid. Der Lehrer ist sich dieser Vorstellungen während der gesamten Unterrichtssequenz bewusst. Er ist aufmerksam und interessiert an Schülervorstellungen; sowohl an aus der Literatur bekannten als auch an neuen.
3. Der Lehrer gestaltet ein offenes Klassenklima, in dem die Schüler auf positive Art und Weise ihre Ideen und Überlegungen teilen und diskutieren können.
4. Eine hinreichende Stundenzahl wird darauf verwendet, Probleme, die bei der Anwendung des Gelernten entstehen, zu diskutieren und zu lösen.
5. Ein tiefgehendes Lernen wird gefördert; das bedeutet, der Schüler wird angeregt:

   a. die neuen Informationen *zu drehen und zu wenden* (Transferleistung anstelle von bloßem Merken);
   b. Fragen zu stellen und Konzepte vorzuschlagen:
   c. neues Wissen mit vorhandenem zu verknüpfen;
   d. das Gelernte als Werkzeug zu benutzen; die Welt aus einem neuen Blickwinkel zu sehen;
   e. das neu Gelernte mit Klassenkameraden und anderen zu diskutieren;
   f. Herausforderungen anzunehmen (z. B. in Form eines bestimmten Problems).

6. Es wird sowohl von Lehrern als auch von Schülern mit verschiedenen Methoden evaluiert, um das Lehren und Lernen zu verbessern.
7. Der Lehrer setzt nicht voraus, dass der Schüler motiviert ist, sondern verhält sich so, dass Interesse und Motivation geweckt werden.

Literatur

Andersson B, Bach F, Hagman M, Olander C, Wallin A (2005) Discussing a research programme for the improvement of science teaching. In: Boersma K, Goedhart M, deJong O, Eijkelhof H (Hrsg) Research and the quality of science education. Springer, Dordrecht, S 221–230

Andersson B, Wallin A (2006) On developing content-oriented theories taking biological evolution as an example. Int J Sci Educ 28(6):673–695

Bassey M (1981) Pedagogic research: on the relative merits of search for generalisation and study of single events. Oxf Rev Educ 7(1):73–94

Bishop B, Anderson C (1990) Student conceptions of natural selection and its role in evolution. J Res Sci Teach 27(5):415–427

Bizzo NMV (1994) From down house landlord to Brazilian high school students: what has happened to evolutionary knowledge on the way? J Res Sci Teach 31(5):537–556

Brown A (1992) Design experiments: theoretical and methodological challenges in creating complex interventions in classroom settings. J Learn Sci 2(2):141–178

Brumby M (1984) Misconceptions about the concept of natural selection by medical biology students. Sci Educ 68(4):493–503

Caravita S, Halldén O (1994) Re-framing the problem of conceptual change. Learn Instr 4:89–111

Cobb P, Confrey J, diSessa A, Lehrer R, Schauble L (2003) Design experiments in educational research. Educ Res 32(1):9–13

Deadman JA, Kelly PJ (1978) What do secondary school boys understand about evolution an heredity before they are taught the topics? J Biol Educ 12(1):7–15

Demastes S, Good R, Peebles P (1995a) Students' conceptual ecologies and the process of conceptual change in evolution. Sci Educ 79(6):637–666

Demastes S, Settlage J, Good R (1995b) Students' conceptions of natural selection and its role in evolution: cases of replication and comparison. J Res Sci Teach 32(5):535–550

Driver R, Asoko H, Leach J, Mortimer E, Scott P (1994) Constructing scientific knowledge in the classroom. Educ Res 23(7):5–12

Duit R, Treagust D (2003) Conceptual change: a powerful framework for improving science teaching and learning. Int J Sci Educ 25(6):671–688

Engel CE, Wood-Robinson C (1985) How secondary students interpret instances of biological adaptation. J Biol Educ 19(2):125–130

Ferrari M, Chi M (1998) The nature of naive explanations of natural selection. Int J Sci Educ 20(10):1231–1256

Furth H (1969) Piaget and knowledge theoretical foundations. Prentice-Hall, Englewood Cliffs

Greene E (1990) The logic of university students' misunderstanding of natural selection. J Res Sci Teach 27(9):875–885

Halldén O (1988) The evolution of the species: pupil perspectives and school perspectives. Int J Sci Educ 10(5):541–552

Helldén G, Solomon J (2004) The persistence of personal and social themes in context: long and short term studies of students' scientific ideas. Sci Educ 88(6):885–900

Hewson P, Beeth M, Thorley R (1998) Teaching for conceptual change. In: Fraser B, Tobin K (Hrsg) International handbook of science education. Springer, New York, S 199–218

Hiebert J, Gallimore R, Stigler J (2002) A knowledge base for the teaching profession: what would it look like and how can we get one? Educ Res 31(1):3–15

Jensen M, Finley F (1995) Teaching evolution using historical arguments in a conceptual change strategy. Sci Educ 79(2):147–166

Jimenez-Aleixandre MP (1992) Thinking about theories or thinking with theories: a classroom study with natural selection. Int J Sci Educ 14(1):51–61

Kargbo DB, Hobbs ED, Erickson G (1980) Children's beliefs about inherited characteristics. J Biol Educ 14(2):137–146

Karmiloff-Smith A (1992) Beyond modularity. A developmental perspective on cognitive science. MIT, Cambridge

Leach J, Scott P (2002) Designing and evaluating science teaching sequences: an approach drawing upon the concept of learning demand and a social constructivist perspective on learning. Stud Sci Educ 38:115–142

Lijnse P (1995) ,Development research' as a way to an empirically based ,didactical structure' of science. Sci Educ 79(2):189–199

Lijnse P (2000) Didactics of science: the forgotten dimension in science education research? In: Leach J (Hrsg) Improving science education – the contribution of research. Open University Press, Berkshire, S 309

Méheut M, Psillos D (2004) Teaching-learning sequences: aims and tools for science education research. Int J Sci Educ 26(5):515–535

Millar R (1989) Constructive criticisms. Int J Sci Educ 11:587–596

Pintrich P, Marx R, Boyle R (1993) Beyond cold conceptual change: the role of motivational beliefs and classroom contextual factors in the process of conceptual change. Rev Educ Res 63(2):167–199

Posner G, Strike K, Hewson P, Gertzog W (1982) Accommodation of a scientific conception: toward a theory of conceptual change. Sci Educ 66(2):211–227

Ramorogo G, Wood-Robinson C (1995) Batswana children's understanding of biological inheritance. J Biol Educ 29(1):60–71

Settlage J (1994) Conceptions of natural selection: a snapshot of the sense-making process. J Res Sci Teach 31(5):449–457

Smith M, Siegel H, McInerney J (1995) Foundational issues in evolution education. Sci Educ 4:23–46

The Design-Based Research Collective (2003) Design-based research: an emerging paradigm for educational inquiry. Educ Res 32(1):5–8

Thomas J (2000) Learning about genes and evolution through formal and informal education. Stud Sci Educ 35:59–92

Tiberghien A (1996) Construction of prototypical situations in teaching the concepts of energy. In: Welford G, Osborne J, Scott P (Hrsg) Research in science education in Europe. Routledge, London, S 100–114

Viennot L, Rainson S (1999) Design and evaluation of a research-based teaching sequence: the superposition of electric field. Int J Sci Educ 21(1):1–16

Wallin A (2004) Evolutionsteorin i klassrummet: På väg mot en ämnesdidaktisk teori för undervisning i biologisk evolution. Dissertation, Acta Universitatis Gothoburgensis, Göteborg, S 212

Wood-Robinson C (1994) Young people's ideas about inheritance and evolution. Stud Sci Educ 24:29–47

Zetterqvist A (2003) Ämnesdidaktisk kompetens i evolutionsbiologi. En intervjuundersökning med no/biologilärare. Dissertation, Acta Universitatis Gothoburgensis, Göteborg, S 197

Kapitel 10
Einstellung und Wissen von Lehramtsstudierenden zur Evolution – ein Vergleich zwischen Deutschland und der Türkei

Dittmar Graf und Haluk Soran

Es wird eine Untersuchung vorgestellt, in der Wissen und Überzeugungen von Lehramtsstudierenden aller Fächer zum Thema *Evolution* an zwei Universitäten in Deutschland und der Türkei erhoben worden sind. Die Befragung wurde in Dortmund und in Ankara durchgeführt. Es stellte sich heraus, dass ausgeprägte Defizite im Verständnis der Evolutionsmechanismen herrschen. Viele Studierende, insbesondere aus der Türkei, sind nicht von der Faktizität der Evolution überzeugt. Dies gilt sowohl für Studierende mit Fach Biologie als auch für Studierende mit anderen Fächern. Näher untersucht worden sind die Faktoren, die die Überzeugungen zur Evolution beeinflussen können, was ja in Anbetracht der hohen Ablehnungsrate der Evolution von besonderem Interesse ist. Das Vertrauen in die Wissenschaft spielt hierbei eine besondere Rolle: Wer der Wissenschaft vertraut, ist auch eher von der Evolution überzeugt, als diejenigen, die skeptisch gegenüber der Wissenschaft sind.

10.1 Einleitung

Evolution ist einer der wichtigsten Inhaltsbereiche der modernen Biologie. Evolution vereinigt sämtliche Teildisziplinen der Wissenschaft vom Leben unter einem gemeinsamen theoretischen Dach. Sie verbindet alle Lebenserscheinungen, erklärt die biologische Vielfalt überzeugend naturalistisch und stellt gleichsam den Schlüssel zum tieferen Verständnis der Lebenswissenschaften dar. Es ist nicht übertrieben zu sagen, dass letztlich jede Biologie im Kern Evolutionsbiologie ist.

Obwohl der Kern der Evolutionstheorie bereits 150 Jahre alt ist, bleibt diese bis heute vielfach unverstanden. So wird die Rolle des Zufalls nicht korrekt gesehen (s. auch den Beitrag von Wallin in diesem Band). Auch zu geologischen Zeiträu-

D. Graf (✉)
FG Biologie und Didaktik der Biologie, TU Dortmund,
44227 Dortmund, Otto-Hahn-Str. 6, Deutschland
E-Mail: dittmar.graf@uni-dortmund.de

D. Graf (Hrsg.), *Evolutionstheorie – Akzeptanz und Vermittlung im europäischen Vergleich,*   141
DOI 10.1007/978-3-642-02228-9_10, © Springer-Verlag Berlin Heidelberg 2011

men (Wie alt ist die Erde? Wie lange gibt es Lebewesen auf der Erde?) und zu historischen Abläufen der Evolution haben viele Menschen wissenschaftlich nicht stimmige Vorstellungen. So glaubt beispielsweise in den USA fast die Hälfte der Bevölkerung, dass Menschen und Saurier gleichzeitig gelebt haben (National Science Board 2000). In Indiana sind 15 % der Biologielehrer davon überzeugt, dass die Erde jünger als 20.000 Jahre ist (Rutledge u. Warden 2000).

Darüber hinaus machen sich in den letzten Jahren weltweit zunehmend Strömungen breit, die die Evolution pauschal ablehnen und als Alternative eine göttliche Schöpfung oder das kreationistische Wirken eines nicht näher spezifizierten intelligenten Designers anbieten. Dies führt zunehmend dazu, dass Forderungen nach Behandlung der biblischen Schöpfung auch im Biologieunterricht erhoben werden, was selbstverständlich einer Wissenschaftsorientierung des Biologieunterrichts zuwiderläuft (s. auch den Beitrag von Graf und Lammers in diesem Band). Besonders wichtig für die Ausbildung eines angemessenen Verständnisses der Evolution in der Bevölkerung sind sicher diejenigen, die für die Bildung der Kinder und Jugendlichen zuständig sind, also die Lehrer und Lehrerinnen. Wie diejenigen, die diesen Beruf gewählt haben und zukünftig ausüben werden, sich aber gegenwärtig noch in der universitären Ausbildung befinden, zum Thema „Evolution" stehen, ist Gegenstand der hier vorzustellenden Untersuchung.

10.2   Stand der Forschung

10.2.1   Überzeugungen zur Evolution

Man weiß bis heute relativ viel über Einstellungen von Personen und Gruppen zur Evolution. Viele der Untersuchungen leiden allerdings darunter, dass zu dem Thema, das sich ja aus komplexen Überzeugungsdimensionen zusammensetzt, pro Studie nur sehr wenige Fragen (im Extremfall nur eine einzige) gestellt werden. Es dürfte damit schwierig sein, das komplexe Konstrukt „Überzeugungen zur Evolution" sachgerecht abzubilden. Auch ist die Datenlage für die unterschiedlichen Regionen der Welt sehr unterschiedlich. Liegt für die USA eine Vielzahl von Untersuchungen vor, fehlen diese z. B. für China bis heute völlig.

Im Anschluss werden diejenigen Untersuchungen vorgestellt, die sich mit den beiden hier untersuchten Ländern beschäftigen. Insbesondere für die Türkei liegen nur wenige Forschungsergebnisse vor. Für Deutschland ist die Datenlage ein wenig besser: Eine repräsentative Umfrage aus dem Jahr 2002, die von einem Schweizer Meinungsforschungsinstitut (IHA-GfK) durchgeführt wurde, ergab, dass in Deutschland fast jeder fünfte (18,1 %) davon überzeugt ist, dass das Leben innerhalb der letzten 10.000 Jahre durch Gottes Schöpfung entstanden ist.[1] Auffällig an

---

[1] http://www.wort-des-kreuzes.de/Evolution/Umfrage_factum.pdf (letzter Zugriff: 20.03.2010).

den Ergebnissen ist, dass deutlich mehr Frauen als Männer dieser Auffassung (25 %
zu 14,3 %) zustimmten. Durch eine Umfrage des Meinungsforschungsinstituts for-
sa aus dem Jahr 2005 stellte sich heraus, dass ein Achtel der Befragten einer kreationistischen Position nahe steht und etwa ein Viertel an eine theistische Evolution
glaubt[2]. Hiernach wurde das Leben auf der Erde von einem höheren Wesen erschaffen, durchlief eine Evolution, in die wiederum das höhere Wesen immer wieder
steuernd eingreift. In einer seit 1970 vom Institut für Demoskopie Allensbach[3] wie-
derholt gestellten Frage, ob denn Mensch und Affe gemeinsame Vorfahren haben,
zeigte sich, dass diese Aussage zunehmend akzeptiert wird. 1970 war weit weniger
als die Hälfte der Befragten damit einverstanden (38 %), im Jahr 2009 waren es
schon 61 %. In einer 2009 vom gleichen Institut durchgeführten Studie, mit der Frage, ob der Mensch von Gott geschaffen wurde, wie es in der Bibel steht, zeigte sich,
dass in der Gesamtbevölkerung 20 % zustimmten, unter den Protestanten waren es
21 % unter den Katholiken 32 %. Die unspezifische Gruppe „Andere", in der sich
u. a. Konfessionslose befanden, akzeptierten diese Alternative nur 9 %[4]. Speziell
mit Schülerinnen und Schülern (n = 568) der Sekundarstufe I in Nordrhein-West-
falen beschäftigte sich eine Befragung von Hölscher (2008). Die Aussage „*Alle Lebensformen entwickelten sich aus früheren Formen, kein höheres Wesen hat je eine
Rolle in der Entwicklung des Lebens auf der Erde gespielt.*" wurde insgesamt von
mehr als 30 % der Befragten abgelehnt. Eine Metaanalyse von Miller et al. (2006),
die auf Zahlen aus den späten 1990er Jahren beruht, dokumentierte für Deutschland
eine Ablehnungsrate der Entwicklung des Menschen aus früher lebenden Tierarten
von etwa 20 %. Nach dieser Analyse wird diese Aussage in der Türkei dagegen von
mehr als der Hälfte der Befragten abgelehnt. In einer Untersuchung im Rahmen
des Eurobarometers aus dem Jahr 2005 wurde deutlich, dass sich die Werte für die
Türkei kaum geändert hatten: 52 % lehnten die oben aufgeführte Aussage ab. In
Deutschland lag die Zahl zu diesem Zeitpunkt bei 23 % – mit interessanten Unterschieden zwischen den alten und den neuen Bundesländern: 25 % zu 14 %. Die
Frage, ob frühe Menschen und Dinosaurier zur gleichen Zeit gelebt haben, wurde in
der Türkei von 42 % bejaht, in Deutschland dagegen nur von 11 % (European Commission 2005). Bei einer Untersuchung von Graf et al. (2009) mit Lehramtsstudierenden wurde gefragt, ob die Evolutionstheorie eine wissenschaftlich anerkannte
Theorie sei. Diese Frage wurde von ca. 80 % der katholischen und evangelischen
Gläubigen positiv beantwortet, wurde diese Aussage bejaht, bei denjenigen mit
muslimischem Glauben und türkischem Migrationshintergrund lag diese Quote nur
bei 45 %. Im Rahmen einer 2009 durchgeführten Befragung mit 1.000 Personen
zur Wertewelt von Deutschen, Türken in Deutschland und Türken in der Türkei
wurden die Probanden auch mit der nicht unbedingt glücklichen Frage konfrontiert:
„*Glauben Sie an die Evolutionslehre nach Darwin?*" Unter den Deutschen wurde
dies von 61 % bejaht, unter den Türken in Deutschland von nur 27 % und von den

---

[2] http://fowid.de/fileadmin/datenarchiv/Evolution_Kreationismus_Deutschland__2005.pdf (letzter Zugriff: 21.03.2010).

[3] http://www.ifd-allensbach.de/pdf/prd_0905.pdf (letzter Zugriff: 12.04.2010).

[4] A. a. O.

Türken in der Türkei gerade einmal von 22 %[5]. Im Rahmen einer in verschiedenen muslimischen Ländern durchgeführten Untersuchung wurde die Frage gestellt, ob man Darwins Theorie der Evolution zustimmt oder ob man diese ablehnt. In der Türkei stimmten etwas mehr als 20 % der Befragten zu. Zum Vergleich: in Ägypten lag die Zustimmungsrate unter 10 % (Hameed 2008).

Illner (1999) hat fünf deutsche und fünf türkische Schüler und Schülerinnen der Sekundarstufe II aus Berliner Gymnasien interviewt, um deren konzeptuelle Vorstellungen zu den Bereichen *Entwicklung des Lebens, Stellung des Menschen* und *Bedeutung der Schöpfungsgeschichte* zu erfassen. Es stellte sich heraus, dass die Vorstellungen der Schüler nur wenig übereinstimmen. Einige Konzepte hängen stark mit den unterschiedlichen Glaubenshintergründen zusammen. Beispielsweise bevorzugen fast alle Befragten mit muslimischem Hintergrund bei der Frage nach dem Ursprung der Lebewesen ein Schöpfungsmodell, alle Befragten mit christlichem Hintergrund sind überzeugt, dass sich das Leben aus Eiweißstrukturen in der Ursuppe entwickelt hat. Alle Schülerinnen und Schüler gehen von einer Sonderstellung des Menschen aus, nur etwa die Hälfte der Befragten sieht ihn als Teil der Natur. Insbesondere die befragten türkischen Schülerinnen und Schüler harmonisieren das Verhältnis zwischen Religion und Wissenschaft. Im Umgang mit den Bereichen Religion und Evolution lassen sich fünf Strategien ausmachen: 1) Ablehnung der Evolutionstheorie, 2) Abwandlung biologischer Konzepte, um sie mit der Religion zu harmonisieren, 3) Gleichsetzung von Religion und Wissenschaft, 4) Kompartmentalisierung (das Wissen über einen Inhaltsbereich wird aus verschiedenen, nicht miteinander verknüpften Teilen zusammengesetzt) der Bereiche Wissenschaft und Religion. 5) Verschleierung der relevanten Begriffe. Während bei den türkischen Schülern ein Einfluss der Religion – als Bewahrungsinstanz soziokultureller Identität – auf die Konzepte deutlich wird, ist dies bei den deutschen Schülern nicht der Fall. Die Verallgemeinerbarkeit der Untersuchung von Illner hat durch die geringe Zahl von Fällen allerdings Grenzen.

Auch wenn nicht alle hier vorgestellten Untersuchungen auf hohem wissenschaftlichem Niveau anzusiedeln sind, liefern sie doch allesamt Ergebnisse, die in eine ähnliche Richtung weisen. In Deutschland wird die Evolution von etwa 20 % der Bevölkerung in Frage gestellt, in der Türkei sind es deutlich mehr; vieles spricht dafür, dass mehr als zwei Drittel der Bevölkerung kreationismusartige Gedanken hegt.

10.2.2   Verstehen von Evolutionsmechanismen

Zu diesem Inhaltsbereich gibt es wesentlich weniger Untersuchungen als zu „Überzeugungen zur Evolution". Aus diesem Grund werden hier auch Arbeiten vorgestellt, die sich nicht auf Deutschland und die Türkei beziehen.

---

[5] http://neu.infogmbh.de/aktuell/Pressemitteilung-fuer-pressekonferenz4.pdf (12.4.10).

Sinclair et al. (2007) befragten College-Studierende der Zoologie über Evolutions-Konzepte. Dabei stellte sich heraus, dass etwa die Hälfte der Befragten lamarckistische Vorstellungen hat. Zwei Drittel verstand das Konzept *Überleben des Tüchtigsten* nicht angemessen.

Bishop u. Anderson (1990) diagnostizierten bei Schülern drei Alternativvorstellungen bei Konzepten zur Evolution: „Herkunft und Überleben neuer Eigenschaften", „die Rolle der Variation innerhalb von Populationen" und „Evolution als Fortpflanzungsunterschiede von Individuen mit unterschiedlichen Eigenschaften innerhalb von Populationen".

Greene (1990) stellte fest, dass viele Studenten einem typologischen Denken unterliegen: sie glauben, dass Unterschiede zwischen Individuen in Populationen für den Veränderungsprozess kaum eine Rolle spielen. Außerdem kam in seinen Untersuchungen zu Tage, dass die Rolle des Zufalls nicht richtig eingeschätzt wird. Nur 3 % der Befragten hatte korrekte Vorstellungen vom Begriff „Natürliche Selektion", 17 % hatten lamarckistische Vorstellungen. Nicht nur durch diese Untersuchung wird deutlich, dass insbesondere der Begriff „Natürliche Selektion", schlecht verstanden wird und mit falschen Vorstellungen verbunden ist. Johannsen u. Krüger (2005) fanden in Deutschland bei Schülerinnen und Schülern der Sekundarstufen verbreitet eine Vielzahl nicht angemessener Vorstellungen (Alternativvorstellungen) zur natürlichen Selektion, wie finales Denken, anthropomorphes Denken, Veränderung aufgrund eines Bedürfnisses oder lamarckistisches Denken – allesamt Vorstellungen, die ein wissenschaftliches Denken behindern. Settlage (1994) untersuchte, wie Wissen über Natürliche Auslese unterschiedliche Erklärungen zu evolutionären Szenarien bedingt. Er fand dabei z. T. teleologisches Gedankengut bei Schülerinnen und Schülern. Eine Metaanalyse mit empirischen Arbeiten zu Vorstellungen zur natürlichen Selektion hat Gregory (2009) vorgelegt. Er kommt dabei zu dem Schluss, dass ein angemessenes Verständnis und Nichtspezialisten sehr selten ist. In der Arbeit findet sich auch eine Sammlung verschiedener Typen von Fehlvorstellungen. Eine ähnliche Zusammenstellung hat Graf (2008) vorgelegt.

Insgesamt lässt sich feststellen, dass es eine Vielzahl von Alternativvorstellungen zur Evolution gibt, die zudem weit verbreitet sind und darüber hinaus eine erstaunliche Widerstandsfähigkeit gegenüber Veränderungen zeigen (Demastes et al. 1996) – sogar nach jahrelangem Biologieunterricht (Ferrari 1998). Jenson u. Finley (1996) dagegen stellten fest, dass sich Konzepte zum Thema durch einen Biologie-Einführungskurs am College veränderten. Es zeigte sich, dass teleologische Vorstellungen zurückgingen, darwinische Erklärungen zunahmen. Als besonders erfolgreich beim Abbau von Verständnis behindernden Vorstellungen stellte sich eine Variante der Instruktion heraus, bei der historisch-genetisch vorgegangen wurde. Auch Bishop u. Anderson (1990) konnten durch spezifischen Unterricht, der College-Studenten mit den Begrenztheiten ihrer Vorstellungen zur Evolution konfrontierte, eine Verbesserung des Konzeptverständnisses erzielen; allerdings verblieben auch nach der Instruktion falsche Vorstellungen bei einer Vielzahl der an der Untersuchung Beteiligten.

10.2.3 Zusammenhänge zwischen Verstehen von Evolutionsmechanismen und Überzeugungen zur Evolution und anderen Parametern

Es ist eine wichtige und interessante Fragestellung, wie sich Verstehen von Evolution und Überzeugungen zur Evolution gegenseitig bedingen und welche anderen Einflussfaktoren dabei eine Rolle spielen. Dennoch ist auch in diesem Inhaltsfeld die Zahl der Forschungsarbeiten weltweit eher gering. Diskutiert werden dabei folgende Einflussaspekte, die bis heute allerdings nur teilweise empirisch untersucht wurden, für die zum Teil auch noch keine geeigneten Operationalisierungen vorliegen: Inhaltliche Ausrichtung des Evolutionsunterrichts und Zeitpunkt des Unterrichts, Quantität des Evolutions- bzw. Biologieunterrichts; Überzeugungen der Lehrer bzgl. Evolution, Ausführlichkeit des Biologie- bzw. Evolutionsunterrichts; Überzeugungen der Eltern bzgl. Evolution; Wissen über bzw. Verstehen der Evolutionsmechanismen; Verstehen von Wissenschaft; Vertrauen in die Wissenschaft; Glaubensüberzeugungen; Argumentationsfähigkeit; epistemologische Überzeugungen; allgemeine Denkdispositionen; allgemeine kulturelle Umfeldfaktoren; persönliche Werte; subjektive Normen.

Die Ergebnissituation ist in diesem Bereich bis heute eher unklar und widersprüchlich. Hier sind zukünftig sicher umfangreiche weitere Forschungsaktivitäten notwendig. In einigen Studien wurde keinerlei Zusammenhang zwischen den beiden Parametern „Verstehen von Evolutionsmechanismen" und „Überzeugungen zur Evolution" gefunden (Bishop u. Anderson 1990; Brem 2003; Demastes et al. 1995; Brem et al. 2003; Sinatra et al. 2003), in anderen Studien zeigen sich positive Zusammenhänge zwischen Verstehen und Überzeugungen (z. B. Johnson u. Peeples 1987; Rutledge u. Warden 2000; Deniz et al. 2007, s. auch unten).

Kompliziert ist auch der Zusammenhang zwischen religiösen Ansichten und Verstehen von Evolutionsmechanismen. In der Arbeit von Bishop u. Anderson (1990) wird festgestellt, dass zwischen diesen beiden Parametern zumindest kein enger Zusammenhang besteht. Die Befunde wurden durch eine Replikationsstudie von Demastes et al. (1995) bestätigt. Demastes, et al. (1996) haben Schüler ein ganzes Jahr durch Interview begleitet und kommen zu dem letztlich wenig erstaunlichen Ergebnis, dass auch solche Personen, die Evolution ablehnen, zu angemessenen wissenschaftlichen Konzepten kommen können.

In wieweit Glaubensüberzeugungen Einfluss auf Überzeugungen zur Evolution haben, ist auch noch nicht endgültig geklärt. Graf (2008) stellte fest, dass bei Lehramtsstudierenden, die einen ausgeprägten Glauben besitzen, kein einziger stark von der Evolution überzeugt ist. Eine Untersuchung von Sinclair et al. (2007) mit College-Studierenden der Zoologie zeigte, dass weniger als 20 % keinen Konflikt zwischen Evolution und ihren Glaubensvorstellungen sehen. Downie u. Barron (2000) kamen in einer Befragung unter Biologie- und Medizinstudenten zu dem Ergebnis, dass die Ablehnung der Evolutionstheorie im Wesentlichen aus religiösen Gründen erfolgt. Auch in anderen Untersuchungen wurden Zusammenhänge zwischen Glaubensvorstellungen und Akzeptanz der Evolution diagnostiziert (z. B. Demastes et al. 1995; Woods u. Scharmann 2001).

Evans (2001) stellte fest, dass der Schule bei der Entwicklung von Überzeugungen zur Evolution eine besondere Rolle zukommt. Sie ermittelte, dass Kinder in den USA zur Frage nach der Entstehung von Arten bis zur 2. Klasse in starkem Maße Schöpfungsvorstellungen anhängen. Im Lauf der nächsten Schuljahre nehmen in öffentlichen Schulen evolutionäre Vorstellungen zu, ohne sich jedoch bei allen durchsetzen zu können. In fundamentalistisch geprägten christlichen Privatschulen bleiben übernatürliche Schöpfungsvorstellungen während der ganzen Schulzeit bis ins Erwachsenenalter absolut dominierend, Evolutionsvorstellungen spielen so gut wie keine Rolle.

Deniz et al. (2007) haben 132 Biologie-Lehramtsstudierende befragt, in wieweit verschiedene Einflussfaktoren ihre Überzeugungen zur Evolution bedingen. Es stellte sich heraus, dass insbesondere das Verstehen von Evolution, Denkdispositionen und der Bildungsgrad der Eltern eine Rolle spielen. Allerdings erklärten diese drei Faktoren zusammen die Varianz der Einstellung zur Evolution nur zu 10,5 %. Sie konnten in ihrer Befragung keinen Zusammenhang zwischen epistemologischen Überzeugungen – also Vorstellungen, wie man Wissen erwirbt und wie es organisiert ist – und Überzeugungen zur Evolution feststellen.

10.3 Methodik

Um die verschiedenen Aspekte der „Überzeugungen zur Evolution" und des „Verstehens von Evolutionsmechanismen" und mögliche Zusammenhänge zu anderen Parametern zu beleuchten, wurde ein mehrteiliger Fragebogen konzipiert, der sich an bewährten Instrumenten anderer Autoren orientiert und die folgenden Aspekte abdeckt:

1. Skala „Überzeugungen zur Evolution": z. B. Alter der Erde, Vorfahren des Menschen, Faktizität der Evolution, Rolle des Zufalls (s. Ingram u. Nelson 2006; Rutledge u. Warden 1999)
2. Skala „Verstehen von Evolutionsmechanismen": Abgefragt werden u. a. mögliche Fehlvorstellungen, wie Lamarckismus, Finalismus und ein falsches Verständnis des Begriffs „Fitness" (s. Bishop u. Anderson 1986)
3. Skala „Glaubensüberzeugungen": z. B. Überzeugungen zur Existenz eines Gottes und sein mögliches Wirken, Auslegung religiöser Texte (ZA, ZUMA 2009)
4. Skala „Vertrauen in die Wissenschaft": z. B. Verhältnis von Wissenschaft zur Religion, Ziele wissenschaftlicher Forschung, Verlässlichkeit wissenschaftlicher Aussagen (Keil, Piontkowski 2009; FTE-Info 2005)
5. Skala „Verstehen von Wissenschaft": Wissen über die Natur empirischer Wissenschaft: z. B. Wie arbeitet Wissenschaft? Gibt es letzte Wahrheiten in der Wissenschaft? Ziele von Wissenschaft (vgl. SIDOS 2003)

Der Fragebogen besteht aus insgesamt 108 geschlossenen Fragen. Zur Bestimmung von Einstellungen bzw. Überzeugungen wurden Lickert-Skalen mit 5 bzw. 7 Stufen verwendet. Die Antwortmöglichkeiten sind jeweils symmetrisch formuliert und so visualisiert, dass die Äquidistanz zwischen den Stufen verdeutlicht wird, damit sie als intervallskaliert interpretiert werden können. Bei Wissens- und Verständnisfragen wurden zum einen im Multiple-Choice-Format mehrere Antwortalternativen angeboten, von denen jeweils eine korrekt war; zum anderen sollten Aussagen mit „stimmt" bzw. „stimmt nicht" beurteilt werden. Der Fragebogen wurde in deutscher Sprache erstellt und ins Türkische übertragen. Die Qualität der Übersetzung wurde durch unabhängige Rückübersetzung geprüft. Der Fragebogen wurde eingesetzt, um Lehramtsstudierende in Deutschland und der Türkei zu befragen. Insgesamt wurden 1.228 Studierende aller Fächer und Lehrämter an der Technischen Universität Dortmund in zwei Wellen und 520 an der Hacettepe-Universität Ankara befragt. Es handelte sich jeweils um Studienanfänger aus dem ersten Semester. Der Fragebogen enthält einige inhaltsgleiche Kontrollfragen, so dass Fragebögen von Personen, die nicht ernsthaft geantwortet haben, aus dem Auswerteverfahren ausgeschlossen werden konnten. Folgende Kriterien wurden beim Ausschluss angelegt: Unvollständig ausgefüllte Fragebögen; Fragebögen, die bei einer der Kontrollfragen um mehr als eine Skalenstufe voneinander abweichen. Dies führte zu einer erheblichen Reduzierung der Anzahl der Fragebögen, sollte allerdings der Datenqualität zugute kommen: Insgesamt wurden für die nachfolgend dargestellten Analysen verwertet: Deutschland: 729 Fragebögen; Türkei: 243 Fragebögen.

10.4   Ergebnisse und Diskussion

Einige der Befunde der Studie sind bereits an anderer Stelle veröffentlicht worden (Isik u. a. 2007: allererste Ergebnisse; Graf 2008: Vergleich zwischen Leistungs- und Grundkursbesuch im Fach Biologie). Für diese Arbeit wurden sämtliche Daten aufgrund von Fragebögenausschlüssen (s. oben) reanalysiert und weitergehende Untersuchungen vorgenommen. Es werden solche Ergebnisse vorgestellt, die einen Ländervergleich zwischen Deutschland und der Türkei ermöglichen.

10.4.1   Überzeugungen zur Evolution

Zunächst sollen einige Ergebnisse vorgestellt werden, die einen Vergleich mit den in Abschn. 10.2.1 vorgestellten Untersuchungen ermöglichen. Auf das Item „*Über Millionen von Jahren hat sich der Mensch aus affenartigen Vorfahren entwickelt*" antworteten 85,9 % der Studierenden in Deutschland zustimmend, 11,1 % ablehnend. Von den Befragten aus der Türkei lehnten 75,7 % ab. 11,9 % stimmten zu. Die zu 100 % fehlenden Angaben bedingen sich durch den Anteil der Unentschiedenen. Im Vergleich zur Gesamtbevölkerung in Deutschland akzeptieren die Studierenden also viel eher, dass Mensch und Affen gemeinsame Vorfahren besitzen. Von den türkischen Studierenden wird die Aussage dagegen offensichtlich fast einmütig abgelehnt. Die Ablehnung ist sogar deutlich ausgeprägter als diejenige, die für die

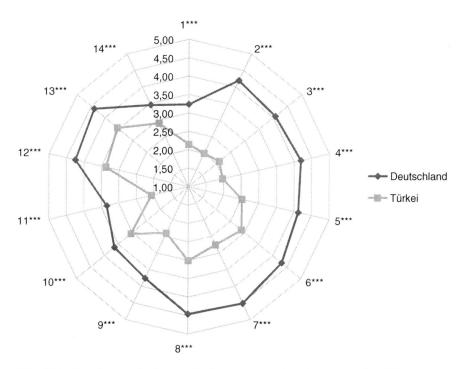

Abb. 10.1 Einstellung zur Evolution, Mittelwerte verschiedener Items; (5-stufige Lickert-Skala: 1 stimme voll und ganz zu – 5, stimme überhaupt nicht zu); man beachte, dass die Items 1 und 2 aufgrund der anders gepolten Fragestellung gedreht sind: 1, stimme überhaupt nicht zu – 5, stimme voll und ganz zu; daraus ergibt sich: je größer der Mittelwert, desto höher die Akzeptanz der Aussage im Sinne der Evolution; *** Unterschiede höchst signifikant; Cronbachs $\alpha=0{,}807$. Items: *1*: Über Milliarden von Jahren haben sich alle Tiere und Pflanzen aus einem gemeinsamen Vorfahren entwickelt; *2*: Über Millionen von Jahren hat sich der Mensch aus affenartigen Vorfahren entwickelt; *3*: Ein höheres Wesen hat den Menschen im Wesentlichen in seinem jetzigen Aussehen geschaffen; *4*: Der Mensch hat sich nicht verändert, er hat sich nicht aus anderen Lebensformen (z. B Fische und/oder Reptilien) entwickelt; *5*: Es gibt keine Beweise dafür, dass sich der Mensch aus anderen Lebewesen entwickelt hat; *6*: Wissenschaftler, die an die Evolution glauben, tun dies, weil sie es wollen, nicht aufgrund von Beweisen; *7*: Es gibt wissenschaftliche Beweise dafür, dass Menschen übernatürlich erschaffen wurden; *8*: Es gibt Fossilien-Beweise dafür, dass Tiere und der Mensch sich nicht verändert haben; *9*:Es gibt keine Fossilien-Beweise dafür, dass sich der Mensch und die Affen aus einem gemeinsamen Vorfahren entwickelt haben; *10*: Die Methoden, die zur Altersbestimmung von Fossilien und Gestein verwendet werden, sind nicht genau; *11*: Es ist statistisch unmöglich, dass das Leben durch Zufall entstanden ist; *12*: Die Erde ist nicht alt genug für den Ablauf der Evolution; *13*: Mutationen sind niemals vorteilhaft für Tiere; *14*: Der zweite Hauptsatz der Thermodynamik zeigt, dass Evolution nicht stattfinden konnte

Gesamtbevölkerung der Türkei bei einer ähnlichen Fragestellung durch das Eurobarometer ermittelt wurde.

Abbildung 10.1 zeigt den Vergleich der Ergebnisse der Studierenden aus beiden Ländern. Die Skala umfasst 14 Items, die möglichst viele Aspekte des Themenkomplexes *Einstellung zur Evolution* abdecken sollen. Cronbachs α weist mit einem Wert von 0,807 auf eine akzeptable Homogenität der Skala hin. Es wird von einer

Intervallskalierung ausgegangen, so dass Mittelwerte berechnet werden konnten. Alle Unterschiede zwischen den Mittelwerten sind höchst signifikant (p < 0,001). Das Spinnendiagramm verdeutlicht, dass sämtliche Aussagen von den Probanden aus Dortmund *evolutionsakzeptierender* beurteilt wurden als von denjenigen aus Ankara. Bei den meisten Items sind die Unterschiede sehr deutlich. Auffällig ist der niedrige Wert bei den Probanden aus Deutschland zu Item 1. Leider enthält dieses Item im Grunde zwei miteinander verschränkte Aussagen (gemeinsamer Vorfahre, Milliarden von Jahren), so dass an dieser Stelle nicht mehr nachvollzogen werden kann, welche der beiden Aussagen nur wenig akzeptiert wird. Bei der türkischen Gruppe wird deutlich, dass insbesondere die Aussagen zur Humanevolution abgelehnt werden. Relativ viele akzeptieren, dass das Alter der Erde für die Evolution ausreicht und es positive Mutationen gibt (Items 12 und 13). Wenn man festlegt, dass diejenigen, die weniger als die Hälfte der Items im Sinne der Evolution beantwortet haben, als Evolutionszweifler gelten, ergibt sich folgendes Bild: In Deutschland fallen 16,1 % in diese Kategorie, in der Türkei 90,9 %. Gerade letzte Zahl liegt deutlich über den Angaben, die man aus anderen Studien kennt (s. Abschn. 10.2.1). Aber auch die 16,1 % aus Deutschland sind für die Gruppe der zukünftigen Lehrer hoch, wenn man dies mit dem allgemein akzeptierten Wert von 20 % für die Gesamtbevölkerung vergleicht. Für die zukünftigen Biologielehrer in Deutschland liegt die Ablehnungsrate bei 7,0 %, für die Türkei wurde dieser Wert nicht erhoben, da sich zu wenige Biologiestudierende an der Befragung beteiligt hatten. Zu ähnlichen Befunden zu Lehrern und Lehramtsstudierenden sind auch Clément et al. (2008) gekommen. Mehr als 70 % der Befragten mit muslimischem Hintergrund (die Türkei wurde allerdings nicht untersucht), gaben an, dass die Evolutionstheorie dem eigenen Glauben zuwiderläuft – dies gilt sowohl für Biologielehrer als auch für solche mit anderen Fächern.

10.4.2   Verstehen von Evolutionsmechanismen

Insgesamt wurden zu diesem Aspekt 18 Fragen gestellt, die hier nicht vollständig dokumentiert werden können. In den Tab. 10.1 und 10.2 finden sich Beispiele aus dem Fragenpool. Insgesamt wurden von den Studierenden aus Dortmund im Durchschnitt 43,9 % der Fragen korrekt beantwortet, von der Gruppe aus Ankara 28,2 %. Abbildung 10.2 dokumentiert die Gesamtergebnisse.

Die in Tab. 10.1 aufgeführte Aufgabe findet sich in verschiedenen Versionen in zahlreichen Untersuchungen zum Thema. Meist wird die Frage in Interviews verwendet und offen gestellt. Die hier verwendete Variante orientiert sich an einem Vorschlag der *Online Evaluation Resource Library*.[6] In der ersten Teilaufgabe wird geprüft, ob die Befragten die falsche Vorstellung haben, ob sich evolutionäre Änderungen graduell und stetig bei allen Mitgliedern einer Population vollzieht (Antwortalternative 1), oder ob sie die korrekte Auffassung vertreten, dass sich die-

---

[6] http://oerl.sri.com/instruments/cd/studassess/instr37.html (20.4.10).

Tab. 10.1 Beispielaufgabe zum Verstehen der natürlichen Selektion. In der ersten Teilaufgabe sollte bestimmt werden, wie sich die Gepardenpopulation geändert hat, in der zweiten Teilaufgabe sollte eine Begründung angegeben werden. Die korrekten Antwortalternativen sind *fett* gedruckt

	Deutschland (%)	Türkei (%)
Hat sich für alle Geparden in wenigen Generationen entwickelt;	39,1	20,7
Bedeutet eine Zunahme des Prozentsatzes der Geparden, die schneller laufen können;	**60,9**	**79,3**
Begründung dafür:		
Am Anfang hat sich eine zufällige genetische Änderung bei wenigen Individuen ereignet.	**35,4**	**7,5**
Je mehr die Geparden ihre Muskeln beanspruchten, desto schneller wurden sie.	6,8	22,1
Die Notwendigkeit des Beutefangs führte zu immer schnellerer Lauffähigkeit.	57,7	70,4

Die heute lebenden Geparden können sich mit einer Geschwindigkeit von 100 km in der Stunde fortbewegen. Nehmen wir an, ihre Vorfahren konnten viel weniger schnell laufen. Die Fähigkeit zum schnellen Laufen …

Tab. 10.2 Aufgabe zur biologischen Fitness. *Oben*: Aufgabenstellung; *unten* Ergebnisse. Die korrekte Antwortalternative ist *fett* gedruckt

Name	George	Ben	Spot	Sandy
Länge mit Schwanz	3 m	2,55 m	2,7 m	2,7 m
Gewicht	173 kg	160 kg	162 kg	160 kg
Anzahl der Kinder	19	25	20	20
Todesalter	13 Jahre	16 Jahre	12 Jahre	9 Jahre
Anzahl der Kinder, die erwachsen geworden sind	13	14	14	19
Kommentar	George war sehr groß, sehr gesund, der stärkste Löwe	Ben hatte die größte Anzahl an Weibchen in seinem Harem	Als die Gegend, in der Spot lebte, durch Feuer zerstört wurde, war er in der Lage, in eine neue Umgebung zu ziehen und seine Fressgewohnheiten zu ändern	Sandy starb an einer Infektion, die durch einen Schnitt an seinem Fuß ausgelöst wurde
Der fitteste Löwe ist:				
Deutschland	6,4 %	18,4 %	54,3 %	**20,9 %**
Türkei	22,2 %	15,6 %	55,6 %	**6,6 %**

Aufgabe: „Biologen verwenden oft den Begriff ‚Fitness' wenn sie von Evolution sprechen. Unten finden Sie eine Beschreibung von vier männlichen Löwen. Welcher der Löwen ist – ihrer Auffassung von Evolution nach – der fitteste?"

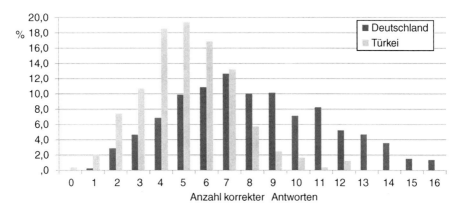

Abb. 10.2 Verstehen von Evolution; Anzahl der korrekten Antworten und Prozentsatz der Befragten, die diesen erreicht haben. 18 Fragen wurden gestellt. Mittelwert der Studierenden aus Deutschland: 8,0; Mittelwert der Studierenden aus der Türkei: 5,2; die Unterschiede sind höchst signifikant

jenigen Geparden, die durch ihre durch Zufall erworbene genetische Ausstattung schneller laufen können, häufiger fortpflanzen und sich die Eigenschaft somit in der Population ausbreitet. Die Fehlvorstellung ist weit verbreitet, in der Studierendengruppe aus Deutschland deutlich häufiger als in derjenigen aus der Türkei (vgl. auch Bishop u. Anderson 1990, hier wird das Phänomen ausführlich diskutiert). Die Schwierigkeit, die korrekte Antwortalternative zu erkennen, hat vermutlich mit dem weit verbreiteten typologischen Denken zu tun (s. Greene 1990), wonach Begriffsvertreter als Typen aufgefasst werden, bei denen nur die Gemeinsamkeiten wichtig sind. Beim evolutionären Denken kommt es aber gerade auf die Unterschiede (in diesem Fall zwischen Individuen in einer Population) an. In der zweiten Teilaufgabe sollen die Befragten Gründe für ihre Wahl in Teilaufgabe 1 benennen. Nur 35 % der Studierenden aus Dortmund und 7,5 % derjenigen aus Ankara wählt die richtige Alternative. Interessant ist, dass von den Befragten aus der Türkei, die Teilaufgabe 1 korrekt beantwortet haben, fast niemand die korrekte Begründung wusste (nur etwa 5 %). Bei den Befragten aus Deutschland war es etwa die Hälfte. Aus evolutionsbiologischer Sicht korrekt ist die erste Alternative, die zweite Alternative unterstellt die Vererbung erworbener Eigenschaften, wie es Jean-Baptiste de Lamarck Anfang des 19. Jahrhunderts fälschlich angenommen hatte. In der dritten Antwortoption wird davon ausgegangen, dass der Anpassungsprozess ein aktiver und zielgerichteter Vorgang ist, der von Individuen auf der Grundlage von Notwendigkeit gesteuert werden kann (finales Denken). Insbesondere diese letzte Fehlvorstellung ist bei beiden an der Untersuchung beteiligten Gruppen weit verbreitet, jeweils die Mehrheit hängt dieser Auffassung an.

In Tab. 10.2 wird eine Aufgabe vorgestellt, die das Konzept der biologischen Fitness zum Thema hat. Die Aufgabe ist ein „Klassiker" und findet sich in einer leicht abgewandelten Form schon bei Bishop u. Anderson (1986). Entscheidend für die biologische Fitness ist die Anzahl eigener Kinder, die erwachsen geworden ist und damit eigenen Nachwuchs bekommen kann. Der erste Teil der Tabelle zeigt die Aufgabenstellung, der zweite Teil die Ergebnisse. Die korrekte Antwort wird in beiden Subgruppen nur von einer Minderheit erkannt. Offensichtlich wird eine Alltagsvorstellung von Fitness, Stärke (Ben, der einen großen Harem hatte oder George, der sehr stark war) oder auch Flexibilität (Spot, der in der Lage war, seine Fressgewohnheiten zu ändern) angewendet.

Abbildung 10.2 veranschaulicht die Gesamtergebnisse des Wissens- und Verständnistests zur Evolution. Keiner der an der Untersuchung Beteiligten hat alle 18 Aufgaben richtig lösen können. Die besten Studierenden haben 16 Aufgaben korrekt beantwortet. Wie man der Abbildung entnehmen kann, gibt es einen deutlichen Unterschied zwischen den beiden beteiligten Ländern. Insgesamt sind aber alle Ergebnisse in der Summe enttäuschend, da man nur sehr bedingt von einem soliden Verständnis evolutiver Vorgänge sprechen kann. Die schwachen Ergebnisse waren aufgrund ähnlicher Ergebnisse aus anderen Untersuchungen allerdings zu erwarten (s. Abschn. 10.2.1). Das schwache Abschneiden der Studierenden aus der Türkei hat mit Sicherheit auch seine Ursache in der der bestenfalls marginalen Rolle, die der wissenschaftsorientierte schulische Evolutionsunterricht in der Türkei spielt (s. Edis 2007 und der Beitrag von Graf und Lammers in diesem Band).

10.4.3   Glaubensüberzeugungen

Durch Abb. 10.3 werden die Glaubensüberzeugungen der Befragten verdeutlicht. Die Homogenität der Skala liegt mit einem Cronbachs α von 0,715 im brauchbaren Bereich. Es zeigt sich, dass die Religiosität der türkischen Subgruppe eindeutig größer ist als diejenige der deutschen. Das betrifft sämtliche Items zu diesem Themenbereich. Am ehesten sind die Studierenden bereit, die Existenz eines nicht näher spezifizierten Gottes zu akzeptieren („so etwas wie einen Gott", Item 3). Die naturalistische Auffassung, dass letztlich Naturgesetze das Leben bestimmen, wird von einem Großteil der Probanden aus Dortmund akzeptiert (Item 2).

10.4.4   Einstellung zur Wissenschaft

Bei dieser Skala sind die Unterschiede zwischen den beiden Ländern weit weniger ausgeprägt (s. Abb. 10.4). Einige der Items weisen nicht signifikante Unterschiede auf (Item 4 und 6). Cronbachs α ist mit 0,709 noch in einer annehmbaren Höhe. Betrachtet man das Gesamtergebnis, wird deutlich, dass die Einstellungen der Gruppe aus der Türkei etwas wissenschaftsfreundlicher sind, allerdings bestätigt sich das nicht für alle Items. Wie nach der Analyse der Religionsskala nicht anders zu erwarten ist, wird Item 5 von einer Vielzahl der Studierenden aus Ankara im Sinne einer Priorisierung religiöser Auffassungen beantwortet. Wenig akzeptiert wird von beiden Gruppen Item 1, das eine Abhängigkeit der Wissenschaft von gesellschaftlichen

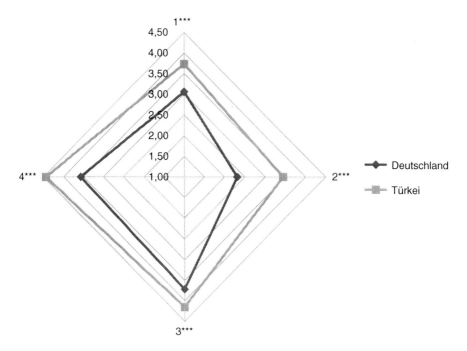

Abb. 10.3 Glaubensüberzeugungen/Einstellung zur Religion, Mittelwerte verschiedener Items; (5-stufige Lickert-Skala: 5, ganz falsch – 1, ganz richtig); man beachte, dass Item 2 aufgrund der anders gepolten Fragestellung gedreht sind: 1 stimme voll und ganz zu – 5, stimme überhaupt nicht zu; daraus ergibt sich: je größer der Mittelwert, desto religiöser das Denken; *** Unterschiede höchst signifikant; Cronbachs $\alpha = 0{,}715$. *1*: Es gibt einen Gott, der sich in Jesus Christus/Mohammed zu erkennen gegeben hat; *2*: Unser Leben wird letzten Endes bestimmt durch die Gesetze der Natur; *3*: Es gibt so etwas wie einen Gott; *4*: Ich glaube an die Existenz eines höheren Wesens

Machtbedingungen unterstellt. Dass die Wissenschaft den Einzelnen befreit, wird von einem Großteil der Dortmunder Studierenden abgelehnt, von einer Vielzahl der Befragten aus Ankara dagegen bejaht (Item 2). Die eher wissenschaftskritische Haltung der zukünftigen Lehrer aus Deutschland bestätigt eine Befragung, die im Rahmen des Eurobarometers 2005 durchgeführt wurde, und in der gefragt wurde, ob die Vorteile der Wissenschaft größer sind als ihre potenziell negativen Effekte. Bejahende Antworten traten in der deutschen Gesamtbevölkerung nur bei 46 % der Befragten auf. Dieser Wert ist fast der schlechteste in ganz Europa und liegt weit unter dem Schnitt von 52 %. In der Türkei sehen 58 % Wissenschaft in der Summe positiv (FTE-Info 2005).

10.4.5 Verstehen von (empirischer) Wissenschaft

An dieser Stelle können nicht alle Ergebnisse zu diesem Bereich dokumentiert werden. In Tab. 10.3 sind zwei Beispielaufgaben mit den zugehörigen Ergebnissen der

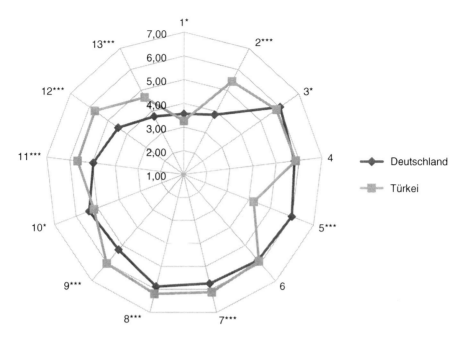

Abb. 10.4 Einstellung zur Wissenschaft, Mittelwerte verschiedener Items; (7-stufige Lickert-Skala: 1, ganz falsch – 7, ganz richtig); man beachte, dass die Items 1, 3, 4, 5 und 10 aufgrund der anders gepolten Fragestellung gedreht sind: 7, ganz falsch – 1, ganz richtig; daraus ergibt sich: je größer der Mittelwert, desto höher die Akzeptanz der Aussage im Sinne der Wissenschaft; * Unterschiede signifikant; ** Unterschiede hoch signifikant; *** Unterschiede höchst signifikant; Cronbachs $\alpha = 0{,}709$. *1*: Wissen ist Macht zur Manipulation für die Herrschenden; *2*:Wissenschaftlich-technischer Fortschritt führt zur Befreiung des Individuums; *3*: Seit Plato hat es in der Wissenschaft keine wesentlichen neuen Erkenntnisse gegeben; *4*: In der Wissenschaft gibt es keinen Fortschritt, sondern nur permanentes Abschreiben; *5*: Jede wissenschaftliche Erkenntnis, die religiösen Lehrmeinungen widerspricht, sollte aufgegeben werden; *6*: Wissenschaft und Technologie spielen bei der industriellen Entwicklung eine wichtige Rolle; *7*: Wissenschaftliche Grundlagenforschung ist unbedingt erforderlich für die Entwicklung neuer Technologien; *8*: Wissenschaftlicher und technologischer Fortschritt wird dazu beitragen, Krankheiten wie z. B. AIDS, Krebs usw. zu heilen; *9*: Wissenschaft und Technologie bringen mehr Gesundheit, Erleichterungen und Komfort in unser Leben; *10*: Wissenschaft und Technik können bei der Verbesserung der Umwelt keine wichtige Rolle spiele; *11*: Wissenschaft und Technik verbessern die Landwirtschaft und Produktion von Lebensmitteln; *12*: Die Anwendung von Wissenschaft und neuer Technologien wird die Arbeit interessanter machen; *13*: Wissenschaft und Technologie werden helfen, Armut und Hunger in der Welt zu beseitigen.

Befragung aufgeführt. Die Studierenden aus der Türkei schneiden bei beiden Aufgaben besser ab als diejenigen aus Deutschland.

Abbildung 10.5 verdeutlicht das Gesamtergebnis des Verständnistests zur empirischen Wissenschaft. Nur sehr wenige, der an der Untersuchung Beteiligten, haben alle 10 Aufgaben richtig lösen können. Es gibt einen signifikanten, wenn auch nicht deutlichen Unterschied zwischen den beiden Ländern. Auch diese Ergebnisse sind ernüchternd, ist es der Schule doch in beiden Ländern nicht gelungen, die Art und Weise, wie in den empirischen Wissenschaften gearbeitet wird, adäquat zu vermitteln.

Tab. 10.3 Beispielaufgaben zum Verstehen empirischer Wissenschaften; in der ersten Aufgabe gilt es zu erkennen, dass Letztbegründungen nicht Gegenstand empirischer Wissenschaft sein können, in der zweiten Aufgabe sollte die Selbstbeschränkung der empirischen Wissenschaft auf die natürliche Welt erkannt werden

Durch die Verwendung wissenschaftlicher Methoden können klare Schlüsse auf absolute und letzte Ursachen eines Ereignisses gezogen werden	Deutschland	Türkei
Stimmt	48,6 %	38,3 %
Stimmt nicht	25,8 %	56,8 %
Wissenschaftler müssen ihre wissenschaftlichen Bemühungen auf die natürliche Welt beschränken		
Stimmt	36,1 %	51,4 %
Stimmt nicht	37,5 %	28,8 %

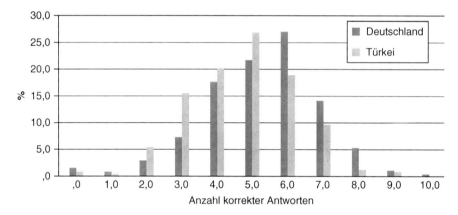

Abb. 10.5 Verstehen (empirischer) Wissenschaft; Anzahl der korrekten Antworten und Prozentsatz der Befragten, die diesen erreicht haben. 10 Fragen wurden gestellt. Mittelwert der Studierenden aus Deutschland: 5,3; Mittelwert der Studierenden aus der Türkei: 4,7; die Unterschiede sind höchst signifikant

10.4.6 Zusammenhänge zwischen Verstehen von Evolutionsmechanismen und Überzeugungen zur Evolution und anderen Parametern

In diesem Abschnitt soll verdeutlicht werden, wie die Parameter „Verstehen von Evolutionsmechanismen", „Glaubensüberzeugungen", „Vertrauen zur Wissenschaft", „Verstehen von Wissenschaft" und „Überzeugungen zur Evolution" zusammenhängen. In Tab. 10.4 ist aufgeführt, wie die unterschiedlichen Größen miteinander korreliert sind. Interessant sind die recht geringen Zusammenhänge zwischen dem Verstehen der Evolutionsmechanismen und den anderen Parametern. Einige der Untersuchungen anderer Autoren zu diesem Thema weisen in die gleiche Richtung wie die Ergebnisse dieser Arbeit, in anderen Untersuchungen konn-

Tab. 10.4 Interkorrelationen zwischen den untersuchten Parametern; *Unterschiede signifikant; **Unterschiede hoch signifikant; wegen der vorgenommen Reanalyse ergeben sich leichte Abweichungen zu den Angaben in Graf (2008)

		1	2	3	4	5
Deutschland						
1	Überzeugungen zur Evolution	1	0,275**	−0,238**	0,532**	0,423**
2	Verstehen von Evolutionsmechanismen		1	−0,083*	0,129**	0,178**
3	Glaubensüberzeugungen			1	−0,060	0,021
4	Vertrauen zur Wissenschaft				1	0,529**
5	Verstehen von Wissenschaft					1
Türkei						
1	Überzeugungen zur Evolution	1	0,023	−0,292**	0,300**	0,113
2	Verstehen von Evolutionsmechanismen		1	0,044	−0,049	0,000
3	Glaubensüberzeugungen			1	0,138*	0,165*
4	Vertrauen zur Wissenschaft				1	0,474**
5	Verstehen von Wissenschaft					1

te gar kein Zusammenhang zwischen diesen beiden Faktoren gefunden werden (s. Abschn. 10.2.3). Signifikante Zusammenhänge gibt es im Hinblick zwischen „Verstehen von Evolutionsmechanismen" in der Subgruppe aus Deutschland mit Überzeugungen zur Evolution und mit den beiden Parametern zur Wissenschaft. Ein besonders hoher Zusammenhang besteht in beiden Ländern zwischen „Vertrauen in die Wissenschaft" und „Verstehen von Wissenschaft". Glaubensüberzeugungen sind jeweils mit den Überzeugungen zur Evolution negativ korreliert. Wie schon in anderen Untersuchungen (s. Abschn. 10.2.3) konnte nur ein geringer Zusammenhang zwischen Glaubensüberzeugungen und „Verstehen von Evolution" festgestellt werden.

Um den Zusammenhang zwischen den „Überzeugungen zur Evolution" und den anderen Parametern näher zu beleuchten, wurde eine schrittweise multiple lineare Regression mit „Überzeugungen zur Evolution" als abhängige Variable durchgeführt. Für Deutschland und die Türkei ergaben sich recht unterschiedliche Modelle (s. Tab. 10.5). Dasjenige für die deutsche Gruppe besteht aus allen vier Faktoren, dasjenige für die Türkei nur aus den Faktoren „Glaubensüberzeugungen" und „Vertrauen in die Wissenschaft", da die beiden anderen Parameter in keinem signifikanten Zusammenhang mit der abhängigen Variablen stehen. Die Varianzaufklärung für die Überzeugungen zur Evolution beträgt in der Gruppe aus Dortmund 40,2 % (s. korrigiertes R-Quadrat in der Legende zu Tab. 10.5). Für die Gruppe aus Ankara konnten nur 19,7 % der Varianz aufgeklärt werden. Es liegen also noch beträchtliche Anteile der Varianz im Dunkeln. In beiden Modellen ist der Parameter Vertrauen in die Wissenschaft von allen Parametern deutlich der bedeutsamste Einflussfaktor auf die abhängige Variable (dokumentiert durch die Beta-Werte in Tab. 10.5). Fulljames, Gibson u. Francis kamen bereits 1991 zu ähnlichen Einschätzungen (vgl. den Beitrag von Williams in diesem Band). An dieser Stelle muss darauf hingewiesen werden, dass der für die Berechnungen unterstellte lineare Zusammenhang möglicherweise zu vereinfachend ist und den realen Verhältnissen nicht gerecht

Tab. 10.5 Ergebnisse einer schrittweisen multiplen linearen Regression; abhängige Variable: Überzeugungen zur Evolution; B: nicht standardisierter partieller Regressionskoeffizient mit Standardfehlerangabe; Beta: standardisierter partieller Regressionskoeffizient; T: t-Wert zur Beurteilung der Signifikanz; alle Modelle erweisen sich insofern als brauchbar, als alle einen statistisch signifikanten Beitrag (Spalte Sig.) zur Schätzung der Überzeugungen zur Evolution liefern; Korrigiertes R-Quadrat Deutschland 0,402 (Modell 4); Korrigiertes R-Quadrat Türkei 0,197 (Modell 2)

Modell		Nicht standardisierte Koeffizienten		Standardisierte Koeffizienten	T	Sig.
		Regressionskoeffizient B	Standardfehler	Beta		
Deutschland						
1	(Konstante)	2,943	0,263		11,188	0,000
	Verstehen von Wissenschaft	0,549	0,044	0,423	12,419	0,000
2	(Konstante)	3,831	0,279		13,751	0,000
	Verstehen von Wissenschaft	0,556	0,043	0,428	13,066	0,000
	Glaubensüberzeugungen	−0,284	0,037	−0,250	−7,621	0,000
3	(Konstante)	2,590	0,321		8,074	0,000
	Verstehen von Wissenschaft	0,489	0,042	0,376	11,592	0,000
	Glaubensüberzeugungen	−0,271	0,036	−0,238	−7,504	0,000
	Verstehen von Evolutionsmechanismen	0,195	0,027	0,231	7,122	0,000
4	(Konstante)	1,324	0,314		4,219	0,000
	Verstehen von Wissenschaft	0,219	0,045	0,169	4,862	0,000
	Glaubensüberzeugungen	−0,241	0,033	−0,212	−7,275	0,000
	Verstehen von Evolutionsmechanismen	0,180	0,025	0,213	7,146	0,000
	Vertrauen in die Wissenschaft	0,599	0,052	0,399	11,608	0,000
Türkei						
1	(Konstante)	3,728	0,394		9,454	0,000
	Glaubensüberzeugungen	−0,294	0,062	−0,292	−4,736	0,000
2	(Konstante)	1,896	0,480		3,951	0,000
	Glaubensüberzeugungen	−0,342	0,059	−0,340	−5,838	0,000
	Vertrauen in die Wissenschaft	0,382	0,064	0,347	5,966	0,000

wird; als erste Annäherung an die wahrscheinlich hochkomplexen Zusammenhänge erscheint die hier gewählte Vorgehensweise dennoch gewinnbringend. Die Zusammenhänge können in einer Gleichung zum Ausdruck gebracht werden, die sich aus den Werten der Spalte B in Tab. 10.5 ergibt:

Deutschland: Einschätzung der Überzeugungen zur Evolution = 1,324 + 0,219 *
             Verstehen von Wissenschaft + −0,241 * Glaubensüberzeugungen +
             0,180 * Verstehen von Evolutionsmechanismen + 0,599 * Vertrauen
             in die Wissenschaft
Türkei: Einschätzung der Überzeugungen zur Evolution = 3,727 + −0,342 *
             Glaubensüberzeugungen + 0,382 * Vertrauen in die Wissenschaft

Eine ähnliche Berechnung wurde auch für die Arbeit von Deniz et al. (2007) vorgenommen. Dort wurden als Bedingungsfaktoren für die Akzeptanz der Evolution „epistemologische Überzeugen", „Verständnis der Evolution", „allgemeine Denkdispositionen" und „Bildungsgrad der Eltern" untersucht. Es stellte sich heraus, dass epistemologische Überzeugungen gar keinen Einfluss, die drei anderen Faktoren ein gewisses Gewicht haben, die Varianz in der Summe aber nur zu 10,5 % aufklären. Den größten Einfluss haben noch die allgemeinen Denkdispositionen. Die Varianzaufklärung dieser Untersuchung ist deutlich schlechter als diejenige der hier vorgestellten Untersuchung. Allerdings wird in beiden Erhebungen ein Großteil der Varianz durch nicht erhobene Faktoren bedingt. Die zukünftige Forschung muss weitere mögliche Bedingungsfaktoren einbeziehen (s. Aufzählung in Abschn. 10.2.3), um weitergehend aufzuklären, wie Akzeptanz bzw. Ablehnung der Evolution bei Menschen zustande kommt. Allerdings konnte mit „Vertrauen in die Wissenschaft" in der hier vorgestellten Untersuchung ein wirkmächtiger Faktor identifiziert werden, der in den meisten früheren Arbeiten nicht beachtet wurde.

10.5 Fazit

Die Ergebnisse machen deutlich, dass die Evolutionstheorie bei vielen zukünftigen Lehrerinnen und Lehrern in Deutschland und der Türkei nicht die Akzeptanz findet, die man sich wünscht. Bei vielen Befragten existieren zudem erhebliche Schwierigkeiten beim Verständnis der Evolutionsmechanismen. Der Unterschied zwischen den beiden an der Untersuchung beteiligten Ländern ist deutlich: Die Probleme in der Türkei sind weit größer als die in Deutschland. Diese haben möglicherweise auch in der schwierigen Situation des Evolutionsunterrichts in der Türkei eine Ursache. Offensichtlich gelingt es dem schulischen Biologieunterricht in beiden Ländern nur bedingt, Schülerinnen und Schülern ein angemessenes Bild der Evolution zu vermitteln. Viele Konzepte bleiben unverstanden oder sind mit Fehlvorstellungen behaftet. Dem Unterricht gelingt es ebenfalls nicht, alle Schülerinnen und Schüler von der Tatsache der Evolution zu überzeugen.

Vertrauen in Wissenschaft hat in beiden Ländern einen positiven Einfluss auf die Akzeptanz der Evolution, wohingegen Gläubigkeit einen eher negativen besitzt.

Für die Gruppe aus Deutschland spielen auch noch die Parameter „Verstehen von Wissenschaft" und „Verstehen von Evolutionsmechanismen" eine gewisse Rolle. Allerdings sind in diesem Zusammenhang weitere Forschungen notwendig.

Literatur

Bishop BA, Anderson CW (1986) Evolution by natural selection: a teaching module. Occational Paper No. 91, Michigan State University, East Lansing

Bishop BA, Anderson CW (1990) Student conceptions of natural selection and its role in evolution. J Res Sci Teach 27(5):415–427

Brem SK, Ranney M, Schindel J (2003) Perceived consequences of evolution: college students perceive negative personal and social impact in evolutionary theory. Sci Educ 87(2):181–206

Clément P, Quessada MP, Laurent C, deCarvalho GS (2008) Science and religion: evolutionism and creationism in education: a survey of teachers conceptions in 14 countries. IOSTE symposium on the use of science and technology education for peace and sustainable development proceedings. Palme Publications & Bookshops, Ankara

Demastes SS, Good RG, Peebles P (1996) Patterns of conceptual change in evolution. J Res Sci Teach 33(4):407–431

Demastes SS, Settlage J Jr, Good R (1995) Students' conceptions of natural selection and its role in evolution: cases of replication and comparison. J Res Sci Teach 32(5):535–550

Deniz H, Donnelly LA, Yilmaz I (2007) Exploring the factors related to acceptance of evolutionary theory among Turkish preservice biology teachers: toward a more informative conceptual ecology for biological evolution. J Res Sci Teach 45(4):420–443

Downie JR, Barron NJ (2000) Evolution and religion: attitudes of Scottish first year biology and medical students to the teaching of evolutionary biology. J Biol Educ 34:139–146

Edis T (2007) An illusion of harmony. Prometheus, Amherst

European Commission (Hrsg) (2005) Eurobarometer – Europeans, science and technology, Wave 63.1. http://ec.europa.eu/public_opinion/archives/ebs/ebs_224_report_en.pdf. Zugegriffen: 20. Apr 2010

Evans EM (2001) Cognitive and contextual factors in the emergence of diverse belief systems: creation versus evolution. Cogn Psychol 42:217–266

Ferrari M, Chi MTH (1998) The nature of naive explanations of natural selection. Int J Sci Educ 20(11):1231–1256

FTE-Info (2005) Bürger, Wissenschaft und Technologie. http://ec.europa.eu/research/rtdinfo/pdf/rtdspecial_euro_de.pdf. Zugegriffen: 10. Apr 2010

Fulljames P, Gibson HM, Francis LJ (1991) Creation, scientism, Christianity and science: a study in adolescent attitudes. Br Educ Res J 17:171–190

Graf D (2008) Kreationismus vor den Toren des Biologieunterrichts? Einstellungen und Vorstellungen zur »Evolution«. In: Antweiler C, Lammers C, Thies N (Hrsg) Die unerschöpfte Theorie. Alibri, Aschaffenburg

Graf D, Richter T, Witte K (2009) Einstellungen und Vorstellungen von Lehramtsstudierenden zur Evolution. In: Harms U u. a. (Hrsg) Heterogenität erfassen – individuell fördern im Biologieunterricht. IPN, Kiel

Greene ED Jr (1990) The logic of university students' misunderstanding of natural selection. J Res Sci Teach 27:875–885

Gregory TR (2009) Understanding natural selection: essential concepts and common misconceptions. Evol Educ Outreach 2:156–173

Hameed S (2008) Bracing for Islamic creationism. Science 322:1637–1638

Illner R (1999) Einfluss religiöser Schülervorstellungen auf die Akzeptanz der Evolutionstheorie. Dissertation, Oldenburg

Ingram EL, Nelson CE (2006) Relationship between achievement and students' acceptance of evolution or creation in an upper-level evolution course. J Res Sci Teach 43(1):7–24

Isik S, Soran H, Ziemek HP, Graf D (2007) Einstellung und Wissen von Lehramtsstudierenden zur Evolution – ein Vergleich zwischen Deutschland und der Türkei. In: Bayrhuber H u. a. (Hrsg) Ausbildung und Professionalisierung von Lehrkräften. Universitätsverlag Kassel, Kassel

Jenson MS, Finley FN (1996) Changes in students' understanding of evolution resulting from different curricular and instructional strategies. J Res Sci Teach 33:879–900

Johannsen M, Krüger D (2005) Schülervorstellungen zur Evolution – eine quantitative Studie. IDB 14:23–48

Johnson RL, Peeples EE (1987) The role of scientific understanding in college: student acceptance of evolution. Am Biol Teach 49:93–96

Keil W, Piontkowski U (2009) Einstellung zur Wissenschaft. In: Glöckner-Rist A. (Hrsg) Zusammenstellung sozialwissenschaftlicher Items und Skalen. ZIS Version 13.00. GESIS, Bonn

Miller JD, Scott EC, Okamoto S (2006) Public acceptance of evolution. Science 313:765–766

National Science Board (Hrsg) (2000) Science & engineering indicators. National Science Foundation, Arlington

Rutledge M, Warden M (1999) The development and validation of the measure of acceptance of the theory of evolution instrument. Sch Sci Math 99(1):13–18

Rutledge M, Warden MA (2000) Evolutionary theory, the nature of science & high school biology teachers: critical relationships. Am Biol Teach 62(1):23–31

Schweizerischer Informations- und Datenarchivdienst für die Sozialwissenschaften SIDOS (Hrsg) (2003) Eurobarometers in the EU and in Switzerland: Integrated Datasets 1999–2003 – questionnaire. http://www.sidos.ch/ebch/ebch_EU_cdrom/2001.html. Zugegriffen: 28. Apr 10 offline

Settlage J Jr (1994) Conceptions of natural selection: a snapshot of the sense-making process. J Res Sci Teach 31:449–457

Sinatra GM, Southerland SA, McConaughy F, Demastes JW (2003) Intentions and beliefs in students' understanding and acceptance of biological evolution. J Res Sci Teach 40(5):510–528

Sinclair A, Pendarvis MP, Baldwin B (2007) The relationship between college zoology students' beliefs about evolutionary theory and religion. J Res Dev Educ 30:118–125

Woods CS, Scharmann, LC (2001) High school students' perceptions of evolutionary theory. Electron J Sci Educ 6(2). http://wolfweb.unr.edu/homepage/crowther/ejse/woodsetal.html. Zugegriffen: 30. Apr 2010

ZA & ZUMA (2009) Glaube an eine höhere Wirklichkeit. In: Glöckner-Rist A. (Hrsg) Zusammenstellung sozialwissenschaftlicher Items und Skalen. ZIS Version 13.00. GESIS, Bonn

Sachverzeichnis

D. Graf (Hrsg.), *Evolutionstheorie – Akzeptanz und Vermittlung im europäischen Vergleich*,   163
DOI 10.1007/978-3-642-02228-9, © Springer-Verlag Berlin Heidelberg 2011